"十四五"职业教育国家规划教材

"十三五"江苏省高等学校重点教材（编号：2018-1-124）
高职高专电子信息类专业系列教材

U0722944

数字电子技术项目教程
（第2版）

邵利群　杭海梅　主　编
黄　璟　钱　涛　周修和　周二刚　副主编
丁军瑛　主　审

电子工业出版社·
Publishing House of Electronics Industry
北京·BEIJING

内 容 简 介

本书根据高等职业教育的特点和要求，以高职学生职业岗位能力为依据，强调对学生应用能力、实践能力的培养，突出职业特色。

本书以培养学生的数字电路的应用、设计、仿真、测试、制作等能力为基本目标，紧紧围绕职业岗位工作任务来选择和组织内容，全书共有 8 个项目：门控报警电路的制作、编码显示电路的制作、由触发器构成的抢答器的制作、汽车尾灯控制电路的制作、电子门铃电路的制作、数字电压表的制作、流水灯控制电路的制作、课程设计。项目配有知识链接、任务训练、项目总结、思考题和练习题。项目由浅入深，既有制作，又有设计测试及仿真训练。本书以"必需、够用"为原则，以应用为目的，融"教、学、做"为一体，真正体现"做中学，学中做"课程改革的理念。

本书实用性强，内容覆盖面广，可作为高等职业技术学院电子信息类、机电类等专业数字电子技术课程的教材，也可供从事电子技术工作的工程技术人员参考。本书可以通过扫描二维码的方式获得教学微视频等，教材附件中配有部分练习题参考答案等教学辅助资料。

图书在版编目（CIP）数据

数字电子技术项目教程 / 邵利群，杭海梅主编. —2 版. —北京：电子工业出版社，2022.1（2024.12重印）
ISBN 978-7-121-39313-6

Ⅰ. ①数… Ⅱ. ①邵… ②杭… Ⅲ. ①数字电路—电子技术—高等职业教育—教材 Ⅳ. ①TN79

中国版本图书馆 CIP 数据核字（2020）第 137505 号

责任编辑：贺志洪
印　　刷：三河市兴达印务有限公司
装　　订：三河市兴达印务有限公司
出版发行：电子工业出版社
　　　　　北京市海淀区万寿路 173 信箱　　邮编　100036
开　　本：787×1092　1/16　印张：15.25　字数：409.6 千字
版　　次：2017 年 12 月第 1 版
　　　　　2022 年 1 月第 2 版
印　　次：2024 年 12 月第 8 次印刷
定　　价：47.00 元

凡所购买电子工业出版社图书有缺损问题，请向购买书店调换。若书店售缺，请与本社发行部联系，联系及邮购电话：（010）88254888，88258888。

质量投诉请发邮件至 zlts@phei.com.cn，盗版侵权举报请发邮件至 dbqq@phei.com.cn。

本书咨询联系方式：（010）88254609，hzh@phei.com.cn。

前　言

"数字电子技术"是高等职业院校电子信息类等专业一门重要的专业基础课程。本书深入贯彻党的二十大报告提出的产教融合、教育数字化、技能人才理念，由高职院校教师与企业高级工程师、产品研发人员联合开发，开发了与教材配套的微视频、在线作业、在线测试等数字化资源，方便教师教学，学习者自主学习。为深入实施"加快建设教育强国、科技强国、人才强国，全面提高人才自主培养质量"贡献力量。

"数字电子技术"课程具有很强的实用性。通过本课程的学习，让学习者掌握基本逻辑关系，掌握组合逻辑电路和时序逻辑电路的基本概念、分析和设计方法，掌握常用的中、大规模逻辑器件的逻辑功能及其主要应用，以及简单数字电路设计所必须的基本知识和技能。

本书内容包含 8 个项目，它们是：门控报警电路的制作、编码显示电路的制作、由触发器构成的抢答器的制作、汽车尾灯控制电路的制作、电子门铃电路的制作、数字电压表的制作、流水灯控制电路的制作、课程设计，并在书后附有常见集成芯片引脚排列图、部分练习题参考答案等内容。本书在以下方面体现高职教育的特色：①注重应用，以简单实用的电子产品为载体；②强调基础，为后续课程服务；③精炼知识，满足职业岗位工作任务要求；④更新内容，基础知识与行业应用接轨；⑤转变资源，为学生提供自主学习平台；⑥注重素质，职业素质培养贯穿始终。

本书每个项目开头有项目概要，每一小部分配有思考题，最后配有练习题，思考题和练习题用于帮助读者加深理解和巩固所学的知识。本书参考学时如下：

课程内容	学时	课程内容	学时
项目 1　门控报警电路设计与制作	16	项目 5　电子门铃电路设计与制作	8
项目 2　编码显示电路设计与制作	20	项目 6　数字电压表的设计与制作	6
项目 3　由触发器构成的抢答器设计与制作	10	项目 7　流水灯控制电路设计与制作	6
项目 4　汽车尾灯控制电路设计与制作	12	项目 8　课程设计	18
合计			96

本书项目 3、4、附录由苏州工业职业技术学院邵利群老师编写，项目 1、2、7 由黄璟老师编写，项目 5、6、8 由杭海梅老师编写，钱涛老师和高创（苏州）电子有限公司工程师周修和负责全书统稿工作。新科旭电子（苏州工业园区）有限公司工程师丁军瑛担任本书的主审，苏州工业职业技术学院石红梅、陈晓磊、吴振英、金薇、臧华东、宋冬萍、

荣雪琴、刘勇、陆蔺、周二刚老师也参与本书的编写，编者在此表示衷心的感谢。

由于编者水平有限，加上时间仓促，书中难免有疏漏和欠妥之处，我们恳请读者及时向我们反馈意见和建议，以利于我们不断提高教材的质量。

编者

目　录

绪　　论

数字电子技术已经广泛应用于生产、生活的各个领域，无论是宇宙探索设备还是家用数码产品，其核心都是数字电子系统。在日常生活中我们已离不开数字电子技术，数字电子技术带领我们进入全新的数码时代。

1. 数字信号和模拟信号

电子电路所处理的信号可以分为两类：模拟信号和数字信号，如图 0.1 所示。

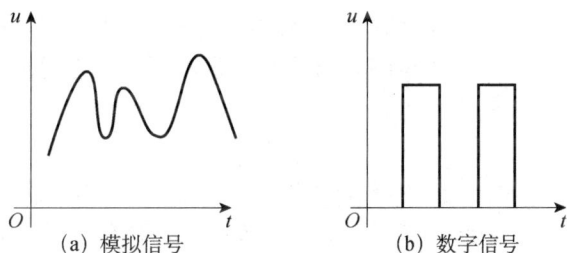

图 0.1　模拟信号和数字信号

（1）模拟信号

在时间和数值上都是连续变化的信号，称为模拟信号。波形如图 0.1（a）所示。例如正弦波信号。

（2）数字信号

在时间和数值上都是离散的信号，称为数字信号。其波形只有高低两种电平信号，如图 0.1（b）所示。例如矩形波信号。

2. 数字电路和模拟电路

（1）模拟电路

用于传递、处理模拟信号的电子电路称为模拟电路。如模拟电子技术中提到的放大器、滤波器、信号发生器等电路。模拟电路已经渗透到各个领域，如无线电通信、工业自动控制、电子仪器仪表等。模拟电路中的三极管通常工作在放大状态。

（2）数字电路

用于传递、处理数字信号的电子电路称为数字电路。如数字万用表、数字钟、数字温度计等都是由数字电路组成的。数字电路主要完成信号的产生、整形、传输、控制、存储、计数、运算、显示等。数字电路被广泛应用于数字电子计算机、数字通信系统、数字式仪表、数字控制装置及工业逻辑系统等领域。

数字电路研究输出和输入状态之间的逻辑关系。数字电路中信号是二值量，高低电平分别用"1""0"表示，若高电平用"1"表示，低电平用"0"表示，这种逻辑叫正逻辑；若高电平用"0"表示，低电平用"1"表示，这种逻辑叫负逻辑。若没有特别说明一般都为正逻辑。数字电路稳定时三极管一般工作在开关状态，即截止区或饱和区。

3. 数字电路的分类

（1）按电路结构分

按照电路结构的不同，数字电路分为分立电路和集成电路。分立电路由二极管、三极管、电阻、电容等器件组成。集成电路则是通过半导体制造工艺将这些元器件做在一片芯片上。

集成电路按集成程度的不同分为：小规模集成电路（SSI），每个硅片上有10~100个元器件，如逻辑门、触发器等逻辑单元电路；中规模集成电路（MSI），每个硅片上有100~1000个元器件，如计数器、译码器、编码器、数据选择器、寄存器等逻辑部件；大规模集成电路（LSI），每个硅片上有1000~100000个元器件，如中央控制器、存储器等数字逻辑系统；超大规模集成电路（VLSI），每个硅片上含有超过10万个元器件，如单片机等高集成度的数字逻辑系统。

（2）按制造工艺分

按照集成电路制造工艺的不同，数字电路分双极型（TTL型）电路和单极型（MOS型）电路。双极型电路采用三极管作为开关实现逻辑功能，其生产工艺成熟，工作可靠，开关速度高，因此被广泛应用。单极型电路采用场效应管作为开关实现逻辑功能，其输入阻抗高，功耗小，抗干扰能力强，制造工艺简单。

（3）按逻辑功能分

按逻辑功能分，数字电路分为组合逻辑电路和时序逻辑电路。如果一个逻辑电路的任一时刻的输出状态只取决于该时刻的输入状态，而与电路原状态无关，则该电路称为组合逻辑电路。如译码器、编码器、数据选择器等都是组合逻辑电路。如果一个逻辑电路的任一时刻的输出状态不仅取决于该时刻的输入状态，还与前一时刻的电路状态有关，则该电路称为时序逻辑电路。如触发器、计数器、寄存器等都是时序逻辑电路。

4. 数字电路的优点

与模拟电路相比，数字电路主要有以下优点：

（1）便于集成化、系列化生产，使用方便，如计算机。

（2）可靠性高、抗干扰能力强、精确度高、稳定性好、信号处理功能强，如数字通信。

（3）数字信息便于长期保存。借助某种介质可将数字信息长期保存下来，如光盘、磁盘等。

（4）数字集成电路产品系列多、通用性强、成本低。

（5）保密性好。数字信息容易进行加密处理，不易被窃取。

项目 1　门控报警电路设计与制作

项目综述

　　运用单元门电路可组成较复杂的逻辑电路，只要掌握逻辑电路的一般规律，弄清楚各类门电路的用法及特点，就能根据实际需要设计出满足要求的应用电路。本项目在介绍基本逻辑电路功能及测试的基础上，利用组合逻辑电路完成门控报警电路的设计、制作及仿真。

工作任务

门控报警电路的制作

1. 工作任务单

　　（1）学会识读门控报警电路原理图，明确由与非门构成的门控报警电路的工作原理及元器件连接、电路连线。

　　（2）画出布线图。

　　（3）完成电路所需元器件的购买和检测。

　　（4）根据布线图完成门控报警电路制作。

　　（5）完成门控报警电路的功能检测和故障排除。

　　（6）编写项目实训报告。

2. 电路制作

由与非门构成的门控报警电路图如图 1.1 所示。

（1）实训目的

① 熟悉 74HC00 芯片的逻辑功能。

② 熟悉由与非门构成的门控报警电路的工作原理和特点。

③ 掌握集成门电路的正确使用。

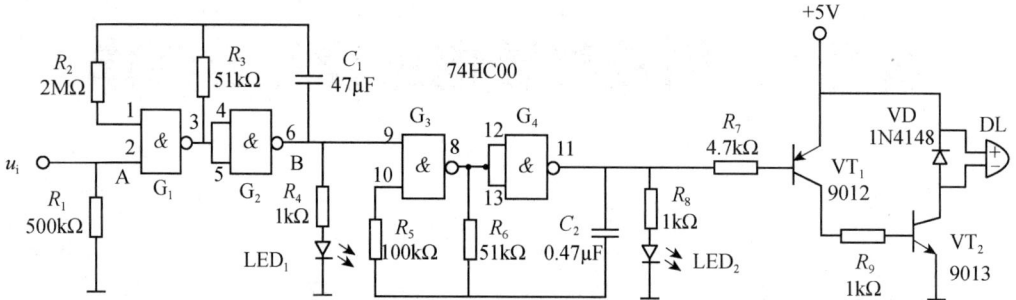

图 1.1　门控报警电路图

（2）实训设备与元器件

实训设备：直流稳压电源、万用表等。

实训元器件：如表1.1所示。

表 1.1　元器件明细表

序　号	代　号	名　称	规格和型号	数　量
1	$G_1 \sim G_4$	集成与非门	74HC00	1
2	R_1	电阻	500kΩ	1
3	R_2	电阻	2MΩ	1
4	R_3、R_6	电阻	51kΩ	2
5	R_4、R_8、R_9	电阻	1kΩ	3
6	R_5	电阻	100kΩ	1
7	R_7	电阻	4.7kΩ	1
8	C_1	电容	47μF	1
9	C_2	电容	0.47μF	1
10	LED_1、LED_2	发光二极管	φ5	2
11	VD	二极管	1N4148	1
12	VT_1	三极管	9012	1
13	VT_2	三极管	9013	1
14	DL	无源蜂鸣器	5V	1
15		万能板		1
16		导线		若干

（3）实训电路与说明

① 电路组成。实训电路如图1.1所示，该电路由集成与非门74HC00及阻容元器件组成。当 u_i 为高电平时，报警电路开始工作。

② 电路工作过程。与非门 G_1、G_2 组成一个低频振荡器，其振荡频率仅为数赫兹；与非

门 G_3、G_4 组成一个音频振荡器，其振荡频率约为 1kHz。平时 A 点通过电阻 R_1 接地为低电平，使得 B 点电平也为低电平，从而使音频振荡器停振，于是蜂鸣器无声。一旦 A 点有外来高电平输入，B 点的电平随着低频振荡器的工作周期性地时高时低，使音频振荡器发出报警信号，并通过蜂鸣器发出报警声。

（4）实训电路的安装与功能验证

① 安装步骤。

第 1 步：检测与查阅元器件。用万用表等设备检测元器件。通过查阅集成电路手册，标出电路图中集成电路输入、输出的引脚编号。

第 2 步：根据图 1.1 所示的门控报警电路图，画出安装布线图。

第 3 步：根据安装布线图完成电路的安装。

② 功能验证。

通电后，在 u_i 端加入高电平，观察蜂鸣器是否报警。

（5）完成电路的详细分析及编写项目实训报告

整理相关资料，完成电路的详细分析及编写项目实训报告。

（6）实训考核

门控报警电路设计与制作过程考核表见表 1.2。

表 1.2　实训考核表

项　目	内　容	配　分	得　分
工作态度	1. 工作的主动性、积极性 2. 操作的安全性、规范性 3. 遵守纪律情况	20 分	
电路安装	1. 安装布线图的绘制情况 2. 电路图的搭接情况	40 分	
功能测试	1. 电路功能验证 2. 设计表格，正确记录测试结果	30 分	
5S 规范	整理工作台，离场	10 分	
合计		100 分	

知识链接

1.1　数制与代码

在数字电路中，经常用到的计数进制有二进制、八进制和十六进制，这些不同进制表示不同数制。不同的数码不仅可以表示数量的大小，而且还可以表示不同事物或事物的不同状态，这些数码称为代码，编制代码时所遵循的规则称为码制。数制和码制是数字电路的基础。

1.1.1 数制

数制讲解视频

数制是一种计数方法，是进位计数制的简称。数制中所用的数字符号叫作数码，数制中所用数码的个数称为基数。

1. 各种数制

（1）十进制数（Decimal）

在日常生活中人们习惯使用十进制数。十进制数有效数码为"0~9"，基数为"10"，其进位规则是"逢十进一，借一当十"。

十进制数的位权为 10^i，如十进制数 1234 可以展开为：

$$(1234)_{10}=1\times10^3+2\times10^2+3\times10^1+4\times10^0$$

其中，10^3、10^2、10^1、10^0 分别为千位、百位、十位、个位的"位权"，简称"权"，它们都是基数的幂，表示数码在不同位置时代表的数值大小。

因此，十进制整数 $[N]_{10}$ 按权展开的表达式为：

$$[N]_{10}=K_{n-1}\times10^{n-1}+K_{n-2}\times10^{n-2}+\cdots+K_1\times10^1+K_0\times10^0=\sum_{i=0}^{n-1}K_i\times10^i$$

式中，K_i ——十进制数第 i 位的值（$i=0$，1，2，…，$n-1$）；

10^i ——十进制数第 i 位的权（$i=0$，1，2，…，$n-1$）。

（2）二进制数（Binary）

数字电路中大量使用的是二进制数。二进制数有效数码为 0 和 1，基数为"2"，其进位规则是"逢二进一，借一当二"。二进制数的位权为 2^i。

如二进制数 1011，按权展开为：

$$(1011)_2=1\times2^3+0\times2^2+1\times2^1+1\times2^0=8+0+2+1=(11)_{10}$$

可知，二进制数"1011"代表十进制数"11"。

因此，二进制整数 $[N]_2$ 按权展开的表达式为：

$$[N]_2=K_{n-1}\times2^{n-1}+K_{n-2}\times2^{n-2}+\cdots+K_1\times2^1+K_0\times2^0=\sum_{i=0}^{n-1}K_i\times2^i$$

式中，K_i ——二进制数第 i 位的值（$i=0$，1，2，…，$n-1$）；

2^i ——二进制数第 i 位的权（$i=0$，1，2，…，$n-1$）。

（3）八进制数（Octal）和十六进制数（Hexadecimal）

二进制数虽然有很多优点，但数码位数很多，读写非常麻烦，在计算机上常用八进制数和十六进制数来表示。

八进制数有效数码为"0~7"，基数为"8"，其进位规则是"逢八进一，借一当八"。八进制数的位权为 8^i。

如八进制数 1234，按权展开为：

$$(1234)_8=1\times8^3+2\times8^2+3\times8^1+4\times8^0=512+128+24+4=(668)_{10}$$

可知，八进制数"1234"代表十进制数"668"。

十六进制数有效数码为"0~9、A、B、C、D、E、F",基数为"16",其进位规则是"逢十六进一,借一当十六"。十六进制数的位权为 16^i。

如十六进制数 B56D,按权展开为:

$$(B56D)_{16}=B\times16^3+5\times16^2+6\times16^1+D\times16^0=11\times16^3+5\times16^2+6\times16^1+13\times16^0$$
$$=45056+1280+96+13=(46445)_{10}$$

可知,十六进制数"B56D"代表十进制数"46445"。

2. 不同数制之间的相互转换

人们习惯使用十进制数,但数字系统和计算机系统采用二进制数或十六进制数,因此在向数字系统或计算机系统输入数据时,需要将十进制数转化为二进制数或十六进制数;而经数字系统或计算机系统处理后的结果,为了便于人们读取和识别,又要将它转换为十进制数。

(1)各种进制数转换成十进制数

如前所述,二进制数、八进制数、十六进制数转换成十进制数,只要按各位权展开,再相加即可。

例 1-1 将二进制数 $(101101)_2$ 转换成十进制数。

解: $(101101)_2=1\times2^5+0\times2^4+1\times2^3+1\times2^2+0\times2^1+1\times2^0$
$$=32+0+8+4+0+1=(45)_{10}$$

(2)十进制数转换成二进制数

将十进制数分为整数和小数两部分。整数部分采用"除 2 取余倒读法"(直到商为 0);小数部分采用"乘 2 取整顺读法"(直到小数为 0 或按要求保留位数)。

例 1-2 $(25.625)_{10}=(?)_2$

解: ①整数部分   ②小数部分

因此,$(25.625)_{10}=(11001.101)_2$。

(3)二进制数与八进制数的相互转换

① 二进制数转换成八进制数。因为 3 位二进制数正好表示 0~7 八个数字,因此转换时将二进制数由小数点开始,分别向两侧每三位一组分组,整数最高位不足一组,在左边加 0 补足一组,小数最低位不足一组,在右边加 0 补足一组,每组都转换成对应的八进制数,原顺序不变。

例 1-3 试将二进制数 $(10010101.1101)_2$ 转换成八进制数。

解: 010   010   101.   110   100

2   2   5   6   4

即:$(10010101.1101)_2=(225.64)_8$

② 八进制数转换成二进制数。八进制数转换成二进制数,只要将每位八进制数写成对应的 3 位二进制数,按原来顺序排列即可。

例 1-4　$(327.14)_8 = (?)_2$

解：

3	2	7.	1	4
↓	↓	↓	↓	↓
011	010	111	001	100

即：$(327.14)_8 = (11010111.0011)_2$

（4）二进制数与十六进制数的相互转换

① 二进制数转换成十六进制数。因为 4 位二进制数正好表示 0～F 十六个数字，因此转换时将二进制数由小数点开始，分别向两侧每 4 位一组分组，整数最高位和小数最低位不足一组，加 0 补足，每组都转换成对应的十六进制数，原顺序不变。

例 1-5　试将二进制数 $(1010010101.10101)_2$ 转换成十六进制数。

解：$(1010010101.10101)_2 = (0010/1001/0101.1010/1000)_2 = (295.A8)_{16}$。

② 十六进制数转换成二进制数。十六进制数转换成二进制数，只要将每位十六进制数写成对应的 4 位二进制数，按原来顺序排列即可。

例 1-6　$(4E5C.B)_{16} = (?)_2$

解：$(4E5C.B)_{16} = (100111001011100.1011)_2$

1.1.2　代码

代码讲解视频

在数字系统中，经常将若干二进制数码 0 和 1 按一定的规律排列起来，表示某种特定含义的代码，这种代码称为二进制代码。

1. BCD 码（二-十进制码）

BCD 码是用 4 位二进制数来表示 1 位十进制数的编码方法。4 位二进制码有 16 种不同组合，从中任取 10 种组合代表 0～9 十个数，因此 4 位二进制码可编制出很多种BCD 码。

（1）有权 BCD 码

有权 BCD 码即代码中的每位二进制数码都有确定的权值。如表 1.3 中的 8421 码、2421码、5421 码等。对于有权 BCD 码，可以按权展开求得所代表的十进制数。

表 1.3　十进制数与常用 BCD 码对应表

十进制数	8421	2421	5421	余 3 码	格 雷 码
0	0000	0000	0000	0011	0000
1	0001	0001	0001	0100	0001
2	0010	0010	0010	0101	0011
3	0011	0011	0011	0110	0010
4	0100	0100	0100	0111	0110
5	0101	1011	1000	1000	0111
6	0110	1100	1001	1001	0101
7	0111	1101	1010	1010	0100
8	1000	1110	1011	1011	1100
9	1001	1111	1100	1100	1101
位权	8421	2421	5421	无权	无权

8421BCD 码从高位到低位的权值分别为 8、4、2、1；2421BCD 码从高位到低位的权值分别为 2、4、2、1；5421BCD 码从高位到低位的权值分别为 5、4、2、1。

例 1-7　分别将 $[1101]_{8421BCD}$、$[1101]_{2421BCD}$、$[1101]_{5421BCD}$ 转换成十进制数。

解：$[1101]_{8421BCD}=1\times8+1\times4+0\times2+1\times1=(13)_{10}$

$[1101]_{2421BCD}=1\times2+1\times4+0\times2+1\times1=(7)_{10}$

$[1101]_{5421BCD}=1\times5+1\times4+0\times2+1\times1=(10)_{10}$

（2）余 3BCD 码

余 3BCD 码是无权码，由 8421BCD 码加 3 后得到，见表 1.3 所列。

BCD 码是一种介于二进制和十进制之间的计数方法，转换非常方便。

例 1-8　将十进制数 $(58.2)_{10}$ 转换成 8421BCD 码；将 $(01101001)_{8421BCD}$ 转换成十进制数。

解：$(58.2)_{10}=(01011000.0010)_{8421BCD}$

$(01101001)_{8421BCD}=(69)_{10}$

2. 格雷码

格雷码是一种无权码，它的特点是相邻两个代码之间仅有一位不同，其余各位均相同，因此格雷码是一种循环码。格雷码的这种特性使它在形成和传输的过程中，产生的错误很容易被检测出来，从而减少了误差。格雷码的有效位数不固定，因此有 1 位格雷码、2 位格雷码、3 位格雷码、4 位格雷码等，表 1.3 中所列是 4 位格雷码。

思考题 1-1

（1）数制与码制的主要区别是什么？

（2）各种数制之间的转换是否有规律可循？

（3）8421BCD 码与二进制数之间如何相互转换？

（4）8421BCD 码、2421BCD 码、5421BCD 码、余 3BCD 码、格雷码中，哪些是有权码？哪些是无权码？

1.2　逻辑代数基本知识

逻辑代数又称为布尔代数，是英国数学家乔治·布尔于 1847 年首先提出的。它是用于描述客观事物逻辑关系的数学方法。逻辑代数是分析和设计逻辑电路的主要数学工具。

1.2.1　逻辑变量和逻辑函数

在数字电路中，信号的取值都具有二值性。如照明电路中开关的闭合和断开，决定灯泡的亮和灭；控制系统中开关的闭合和断开，决定电机的转动和停止等现象。信号状态是两种对立的逻辑状态，这种二值变量称为逻辑变量。用来表示条件的逻辑变量为输入变量（如 A、B、C、…）；用来表示结果的逻辑变量为输出变量（如 Y、F、L、…）。字母上无反号的叫原变量（如 A），有反号的叫反变量（如 $\overline{A}$）。

逻辑变量和逻辑
函数讲解视频

在逻辑代数中逻辑变量用"0"和"1"表示。

逻辑反映的是事物的因果规律。在数字电路中，输入信号是"因"，输出信号是"果"，输入、输出之间的因果关系称为逻辑关系。表示这种因果关系的数学形式称为逻辑函数。

1.2.2　逻辑运算

逻辑运算即逻辑函数的运算，包括基本逻辑运算和复合逻辑运算两类。

1. 基本逻辑运算

二值逻辑的基本逻辑关系有三种：与逻辑、或逻辑、非逻辑。相应地有三种基本的逻辑运算：与运算、或运算、非运算。

（1）与逻辑

当决定某一事物结果的所有条件都具备时，结果才发生，这种逻辑关系称为与逻辑关系（也称与运算）。

与逻辑举例：在如图 1.2 所示的与逻辑电路中，开关 A 和 B 是条件，灯泡 Y 是结果。只有当开关 A、B 都闭合时，灯泡 Y 才会亮；只要开关 A、B 中有一个断开或都断开，灯泡就不亮。其逻辑关系如表 1.4 所示，这种逻辑关系即为与逻辑关系。

在数字电路中，为了详细清晰地描述逻辑关系，常将"条件"的各种可能取值和对应的"结果"列成表格，称为真值表。本例中，如果用二值量中的"1"表示开关闭合和灯亮，用"0"表示开关断开和灯灭，则可得表 1.5 所示与逻辑真值表。

图 1.2　与逻辑电路

表 1.4　与逻辑关系表

A	B	Y
断开	断开	灭
断开	闭合	灭
闭合	断开	灭
闭合	闭合	亮

表 1.5　与逻辑真值表

A	B	Y
0	0	0
0	1	0
1	0	0
1	1	1

由真值表可得，与逻辑的运算规律为："有 0 出 0，全 1 出 1"。

与逻辑的逻辑表达式为：$Y = A \cdot B$。

简写成：$Y = AB$（省略"·"）。

因此，与逻辑也称"逻辑乘"。

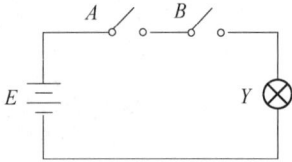

图 1.3　与逻辑符号

在逻辑电路中，把能实现与运算的逻辑电路叫作与门，其逻辑符号如图 1.3 所示。

例 1-9　图 1.4 所示为图 1.3 所示与门 A、B 端输入的波形，试画出它的 Y 端输出的波形。

（2）或逻辑

在决定某一事物结果的几个条件中，只要有一个或一个以上条件具备，结果就发生，这种逻辑关系称为或逻辑关系（也称或运算）。

或逻辑举例：在如图 1.5 所示的或逻辑电路中，只要开关 A 或 B 闭合，或两者都闭合，灯泡 Y 就亮。只有开关 A、B 均断开，灯泡才不亮，其逻辑真值表如表 1.6 所示。这种逻辑关系即为或逻辑关系。

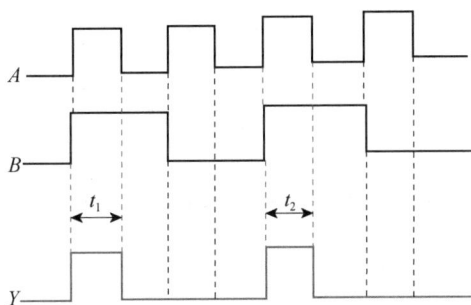

图 1.4　二输入与门输入/输出波形

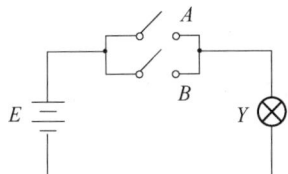

图 1.5　或逻辑电路

表 1.6　或逻辑真值表

A	B	Y
0	0	0
0	1	1
1	0	1
1	1	1

由真值表可得，或逻辑的运算规律为："有 1 出 1，全 0 出 0"。

或逻辑的逻辑表达式为：$Y = A + B$。

因此，或逻辑也称"逻辑加"。在逻辑电路中，把能实现或运算的逻辑电路叫作或门，其逻辑符号如图 1.6 所示。

图 1.6　或逻辑符号

例 1-10　图 1.7 所示为图 1.6 或门 A、B 端输入的波形，试画出它的 Y 端输出的波形。

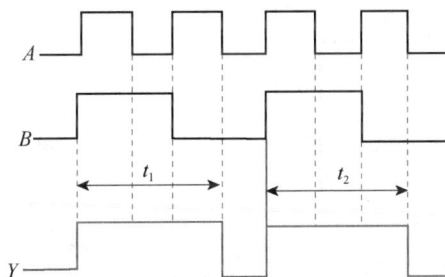

图 1.7　二输入或门输入/输出波形

（3）非逻辑

某事件的发生与否，仅取决于一个条件，而且是对该条件的否定。即条件具备时事件不发生，条件不具备时事件才发生，这种逻辑关系称为非逻辑关系（也称非运算）。

非逻辑举例：在如图 1.8 所示的非逻辑电路中，当开关 A 闭合时，灯泡 Y 就不亮；而当开关 A 断开时，灯泡 Y 就亮，其逻辑真值表如表 1.7 所示。这种逻辑关系即为非逻辑关系。

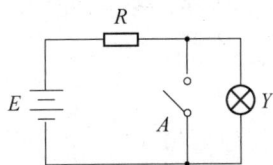

图 1.8　非逻辑电路

表 1.7　非逻辑真值表

A	Y
0	1
1	0

由真值表可得，非逻辑的运算规律为："有 1 出 0，有 0 出 1"。

非逻辑的逻辑表达式为：$Y = \overline{A}$。

因此，非逻辑也称"反运算"。在逻辑电路中，把能实现非运算的逻辑电路叫作非门，其逻辑符号如图 1.9 所示。

例 1-11 图 1.10 所示为图 1.9 非门 A 端输入的波形，试画出它的 Y 端输出的波形。

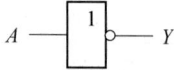

图 1.9 非逻辑符号

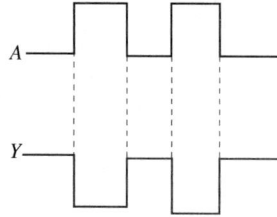

图 1.10 非门输入/输出波形

2. 复合逻辑运算

由与、或、非三种基本逻辑运算进行组合，可以得到复合逻辑运算。在数字逻辑电路中，实际遇到的逻辑问题比较复杂，常常直接使用这些复合逻辑运算。下面介绍几种常见的复合逻辑运算。

（1）与非逻辑

与非逻辑函数表达式：$Y = \overline{AB}$。

两输入变量的与非逻辑真值表如表 1.8 所示，逻辑符号如图 1.11 所示。

表 1.8 与非逻辑真值表

A	B	Y
0	0	1
0	1	1
1	0	1
1	1	0

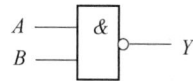

图 1.11 与非逻辑符号

与非逻辑的运算规律为："有 0 出 1，全 1 出 0"。

（2）或非逻辑

或非逻辑函数表达式：$Y = \overline{A+B}$。

两输入变量的或非逻辑真值表如表 1.9 所示，逻辑符号如图 1.12 所示。

表 1.9 或非逻辑真值表

A	B	Y
0	0	1
0	1	0
1	0	0
1	1	0

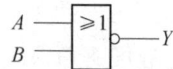

图 1.12 或非逻辑符号

或非逻辑的运算规律为："有 1 出 0，全 0 出 1"。

（3）与或非逻辑

与或非逻辑函数表达式：$Y = \overline{AB+CD}$。

读者可以自行列出与或非逻辑的真值表，得出与或非逻辑的运算规律为："与项为 1 结果为 0，其余结果全为 1"。其逻辑符号如图 1.13 所示。

（4）异或逻辑

异或逻辑函数表达式：$Y = A \oplus B = \overline{A}B + A\overline{B}$。

两输入变量的异或逻辑真值表如表 1.10 所示，逻辑符号如图 1.14 所示。

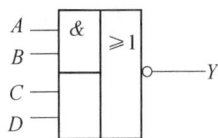

图 1.13 与或非逻辑符号

表 1.10 异或逻辑真值表

A	B	Y
0	0	0
0	1	1
1	0	1
1	1	0

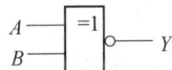

图 1.14 异或逻辑符号

异或逻辑的运算规律为："相异出 1，相同出 0"。

（5）同或逻辑

同或逻辑函数表达式：$Y = A \odot B = \overline{A}\,\overline{B} + AB$。

两输入变量的同或逻辑真值表如表 1.11 所示，逻辑符号如图 1.15 所示。

表 1.11 同或逻辑真值表

A	B	Y
0	0	1
0	1	0
1	0	0
1	1	1

图 1.15 同或逻辑符号

同或逻辑的运算规律为："相同出 1，相异出 0"。

1.2.3 逻辑函数的表示方法及相互转化

同一个逻辑函数有多种表示方法，且相互之间可以转化，这样为分析和设计逻辑电路提供了可能。

1. 逻辑函数的表示方法

表示具体逻辑关系的方法很多，常用的有：逻辑函数表达式、真值表、逻辑图、卡诺图等。

（1）逻辑函数表达式

用基本逻辑运算和复合逻辑运算表示逻辑变量之间关系的代数式，叫逻辑函数表达式。一般表达式可以写为：

$$Y = F(A，B，C，\cdots)$$

其中，A，B，C，$\cdots$的取值只有"0"或"1"，当 A，B，C，$\cdots$的取值确定之后，Y 的值也就

逻辑函数的表示方法及相互转化讲解视频

表 1.12　与或非逻辑真值表

A	B	C	D	L
0	0	0	0	1
0	0	0	1	1
0	0	1	0	1
0	0	1	1	0
0	1	0	0	1
0	1	0	1	1
0	1	1	0	1
0	1	1	1	0
1	0	0	0	1
1	0	0	1	1
1	0	1	0	1
1	0	1	1	0
1	1	0	0	0
1	1	0	1	0
1	1	1	0	0
1	1	1	1	0

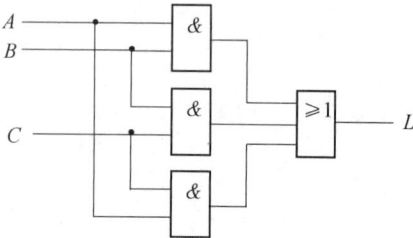

图 1.16　逻辑图

表 1.13　三人表决电路的真值表

A	B	C	L
0	0	0	0
0	0	1	0
0	1	0	0
0	1	1	1
1	0	0	0
1	0	1	1
1	1	0	1
1	1	1	1

唯一确定了。如逻辑函数式 $Y = A(B+C)+\overline{A}B$ 等。

（2）真值表

真值表是描述各个逻辑变量所有取值组合和对应逻辑函数值之间关系的表格，它直观地分析了各事物之间的逻辑关系。每一个输入变量有 0、1 两种取值，n 个变量就有 2^n 个不同的取值组合。

例 1-12　列出图 1.13 所示与或非逻辑的真值表。

解： 与或非逻辑表达式为 $Y = \overline{AB + CD}$，其真值表如表 1.12 所示。

注意：在列真值表时，输入变量取值组合应按照二进制递增的顺序排列，这样既清晰又不会遗漏。

（3）逻辑电路图

将逻辑函数表达式的运算关系用对应的逻辑符号表示出来，就是逻辑电路图，简称逻辑图。例如 $L = AB + BC + AC$ 的逻辑图如图 1.16 所示。

另外，逻辑函数的表示方法还有卡诺图和波形图等，将在以后的学习中介绍。

2. 逻辑函数表示方法间的相互转化

逻辑函数的各种表示方法各有特点，且相互联系，可以相互转化。

（1）由真值表转换为逻辑函数表达式

通过真值表可以直接写出逻辑函数表达式。该方法是：将真值表中输出为 1 的输入变量相与，取值为 1 用原变量表示，0 用反变量表示，将这些与项相加，就得到逻辑函数表达式。

例 1-13　已知三人表决电路的真值表如表 1.13 所示，请写出其逻辑函数表达式。

解： 由三人表决电路的真值表可写出逻辑函数表达式：

$$L = \overline{A}BC + A\overline{B}C + AB\overline{C} + ABC$$

（2）由逻辑函数表达式转换为真值表

由逻辑函数表达式转换为真值表，只需列出输入变量的全部取值组合，代入逻辑函数表达式中，分别计算出每种取值组合的函数值，然后填入真值表中即可。

（3）将逻辑函数表达式转换为逻辑图

将逻辑函数表达式中的逻辑运算用相应的逻辑符号表示出来，就得到其逻辑图。

（4）将逻辑图转换为逻辑函数表达式

将逻辑图转换为逻辑函数表达式，只需由输入端开始，逐级写出逻辑图的逻辑函数表达式，在输出端得出最终的逻辑函数表达式。

例 1-14　写出如图 1.17 所示逻辑图的逻辑函数表达式。

解： 可由输入至输出逐级写出逻辑表达式：

$$Y_1 = \overline{A}$$

$$Y_2 = \overline{B}$$

$$Y_3 = Y_1 \cdot Y_2 = \overline{A}\,\overline{B}$$

$$Y_4 = AB$$

$$Y = Y_3 + Y_4 = AB + \overline{A}\,\overline{B} = A \odot B$$

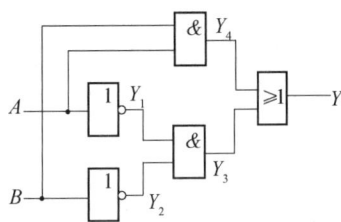

图 1.17 例 1-14 图

1.2.4 逻辑代数的基本定律和基本规则

逻辑代数表示的是逻辑关系,而不是数量关系,这是它与普通代数的本质区别。逻辑代数的基本定律显示了逻辑运算应遵循的基本规律,是化简和变换逻辑函数的基本依据。逻辑代数的基本规则同样可以用来简化逻辑等式证明的过程。

逻辑代数的基本定律和基本规则讲解视频

1. 逻辑代数的基本定律

逻辑代数表示的是逻辑关系,它与普通代数一样,也有相应的定律。如表 1.14 列出了逻辑代数的基本定律。

表 1.14 逻辑代数的基本定律

0-1 律	$A \cdot 0 = 0$	$A + 1 = 1$
自等律	$A \cdot 1 = A$	$A + 0 = A$
交换律	$A \cdot B = B \cdot A$	$A + B = B + A$
结合律	$A \cdot (B \cdot C) = (A \cdot B) \cdot C$	$A + (B + C) = (A + B) + C$
分配律	$A \cdot (B + C) = AB + AC$	$A + BC = (A + B) \cdot (A + C)$
互补律	$A \cdot \overline{A} = 0$	$A + \overline{A} = 1$
重叠律	$A \cdot A = A$	$A + A = A$
还原律	$\overline{\overline{A}} = A$	
反演律	$\overline{AB} = \overline{A} + \overline{B}$	$\overline{A + B} = \overline{A} \cdot \overline{B}$
吸收律	$A \cdot (A + B) = A$ $A(\overline{A} + B) = AB$	$A + AB = A$ $A + \overline{A}B = A + B$
对合律	$(A + B)(A + \overline{B}) = A$	$AB + A\overline{B} = A$
隐含律	$(\overline{A} + B)(A + C)(B + C) = AB + \overline{A}C$ $(\overline{A} + B)(A + C)(B + C + D)$ $= (\overline{A} + B)(A + C)$	$AB + \overline{A}C + BC = AB + \overline{A}C$ $AB + \overline{A}C + BCD = AB + \overline{A}C$

这些定律可以利用真值表证明,如果等式两边的真值表相同,则等式成立。

例 1-15 证明反演律 $\overline{A + B} = \overline{A} \cdot \overline{B}$。

证明:列出等式两边的真值表,并比较,如表 1.15 所示。

表 1.15　例 1-15 真值表

A　B	$\overline{A+B}$	$\overline{A}\cdot\overline{B}$
0　0	1	1
0　1	0	0
1　0	0	0
1　1	0	0

由真值表可见两边结果相同，证明等式成立。反演律又称摩根定律。

2. 逻辑代数的基本规则

（1）代入规则

在任何一个逻辑等式中，如果将等式两边的某一变量都用一个函数代替，则等式依然成立。这个规则称为代入规则。

例 1-16　将函数 $Y=BC$ 代替等式 $\overline{AB}=\overline{A}+\overline{B}$ 中的 B，证明等式仍然成立。

证明：$\overline{A(BC)}=\overline{A}+\overline{BC}=\overline{A}+\overline{B}+\overline{C}$

可见，摩根定律对任意多个变量都成立，由代入规则可推出：

$$\overline{A+B+C+\cdots}=\overline{A}\cdot\overline{B}\cdot\overline{C}\cdots$$
$$\overline{A\cdot B\cdot C+\cdots}=\overline{A}+\overline{B}+\overline{C}\cdots$$

（2）反演规则

求一个逻辑函数 Y 的反函数时，只要将函数中所有"·"换成"＋"，"＋"换成"·"；"0"换成"1"，"1"换成"0"；原变量换成反变量，反变量换成原变量，则所得逻辑函数 $\overline{Y}$ 就是逻辑函数 Y 的反函数。这就是反演规则。

例 1-17　求函数 $Y=A\cdot\overline{B+C}+\overline{D}$ 的反函数。

解：$\overline{Y}=\overline{A}+\overline{\overline{B}\cdot\overline{C}}\cdot D$

注意：运用反演规则必须注意运算的先后顺序，按照括号优先，然后"先与后或"的顺序变换，而且应保持两个及两个以上变量的非号不变。

（3）对偶规则

如果将逻辑函数 Y 中的"·"换成"＋"，"＋"换成"·"；"0"换成"1"，"1"换成"0"，所得到新的逻辑函数 Y' 就是 Y 的对偶函数。

例 1-18　求 $Y=AB+\overline{C+D}$ 的对偶式。

解：$Y'=(A+B)\cdot\overline{CD}$

对于两个函数，如果原函数相等，那么其对偶函数、反函数也相等。

思考题 1-2

（1）逻辑代数的三种基本运算是什么？

（2）例 1-9 中 A 端输入波形不变，B 端输入高电平时输出 Y 的波形怎样？如 B 端输入低电平时输出 Y 端的波形又如何？

（3）例 1-10 中 A 端输入波形不变，B 端输入低电平时输出 Y 的波形怎样？如 B 端输入高电平时输出 Y 端的波形又如何？

（4）逻辑代数的基本规则有哪些？

（5）反演规则和对偶规则在变换逻辑表达式时有哪些相同之处？有哪些不同之处？

1.3　集成逻辑门电路

　　逻辑门电路可用半导体器件（如二极管、三极管和场效应管等）来实现，但使用元器件多、焊点多、功耗大、可靠性差。集成门电路将全部元器件和连线制作在同一硅片上，它具有体积小、功耗低、速度快、价格低、可靠性高、便于模块化设计等优点，因此在电路设计中得到广泛应用。集成门电路实物图如图 1.18 所示。

　　（a）双列直插式　　　　　　　　　　（b）贴片式

图 1.18　集成门电路实物图

　　集成门电路按其集成度可分为：小规模集成电路（SSI）、中规模集成电路（MSI）、大规模集成电路（LSI）和超大规模集成电路（VLSI）。

　　集成门电路按内部有源器件的不同可分为两大类：TTL 和 CMOS 集成门电路。

1.3.1　TTL 集成门电路

　　TTL 集成门电路，即晶体管-晶体管逻辑（Transistor-transistor Logic）电路，集成电路内部各级均由双极型晶体管构成，它的特点是速度快、抗静电能力强、集成度低、功耗大，广泛应用于中小规模集成电路。

　　1. TTL 集成门电路系列介绍

　　我国在 1982 年颁布了半导体集成电路系列和国家标准，国产 TTL 集成门电路的命名一般用 CT 作前缀，C 表示中国制造，T 表示 TTL。在国际上，TTL 集成门电路一般以美国得克萨斯仪器公司（TEXAS）的产品作为公认的参照系列。

　　74 系列是民用产品，工作温度范围为 0～75℃，电源电压为（5±0.25）V。54 系列是军用产品，其可靠性、功耗、体积等都优于民用产品，工作温度范围为-50～120℃，电源电压为（5±0.5）V。国产 TTL 集成门电路按功耗和速度可分为七大系列，如表 1.16 所示。

表 1.16　TTL 集成门电路系列

子系列	名　称	国标型号	t_{pd}/ns	功　耗
TTL	标准 TTL	CT54/74	10	10
HTTL	高速 TTL	CT54H/74H	6	22

续表

子系列	名　称	国标型号	t_{pd}/ns	功　耗
LTTL	低功耗 TTL	CT54L/74L	33	1
STTL	超高速肖特基 TTL	CT54S/74S	3	19
LSTTL	超高速低功耗肖特基 TTL	CT54LS/74LS	9	2
ALSTTL	先进低功耗肖特基 TTL	CT54ALS/74ALS	4	1
ASTTL	先进肖特基 TTL	CT54AS/74AS	1.5	20

一般，74LS 系列应用最为广泛，它具有速度高、功耗低的特点。

2. 常用 TTL 集成门

常用 TTL 集成门有与非门、与门、非门、或非门、异或门、OC 与非门、三态输出门等。

表 1.17　常用集成 TTL 与非门型号及名称

型　号	名称
74LS00	四-2 输入与非门
74LS10	三-3 输入与非门
74LS20	二-4 输入与非门
74LS30	8 输入与非门

（1）TTL 与非门

集成 TTL 与非门根据其内部包含门电路的个数、各门输入端个数、电路工作速度、功耗等，分为多种型号。部分中小规模 TTL 与非门型号及名称表如表 1.17 所示。

部分集成门电路引脚排列图如图 1.19 所示。图 1.19(a)为 74LS00 四个 2 输入与非门引脚排列图，即在一块集成电路芯片上集成了 4 个与非门，各个与非门互相独立，可以单独使用，但它们共用一根电源线和一根地线。74LS00 互换型号有 SN7400、SN5400、MC7400、T1000、CT7400、CT5400 等。74LS00 逻辑表达式 $Y=\overline{AB}$。

图 1.19(b)为 74LS20 的引脚排列图，内含两个 4 输入与非门，74LS20 的互换型号有 SN7420、SN5420、MC7420、CT7420、CT5420、T1020 等。74LS20 的逻辑表达式 $Y=\overline{ABCD}$。

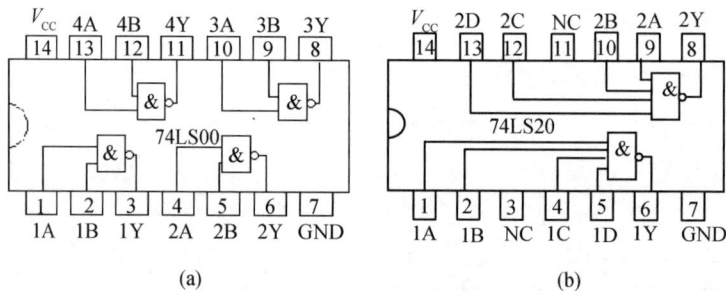

(a)　　　　(b)

图 1.19　集成与非门引脚排列图

（2）TTL 与门

图 1.20 为 74LS08 的引脚排列图，内含 4 个 2 输入与门，其互换型号有 SN7408、SN5408、MC7408、CT7408、CT5408、T1008 等。74LS08 的逻辑表达式 $Y=AB$。

（3）TTL 非门

图 1.21 为 74LS04 的引脚排列图，内含 6 个非门，其互换型号有 SN7404、SN5404、

MC7404、MC5404、CT7404、CT5404、T1004 等。74LS04 的逻辑表达式 $Y = \overline{A}$。

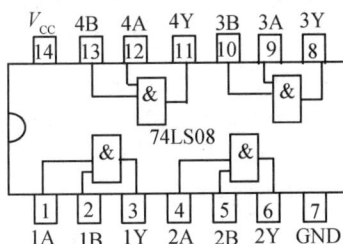

图 1.20　74LS08 引脚排列图

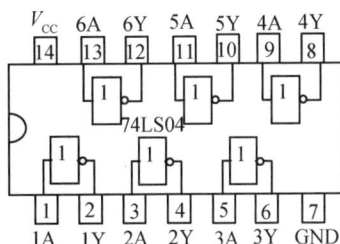

图 1.21　74LS04 引脚排列图

（4）TTL 或非门

图 1.22 为 74LS02 的引脚排列图，内含 4 个 2 输入或非门，其互换型号有 SN7402、SN5402、MC7402、MC5402、CT7402、CT5402、T1002 等。74LS02 的逻辑表达式 $Y = \overline{A + B}$。

（5）TTL 异或门

图 1.23 为 74LS86 的引脚排列图，内含 4 个 2 输入异或门，其互换型号有 SN7486、SN5486、MC7486、MC5486、CT7486、CT5486、T1086 等。74LS86 的逻辑表达式 $Y = A \oplus B$。

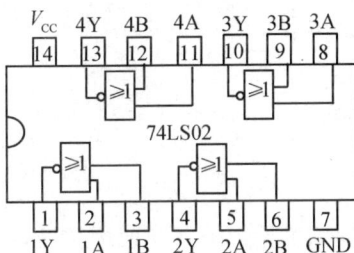

图 1.22　74LS02 引脚排列图

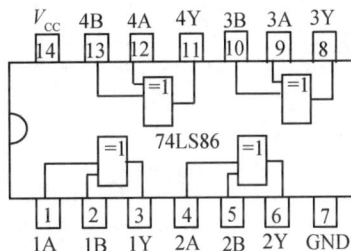

图 1.23　74LS86 引脚排列图

（6）TTL OC 与非门

图 1.24 为 74LS03 的引脚排列图，内含 4 个 2 输入 TTL OC 与非门，其互换型号有 SN7403、SN5403、MC7403、MC5403、CT7403、CT5403、T1003 等。74LS03 的逻辑表达式 $Y = \overline{AB}$。

OC 门即集电极开路门，由于这种门电路的输出级内部晶体管集电极是开路的，因此称为集电极开路门电路。图 1.25 是三输入集电极开路与非门的逻辑符号。

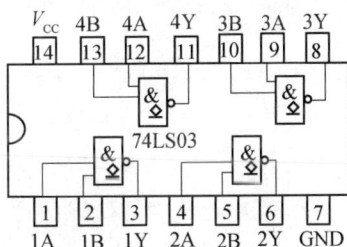

图 1.24　74LS03 引脚排列图

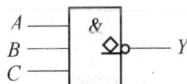

图 1.25　三输入集电极开路与非门的逻辑符号

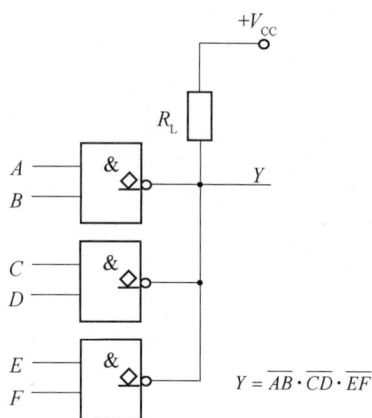

图 1.26　OC 门实现线与逻辑

普通门电路由于内部的结构原因，使用时输出端不能直接并联，否则不仅输出逻辑不正常，还会损坏门电路。而集电极开路门可以直接将几个逻辑门的输出端并联，实现"线与"。图 1.26 所示的是实现线与的 OC 门。

OC 门的主要用途有：实现"线与"、驱动显示、电平转换。

（7）三态输出门（TSL 门）

一般，门电路输出只有两种状态，即高电平和低电平，当几个门电路连至同一传输线时，某一时刻只允许其中一个门电路占用传输线，其他门电路应处于断开悬空状态。

三态门（简称 TSL 门）可以实现这种功能，它的输出除有高、低电平外，还有一种高阻状态，不工作时实现门电路与传输线的断开。它在普通门电路的基础上，增加了控制端 EN，其逻辑符号如图 1.27 所示。当控制端 EN 有效时，门电路正常工作；当控制端 EN 无效时，三态门输出端断开，处于高阻状态。

（a）EN＝1 有效　　　　　　　（b）$\overline{EN}$＝0 有效

图 1.27　三态门的逻辑符号

3. TTL 集成门电路参数

门电路的主要参数为检测、比较、选择集成门电路提供可靠依据。在使用 TTL 集成门电路时，应注意以下几个主要参数（各种集成门电路的主要参数，可以通过查阅数字集成电路手册得到）：

（1）输出高电平 U_{OH}：TTL 门电路输出高电平 U_{OH} 的典型值为 3.6V，一般产品规定 $U_{OH} \geqslant$ 2.4V 就算合格。

（2）输出低电平 U_{OL}：TTL 门电路输出低电平 U_{OL} 的典型值为 0.3V，一般认为 $U_{OL} < 0.4V$ 即可。

（3）阈值电压（门槛电压）U_{TH}：U_{TH} 是理想特性曲线上规定的一个特殊界限电压值，如图 1.28 所示。当 $U_i < U_{TH}$ 时，输出高电平 U_{OH} 保持不变；当 $U_i > U_{TH}$ 时，输出很快下降为低电平 U_{OL} 并保持不变。一般，TTL 与非门的 $U_{TH} \approx 1.4V$。

（4）扇出系数 N_0：扇出系数指门电路输出端驱动同类门电路的个数。扇出系数 N_0 越大，说明门电路带负载能力越强。一般 TTL 电路 $N_0 \geqslant 8$。

（5）平均传输延迟时间 t_{pd}：平均传输延迟时间指输出信号滞后于输入信号的时间，是表示门电路开关速度的参数，此值越小开关速度越快。图 1.29 是 TTL 与非门的传输延迟时间图，从输入波形上升沿的中点到输出波形下降沿中点之间的时间称为导通延迟时间 t_{pdl}；从输入波形下降沿的中点到输出波形上升沿中点之间的时间称为截止延迟时间 t_{pdh}，TTL 与非门的平均延迟时间为两者的平均值，即

$$t_{pd} = \frac{1}{2}(t_{pdl} + t_{pdh})$$

平均传输延迟时间 t_{pd} 一般通过实验方法测得，TTL 与非门的开关速度比较高，典型值是 3～4ns。

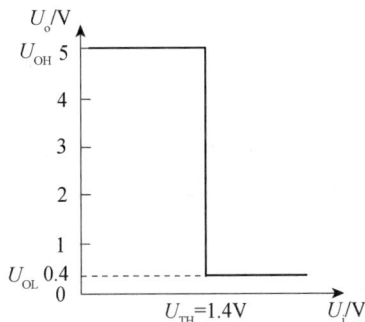

图 1.28　TTL 与非门的理想传输特性　　　　图 1.29　TTL 与非门的传输延迟时间

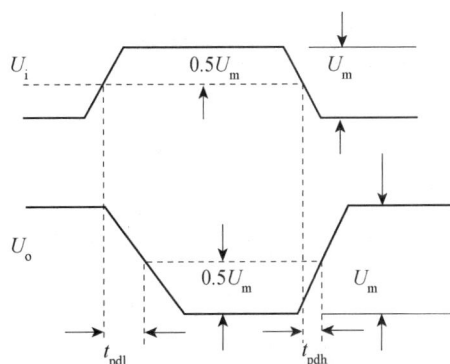

（6）输出低电平时电源电流 I_{CCL} 和输出高电平时电源电流 I_{CCH}。

I_{CCL} 是指输出为低电平时，该电路从直流电源吸取的直流电流。

I_{CCH} 是指输出为高电平时，该电路从直流电源吸取的直流电流。通常 $I_{CCH} < I_{CCL}$。

4. TTL 集成门电路使用注意事项

（1）TTL 集成门电路对电源电压要求严格，除低电压、低功耗系列外，电源电压一般只允许在（5±0.25）V 范围，过高可能烧毁芯片，过低可能导致输出逻辑不正常。

（2）TTL 输出端不允许并联使用（OC 门、三态门除外），也不允许直接与电源或地相连。

（3）多余输入端的处理。或门、或非门等 TTL 电路的多余输入端不能悬空，只能接地。与门、与非门等 TTL 电路的多余输入端可以做如下处理：

① 悬空，相当于高电平。

② 与其他输入端并联使用，增加电路的可靠性。

③ 直接或通过电阻（100Ω～10kΩ）与电源相接以获得高电平输入。

（4）插拔和焊接集成电路要在电路断电情况下进行，严禁带电操作。

1.3.2　CMOS 集成门电路

CMOS 集成门电路是由 N 沟道增强型 MOS 场效应管和 P 沟道增强型 MOS 场效应管构成的一种互补对称场效应管集成门电路，是近年来国内外迅速发展、广泛应用的一种电路。

1. CMOS 集成电路系列介绍

国产的 CMOS 集成门电路系列如表 1.18 所示，主要有普通的 CC4000 系列和高速 54HC/74HC 系列。CC4000 系列电源范围宽，为 3～18V；54HC/74HC 系列的开关速度较快，主要应用在高速数字系统中。

表 1.18　CMOS 逻辑门系列

子系列	名　称	型　号	电源/V
CMOS	标准 CMOS 系列	4000 系列/4500 系列/14500 系列	3～18
HCOMS	高速 CMOS 系列	40H 系列	2～6
HC	新高速型 CMOS 系列	74HC/74HC4000/74HC4500 系列	4.5～6
AC	先进 CMOS 系列	74AC 系列	1.5～5.5
ACT	TTL 兼容 AC 系列（输入电平与 TTL 兼容）	74ACT 系列	4.5～5.5
F	快速 TTL 系列	74F	4.5～5.5

2. 常用 CMOS 集成门

（1）CMOS 与非门

CD4011 是一种常用的四 2 输入与非门，采用双列直插塑料封装，其引脚排列图如图 1.30 所示。

（2）CMOS 反相器

CD40106 是一种常用的六输入反相器，采用双列直插塑料封装，其引脚排列图如图 1.31 所示。

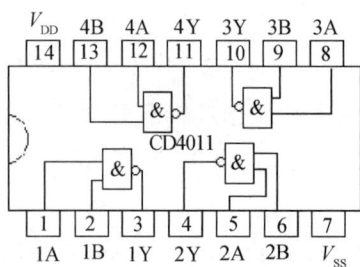

图 1.30　CD4011 引脚排列图

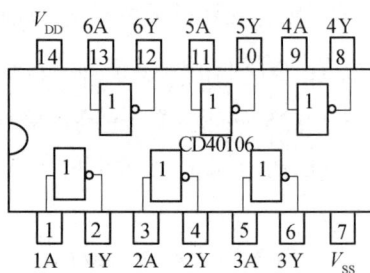

图 1.31　CD40106 引脚排列图

（3）CMOS 传输门

CC4016 是四双向模拟开关传输门，其引脚排列图如图 1.32 所示，互换型号有 CD4016B、MC14016B 等。其逻辑符号如图 1.33 所示，模拟开关真值表如表 1.19 所示。

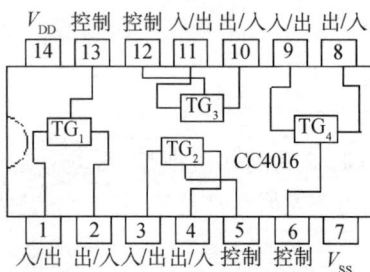

图 1.32　CC4016 引脚排列图

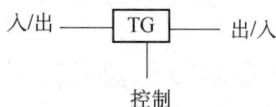

图 1.33　CC4016 的逻辑符号

表 1.19　模拟开关真值表

控制端	开关通道
1	导通
0	截止

3. CMOS 门电路的主要特点

（1）静态功耗低。CMOS 集成门电路工作时，几乎不吸取静态电流，所以功耗极低。

（2）电源电压范围宽。CMOS 集成门电路在 3～18V 电压范围内均可正常工作，与严格限制电源的 TTL 与非门相比要方便得多，便于和其他电路接口。

（3）抗干扰能力强。输出高、低电平的差值大，因此抗干扰能力强，工作稳定性好。

（4）制造工艺简单。

（5）集成度高，易于实现大规模集成。

（6）它的缺点是速度比 74LS 系列低。

由于 CMOS 集成门电路具有上述特点，因而在数字电路、电子计算机及显示仪表等许多方面获得广泛应用。

CMOS 门电路和 TTL 门电路在逻辑功能方面是相同的，而且当 CMOS 电路的电源电压取 5V 时，它可以与低功耗的 TTL 电路直接兼容。

4. CMOS 集成门电路使用注意事项

（1）防静电。CMOS 电路本身较易因静电击穿而损坏，因此运输和保存过程中应采用防静电包装，不能直接将 CMOS 电路装在口袋中，因为化纤材料容易产生高压静电。

（2）CMOS 电路输出端不允许并联使用，不允许直接接 V_{DD} 或 V_{SS}，否则将损坏器件。OC 门的输出端可以并联实现与逻辑，还可驱动一定功率的负载。

（3）CMOS 电路不用的输入端不允许悬空。与门和与非门的多余输入端可接正电源或高电平，或门和或非门的多余输入端可接地或低电平。

（4）输入信号不允许超出电压范围，若不确定输入信号大小，必须在输入端串联限流电阻，以起到保护作用。

（5）插拔和焊接集成电路要在电路断电情况下进行，严禁带电操作。不能使用 25W 以上的电烙铁，使用带松香的焊锡丝，焊接时间不宜过长，焊接量不宜过大。

（6）接地。所有测试仪器的外壳必须良好接地。若信号源需要换挡，请先将输出幅度减到最小。

思考题 1-3

（1）集成门电路按内部有源器件的不同可分为哪两大类？

（2）三态门有哪三种状态？

（3）集成电路 74LS00 内含什么逻辑的门电路？

1.4　逻辑函数的化简

在大多数情况下，由逻辑真值表写出的逻辑函数式，以及由此而画出的逻辑电路图往往比较复杂。如果可以化简逻辑函数，就可以使对应的逻辑电路简单，所用元器件减少，电路的可靠性也因此提高。逻辑函数的化简有两种方法，即公式化简法和卡诺图化简法。

1.4.1 逻辑函数的公式化简法

公式法化简就是运用逻辑代数的基本定律和基本规则，将复杂的逻辑函数式化成简单的逻辑函数式，通常采用以下几种方法。

1. 并项法

利用 $A + \bar{A} = 1$，将两项合并为一项，并消去一个变量。

例 1-19 化简函数 $Y = A\bar{B}C + A\bar{B}\bar{C}$ 。

解： $Y = A\bar{B}C + A\bar{B}\bar{C} = A\bar{B}(C + \bar{C}) = A\bar{B} \cdot 1 = A\bar{B}$

2. 吸收法

利用 $A + AB = A$，消去多余的乘积项。

例 1-20 化简函数 $Y = A\bar{B} + A\bar{B}CD$ 。

解： $Y = A\bar{B} + A\bar{B}CD = A\bar{B}(1 + CD) = A\bar{B}$

3. 消去法

利用 $A + \bar{A}B = A + B$，消去多余的因子。

例 1-21 化简函数 $Y = AB + \bar{A}C + \bar{B}C$ 。

解： $Y = AB + \bar{A}C + \bar{B}C = AB + C(\bar{A} + \bar{B}) = AB + C\overline{AB} = AB + C$

4. 配项法

利用 $A + \bar{A} = 1$，$A + A = A$，增加必要的乘积项，然后再用公式进行化简。

例 1-22 化简函数 $Y = A\bar{B} + B\bar{C} + \bar{B}C + \bar{A}B$ 。

解： $Y = A\bar{B} + B\bar{C} + \bar{B}C + \bar{A}B$

$= A\bar{B} + B\bar{C} + (A + \bar{A})\bar{B}C + \bar{A}B(C + \bar{C})$

$= A\bar{B} + B\bar{C} + A\bar{B}C + \bar{A}\bar{B}C + \bar{A}BC + \bar{A}B\bar{C}$

$= A\bar{B}(1 + C) + B\bar{C}(1 + \bar{A}) + \bar{A}C(\bar{B} + B)$

$= A\bar{B} + B\bar{C} + \bar{A}C$

实际解题时，往往需要综合运用上述几种方法进行化简，才能得到最简结果。

例 1-23 化简函数 $Y = \bar{A}BC\bar{D} + ABD + BC\bar{D} + \bar{A}BC + BD + B\bar{C}$

解： $Y = \bar{A}BC\bar{D} + ABD + BC\bar{D} + \bar{A}BC + BD + B\bar{C}$

$= \bar{A}BC + BD + BC\bar{D} + B\bar{C}$ （吸收法）

$= \bar{A}BC + B\bar{C} + B(D + C\bar{D})$

$= \bar{A}BC + B\bar{C} + BD + BC$ （消去法）

$= BC + B\bar{C} + BD$

$= B + BD$ （并项法）

$= B$ （吸收法）

1.4.2 逻辑函数的卡诺图化简法

公式法化简逻辑函数，不仅要求熟练掌握逻辑代数的定律和规则，还要有一定的技巧。卡诺图化简法是一种图解化简法，它克服了公式化简法对最终结果是否最简难以确定的缺点。

1. 逻辑函数的最小项

（1）最小项的定义和编号

在 n 个变量的逻辑函数中，如果一个乘积项包含了所有的变量，并且每个变量在该乘积项中以原变量或反变量的形式出现且仅出现一次，则该乘积项就称为逻辑函数的最小项。n 个变量的最小项共有 2^n 个。如：一个三变量的最小项有 8 个，四变量的最小项有 16 个。

通常用 m_i 来表示最小项，其下标 i 为最小项的编号，用十进制数表示。编号的方法是：在每个最小项中，原变量取值为 1，反变量取值为 0，这样每个最小项对应一组二进制数，该二进制数所对应的十进制数就是这个最小项的编号。如一个三变量的最小项 $AB\overline{C}$，其对应的二进制数为 110，对应的十进制数为 6，则该最小项表示为 m_6。三变量最小项表如表 1.20 所示。

（2）最小项的性质

① 对于任意一个最小项，只有一组变量取值使得它的值为 1，而取其他值时这个最小项的值都是 0。

② 若两个最小项中只有一个变量不同，其余变量均相同，则称这两个最小项满足逻辑相邻，为相邻最小项。对于 n 个输入变量的逻辑函数，每个最小项有 n 个相邻最小项。

③ 对于任意一种取值，全体最小项之和为 1。

（3）最小项表达式

任何一个逻辑函数表达式都可以转换为一组最小项之和的形式，称为最小项表达式（标准与或式）。并且对于某一逻辑函数来说，最小项的表达式是唯一的。

表 1.20 三变量最小项表

最 小 项	变量取值			最小项编号
	A	B	C	
$\overline{A}\,\overline{B}\,\overline{C}$	0	0	0	m_0
$\overline{A}\,\overline{B}\,C$	0	0	1	m_1
$\overline{A}\,B\,\overline{C}$	0	1	0	m_2
$\overline{A}\,B\,C$	0	1	1	m_3
$A\,\overline{B}\,\overline{C}$	1	0	0	m_4
$A\,\overline{B}\,C$	1	0	1	m_5
$A\,B\,\overline{C}$	1	1	0	m_6
$A\,B\,C$	1	1	1	m_7

例 1-24 将逻辑函数 $L(A, B, C) = AB + \overline{A}C$ 转换成最小项表达式。

解： 从表达式可知 L 是三变量的，因此每个与项都缺少变量，可以利用配项法把变量补足。

$$L(A, B, C) = AB + \overline{A}C = AB(C + \overline{C}) + \overline{A}C(B + \overline{B})$$
$$= ABC + AB\overline{C} + \overline{A}BC + \overline{A}\,\overline{B}C = m_7 + m_6 + m_3 + m_1 = \sum m(1, 3, 6, 7)$$

（4）最小项卡诺图

n 变量最小项卡诺图，用 2^n 个小方格表示 2^n 个最小项，并且逻辑相邻的最小项在几何位置上也相邻。同时卡诺图中最上行和最下行、最左行和最右行，四角最小项依次具有逻辑相邻性，称为循环相邻性。如图 1.34 所示是二～四变量的最小项卡诺图。

图（a）二变量卡诺图

A＼B	0	1
0	$\overline{A}\,\overline{B}$	$\overline{A}B$
1	$A\overline{B}$	AB

A＼B	0	1
0	m_0	m_1
1	m_2	m_3

(a) 二变量卡诺图

A＼BC	00	01	11	10
0	$\overline{A}\,\overline{B}\,\overline{C}$	$\overline{A}\,\overline{B}C$	$\overline{A}BC$	$\overline{A}B\overline{C}$
1	$A\overline{B}\,\overline{C}$	$A\overline{B}C$	ABC	$AB\overline{C}$

A＼BC	00	01	11	10
0	m_0	m_1	m_3	m_2
1	m_4	m_5	m_7	m_6

(b) 三变量卡诺图

AB＼CD	00	01	11	10
00	$\overline{A}\,\overline{B}\,\overline{C}\,\overline{D}$	$\overline{A}\,\overline{B}\,\overline{C}D$	$\overline{A}\,\overline{B}CD$	$\overline{A}\,\overline{B}C\overline{D}$
01	$\overline{A}B\overline{C}\,\overline{D}$	$\overline{A}B\overline{C}D$	$\overline{A}BCD$	$\overline{A}BC\overline{D}$
11	$AB\overline{C}\,\overline{D}$	$AB\overline{C}D$	$ABCD$	$ABC\overline{D}$
10	$A\overline{B}\,\overline{C}\,\overline{D}$	$A\overline{B}\,\overline{C}D$	$A\overline{B}CD$	$A\overline{B}C\overline{D}$

AB＼CD	00	01	11	10
00	m_0	m_1	m_3	m_2
01	m_4	m_5	m_7	m_6
11	m_{12}	m_{13}	m_{15}	m_{14}
10	m_8	m_9	m_{11}	m_{10}

(c) 四变量卡诺图

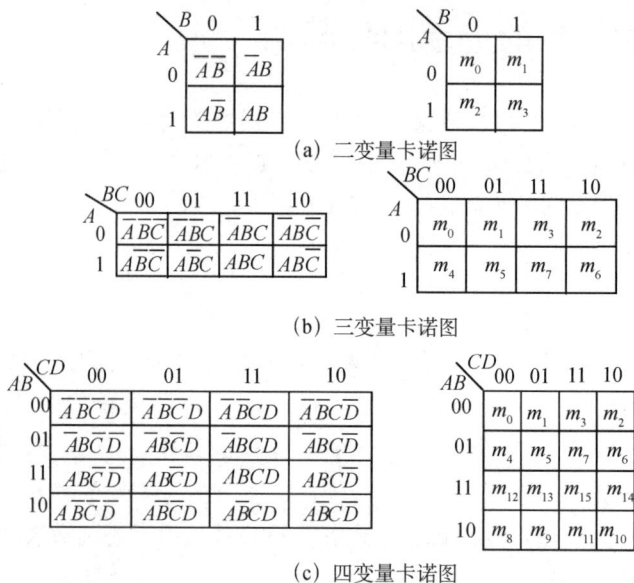

图 1.34　二～四变量的最小项卡诺图

以方块图的形式，将逻辑上相邻的最小项放在一起，使得化简逻辑函数直观和方便。

2. 卡诺图化简逻辑函数

（1）填卡诺图

若逻辑函数是最小项之和表达式，首先根据逻辑函数中变量的个数，画出卡诺图，接着把所出现的最小项对应的小方格填1，其余的小方格不填（或填0）。

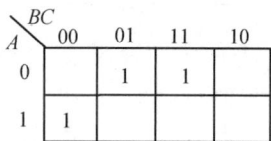

A＼BC	00	01	11	10
0		1	1	
1	1			

图 1.35　例 1-25 图

例 1-25　用卡诺图表示函数 $Y = \overline{A}\,\overline{B}C + \overline{A}BC + A\overline{B}\,\overline{C}$。

解：这是三变量逻辑函数，先画出三变量卡诺图，然后在对应的方格中填1，如图 1.35 所示。

若已知逻辑函数为一般表达式，可先将其变换成最小项之和表达式，再填卡诺图。更好的方法是采用观察法，首先将逻辑函数表达式变换为与或表达式（不必变换为最小项之和的形式），然后在卡诺图中将每个乘积项中各因子所共同占有区域的方格中填入1（当两项都包含同一方格时，只填一次1就可以了），直到填完逻辑式的全部与项。

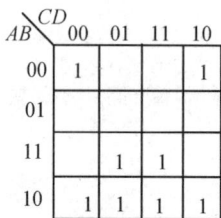

例 1-26　用卡诺图表示逻辑函数 $F = AD + A\overline{B}D + \overline{A}\,\overline{B}\,\overline{C}\,\overline{D} + \overline{A}\,\overline{B}C\overline{D}$。

解：这是四变量逻辑函数，先画出四变量卡诺图，再在图中将每个乘积项各因子共同占有的区域填入1，即得所求函数的卡诺图，如图 1.36 所示。

AB＼CD	00	01	11	10
00	1			1
01				
11		1	1	
10	1	1	1	1

图 1.36　例 1-26 图

（2）画卡诺圈

卡诺图法化简逻辑函数表达式是利用卡诺图中最小项相邻原则，对最小项进行合并，消去互补变量，以达到化简的目的。卡诺图中每两个相邻最小项只有一个互补变量，根据常用公式 $AB + A\overline{B} = A$ 可知，两个逻辑相邻最小项合并可以消去一个变量。因此：

① 两个相邻的最小项合并，可以消去 1 个变量，如图 1.37 所示。

② 四个相邻的最小项合并，可以消去 2 个变量，如图 1.38 所示。

③ 八个相邻的最小项合并，可以消去 3 个变量，如图 1.39 所示。

采用卡诺圈将可以合并的最小项圈出，直观又方便。

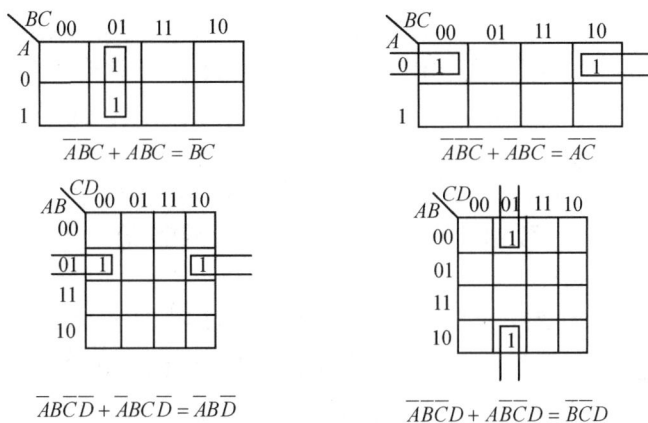

$$\overline{A}B\overline{C} + AB\overline{C} = B\overline{C}$$

$$\overline{A}\overline{B}C + \overline{A}B\overline{C} = \overline{A}C$$

$$\overline{A}B\overline{C}\overline{D} + \overline{A}B\overline{C}\overline{D} = \overline{A}B\overline{D}$$

$$\overline{A}\overline{B}CD + \overline{A}BCD = \overline{B}CD$$

图 1.37　两个最小项合并

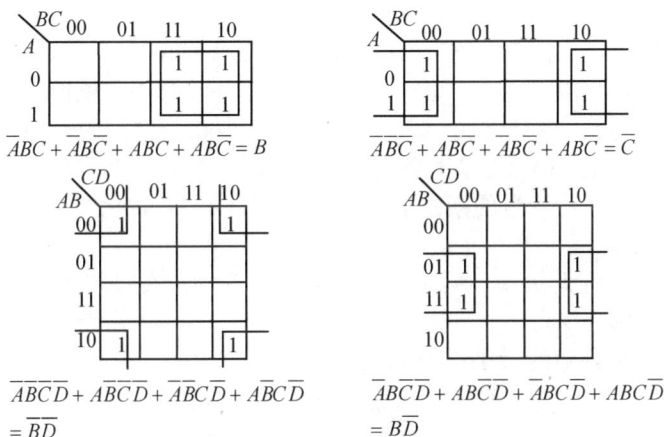

$$\overline{A}BC + \overline{A}B\overline{C} + ABC + AB\overline{C} = B$$

$$\overline{A}\overline{B}C + \overline{A}B\overline{C} + A\overline{B}\overline{C} + AB\overline{C} = \overline{C}$$

$$\overline{A}B\overline{C}\overline{D} + \overline{A}BC\overline{D} + AB\overline{C}\overline{D} + ABC\overline{D}$$
$$= B\overline{D}$$

$$\overline{A}B\overline{C}\overline{D} + AB\overline{C}\overline{D} + \overline{A}BC\overline{D} + ABC\overline{D}$$
$$= B\overline{D}$$

图 1.38　4 个最小项合并

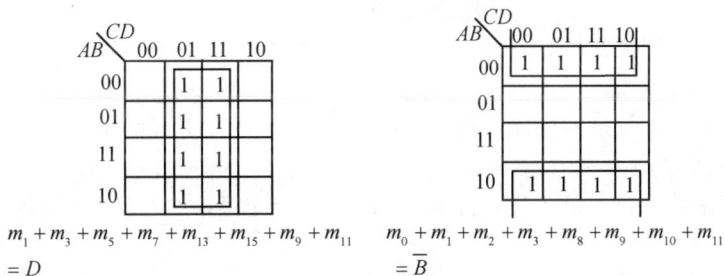

$$m_1 + m_3 + m_5 + m_7 + m_{13} + m_{15} + m_9 + m_{11}$$
$$= D$$

$$m_0 + m_1 + m_2 + m_3 + m_8 + m_9 + m_{10} + m_{11}$$
$$= \overline{B}$$

图 1.39　8 个最小项合并

注意：画卡诺圈的原则如下：

● 卡诺圈要尽量大，但每个圈内只能含有 2^n 个 "1"，即 2、4、8……注意对边相邻性和四角相邻性。

● 卡诺圈的个数要尽量少。

● 卡诺图中所有取值为 1 的方格均要被圈过，没有相邻项的最小项单独圈。

● 卡诺图中的 "1" 可以重复使用。但每个圈中至少有一个从来没被圈过的 "1"。

（3）写出最简逻辑函数表达式

完成了前两个步骤（填卡诺图、画卡诺圈）以后，将每个包围圈所得的乘积项相加，即为简化后的逻辑函数表达式。

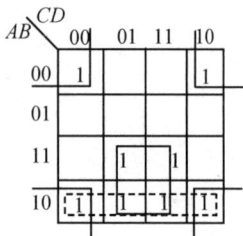

图 1.40 例 1-27 图

图 1.41 例 1-28 图

例 1-27 用卡诺图化简逻辑函数 $F = AD + A\overline{B}\overline{D} + \overline{A}\,\overline{B}\,C\overline{D} + \overline{A}BC\overline{D}$。

解：画出卡诺图，如图 1.40 所示。接着画卡诺圈合并最小项，写出每个卡诺圈对应的乘积项，相加得最简与一或表达式：

$$F = AD + \overline{B}\overline{D}$$

注意：图中的虚线圈没有圈到新的 1，是多余圈，应去掉。

例 1-28 用卡诺图化简逻辑函数：$Y = \sum m(0, 2, 5, 6, 7, 8, 9, 10, 11, 14, 15)$。

解：首先画出卡诺图，如图 1.41 所示，合并最小项得到最简表达式为：

$$Y = \sum m(0, 2, 5, 6, 7, 8, 9, 10, 11, 14, 15)$$
$$= \overline{A}BD + \overline{B}\overline{D} + A\overline{B} + BC$$

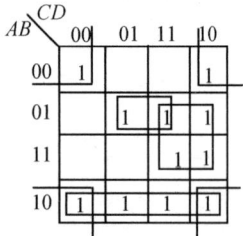

3. 具有无关项的逻辑函数化简

在实际逻辑问题中，有些变量的取值是不允许或不可能出现的，这些取值对应的最小项称为约束项。如用 8421BCD 码表示十进制数，只有 0000、0001、0010、…、1001 等 10 种组合有效，而 1010、1011、…、1111 六种组合是不会出现的，这后 6 个最小项就是约束项。

在另一些逻辑函数中，变量的某些取值组合既可以是 1，也可以是 0，这样的最小项称为任意项。

约束项和任意项统称无关项。无关项的输出是任意的，在逻辑函数化简时，无关项取值可以为 1，也可以为 0。

带有无关项的逻辑函数的最小项表达式为：

$$Y = \sum m(\quad) + \sum d(\quad)$$

其中，$\sum d(\quad)$ 是无关项。在真值表和卡诺图中，无关项的函数值用"×"表示，如果它对函数化简有利，则认为它是"1"，否则认为它是"0"。

例 1-29 已知逻辑函数 $L(A, B, C, D) = \sum m(1, 4, 5, 6, 7, 9) + \sum d(10, 11, 12, 13, 14, 15)$，试用卡诺图法化简该函数。

解：第一，画出 4 变量卡诺图。将 1、4、5、6、7、9 号小方格填入"1"；将 10、11、12、13、14、15 号小方格填入"×"。

第二，画卡诺圈，合并最小项，注意，"1"方格不能漏。"×"方格根据需要，可以圈入，也可以不圈，如图 1.42(a) 所示。

第三，写出逻辑函数的最简与一或表达式：$L = B + \overline{C}D$。

如果不考虑无关项，则如图 1.42(b) 所示，表达式为：$L = \overline{A}B + \overline{B}\overline{C}D$。

可见，考虑无关项，使逻辑函数的化简结果更简单。

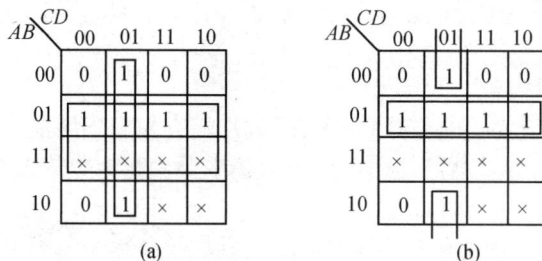

图 1.42 例 1-29 图

思考题 1-4

（1）逻辑函数的化简主要有哪两种方法？

（2）逻辑函数的公式化简法的依据是什么？

（3）逻辑函数的卡诺图化简法中，画卡诺圈时应遵循哪些原则？

训练 1-1　集成逻辑门电路逻辑功能测试

1. 训练要求

识别常用集成门电路的引脚排列，用数字电路实验箱完成常用集成门电路逻辑功能测试。

2. 测试设备与器件

设备：数字电路实验箱 1 台，数字示波器 1 台，信号发生器 1 台。

器件：74LS08、74LS32、74LS04、74LS00 各 1 块。

3. 集成电路外引脚排列图

集成电路外引脚排列图如图 1.43 所示。

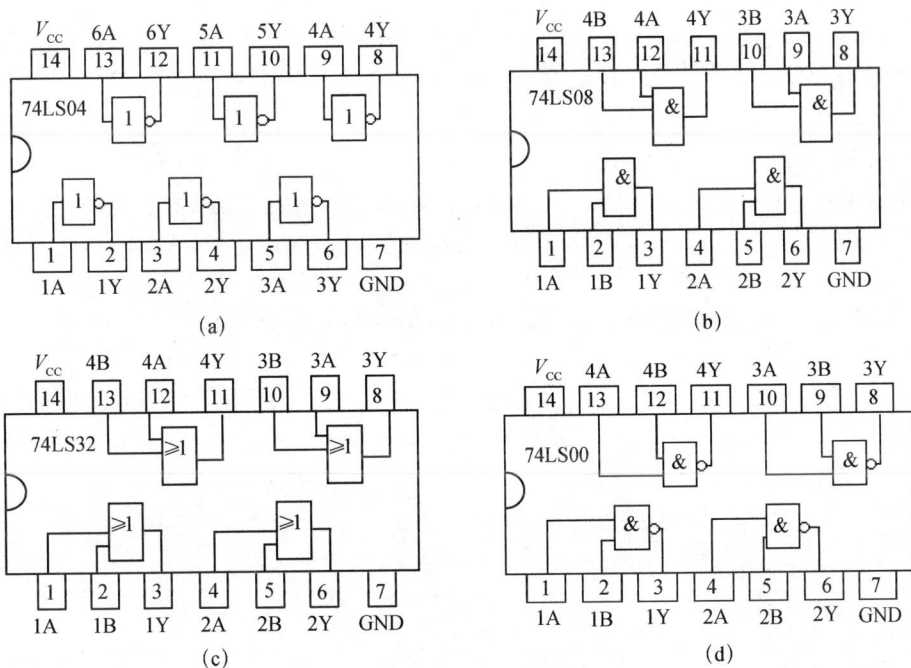

图 1.43　集成电路外引脚排列图

4. 测试内容及步骤

（1）门电路逻辑功能测试

① 74LS04 逻辑功能测试。

将 74LS04 正确接入集成块插座上，14 脚接+5V 电源，7 脚接地。输入接逻辑电平开关，输出接逻辑电平指示，灯亮为 1，灯不亮为 0，按表 1.21 所列输入信号，观察输出端状态并记录在表 1.21 中。

表 1.21 功能测试表

输　入		输　出			
A	B	$Y=\overline{A}$	$Y=AB$	$Y=A+B$	$Y=\overline{AB}$
0	0				
0	1				
1	0				
1	1				

② 74LS08 逻辑功能测试。

将 74LS08 正确接入集成块插座上，14 脚接+5V 电源，7 脚接地。输入接逻辑电平开关，输出接逻辑电平指示，灯亮为 1，灯不亮为 0，按表 1.21 所列输入信号，观察输出端状态并记录在表 1.21 中。

③ 74LS32 逻辑功能测试。

将 74LS32 正确接入集成块插座上，14 脚接+5V 电源，7 脚接地。输入接逻辑电平开关，输出接逻辑电平指示，灯亮为 1，灯不亮为 0，按表 1.21 所列输入信号，观察输出端状态并记录在表 1.21 中。

④ 74LS00 逻辑功能测试。

将 74LS00 正确接入集成块插座上，14 脚接+5V 电源，7 脚接地。输入接逻辑电平开关，输出接逻辑电平指示，灯亮为 1，灯不亮为 0，按表 1.21 所列输入信号，观察输出端状态并记录在表 1.21 中。

（2）门电路对信号的控制作用

将 74LS00 的 14 脚接+5V 电源，7 脚接地。输入 1 脚接示波器 CH2 通道，输入 1kHz 的脉冲信号（由信号发生器产生），输入 2 脚分别按图 1.44(a)、(b)连接，输出 3 脚接示波器 CH1 通道。

① 分别用示波器观察按图 1.44(a)、(b)连接方式的输出端的波形。

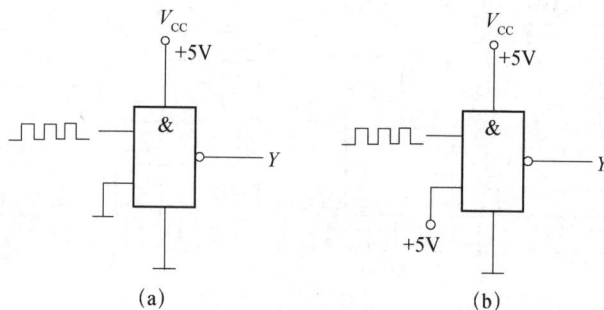

图 1.44 示波器测试与非门功能图

② 画出两种情况的输入输出波形。

思考题 1-5

（1）如何识别集成块引脚？
（2）将集成块插入数字电路实验箱时应注意什么？
（3）图 1.44 中哪种情况脉冲信号能通过与非门？

训练 1-2　门控报警电路仿真

1. 训练要求

（1）按图 1.1 创建仿真电路。
（2）选择仿真软件中合适的虚拟仪器测试输入高电平时的报警波形。
（3）完成仿真测试报告。

2. 实训设备

安装有 Multisim 软件的计算机。

3. 电路仿真

（1）创建仿真电路
① 与非门 74AS00 的选取。

在 Multisim14 软件的工作界面上，单击元器件工具栏中"Place TTL"按钮，弹出元器件选择对话框，选择"Family:"栏中的"74AS"系列，如图 1.45 所示。

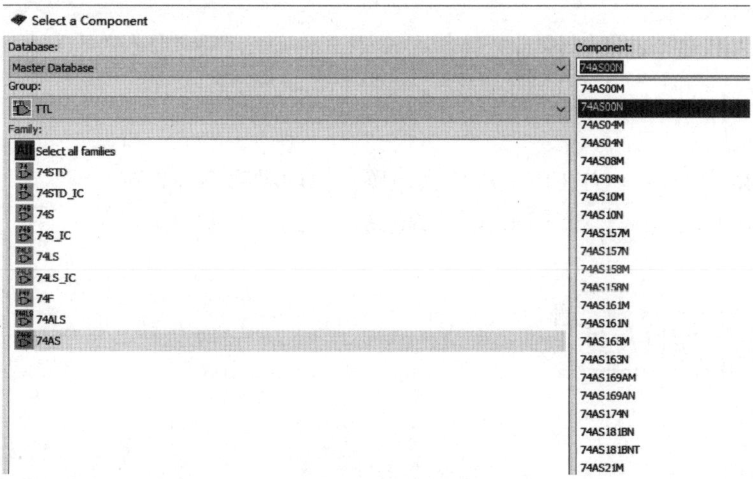

图 1.45　选择"74AS"系列

在"Component"列表中选"74AS00N"，单击"OK"按钮，则在电路编辑区中弹出选定元器件（74AS00N）部件条，单击"NEW-A"，则与非门跟随光标移动，将器件放在电路编辑区中合适的位置，得到与非门U1A。器件部件条再次弹出，单击"U1-B"，放置与非门U1B。同样方法继续放置与非门U1C、U1D，在器件跟随光标移动时右击，可取消放置器件。

② 其他元器件的选取。

电源VCC：Place Source→POWER_SOURCES→V_REF4。

接地：Place Source→POWER_SOURCES→GROUND_REF3。

电容：Place Basic→CAPACITOR，选择47μF、0.47μF。

电阻：Place Basic→RESISTOR，选择47kΩ、30kΩ、22kΩ。

二极管VD：Place DIODES→DIODES_VIRTUAL，选择DIODE。

发光二极管LED:Place DIODES→LED，选择LED_blue。

三极管：Place Transistor→TRANSISTORS_VIRTUAL，选择BJT_NPN和BJT_PNP。

蜂鸣器：Place Indicators→BUZZER，选择BUZZER。

③ 虚拟示波器的放置。

单击菜单"Simulate"→"Instruments"→"Four Channel Oscilloscope"命令。

④ 电路连接。将各个元器件放置好（可适当旋转）以后进行连接，就构成了门控报警仿真电路，如图1.46所示。

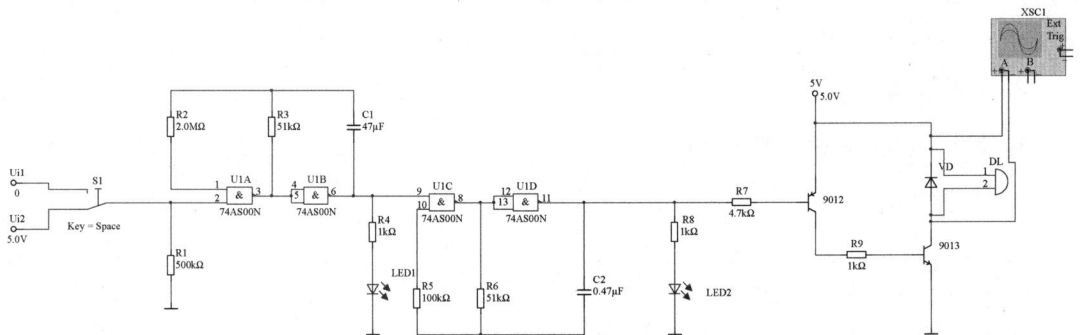

图1.46　门控报警仿真电路

（2）仿真测试

在 u_i 端加入高电平，用示波器观察报警波形，将观察到的现象记录下来。

思考题 1-6

（1）图1.46中U1A、U1B门组成什么电路，大约频率多少？

（2）图1.46中U1C、U1D门组成什么电路，大约频率多少？

项目总结

1. 数字电路中大量使用的是二进制数，二进制数的基数为"2"，进位规则是"逢二进一，借一当二"，它的位权为 2^i。八进制数的基数为"8"，进位规则是"逢八进一，借一当八"，它的位权为 8^i。十六进制数的基数为"16"，进位规则是"逢十六进一，借一当十六"，它的位权为 16^i。各种进制转换为十进制数的方法是按权展开后相加即可。

2. 常用 BCD 码有 8421 码、2421 码、5421 码、余 3BCD 码等。其中以 8421BCD 码使用最广泛。格雷码是无权码，其特点是相邻两组代码之间只有一位代码不同，其余各位都相同，0 和最大数 9 两组代码之间也只有一位不同，它是一种循环码。

3. 逻辑代数是分析和设计逻辑电路的重要工具。逻辑变量是用来表示逻辑关系的二值量。每个变量的取值只有 0 或 1 两种，它们代表的是逻辑状态，而不是数量大小。

4. 逻辑代数有三种基本运算，即与运算、或运算和非运算，复合逻辑运算有与非运算、或非运算、异或运算、同或运算等。逻辑代数的基本定律是公式法化简逻辑函数的基础，应熟练掌握。逻辑代数的基本规则有代入规则、反演规则和对偶规则，反演规则可以用来求反函数，对偶规则可以用来求对偶式。

5. 逻辑函数常用的表示方式有真值表、逻辑表达式、卡诺图、逻辑图和波形图等，它们之间可以相互转换。

6. 目前普遍使用的数字集成电路基本上有两大类：TTL 和 CMOS 集成电路。TTL 集成电路主要有 74 系列、54 系列，CMOS 集成电路主要有普通的 CC4000 系列和高速 54HC/74HC 系列。

7. 逻辑函数的化简方法有公式化简法和卡诺图化简法两种。公式化简法是运用逻辑代数的基本定律和基本规则，将复杂的逻辑函数式化成简单的逻辑函数式，它适用于任何复杂的逻辑函数。卡诺图化简法是一种图解化简法，它克服了公式化简法对最终结果是否最简难以确定的缺点。

练习题

一、填空题

1-1　在时间上和数值上都连续变化的信号称为_____信号，在时间上和数值上都离散的信号称为_____信号。

1-2　二进制数只有_____和_____两个数码，其计数的基数是_____，十进制数转换为二进制数的方法是：整数部分采用_____，小数部分采用_____。

1-3　在数字电路中，最基本的逻辑关系是_____、_____和_____。

1-4　使用 2 输入与门传输数字信号时，一个输入端接数字信号，另一个输入端应接_____电平。

1-5　三态门输出状态有_____、_____和_____三种状态。

1-6　逻辑代数中的三种基本运算规则是_____规则、_____规则和_____规则。

1-7　逻辑电路按照逻辑功能的不同分为两大类，一类是_____电路，另一类是_____

电路。

1-8 完成下列各种转换。

（1）$(1001)_2=$（_____）$_{10}$

（2）$(1010101.011)_2=$（_____）$_{10}$

（3）$(136)_{10}=$（_____）$_2$

（4）$(255)_{10}=$（_____）$_2$

（5）$(703)_8=$（_____）$_2=$（_____）$_{16}$

（6）$(3AB6)_{16}=$（_____）$_2=$（_____）$_8$

（7）$(163.25)_{10}=$（_____）$_2=$（_____）$_{16}$

（8）$(275)_{10}=$（_____）$_{8421}$

（9）$(73.46)_{10}=$（_____）$_{8421}$

（10）$(0100001000110100)_{8421}=$（_____）$_{10}$

（11）$(01100111.001001110101)_{8421}=$（_____）$_{10}$

二、选择题

1-9 当逻辑函数有 n 个变量时，共有_____个变量取值组合。

A. n B. $2n$ C. n^2 D. 2^n

1-10 可以实现"与"功能的逻辑门是_____。

A. 与非门 B. 三态输出门

C. 集电极开路门 D. 漏极开路门

1-11 在_____情况下，"与非"运算的结果是逻辑"0"。

A. 输入全部是 0 B. 任意多个输入是 0

C. 仅一个输入是 0 D. 输入全部是 1

1-12 对于 TTL 与非门闲置输入端的处理，可以_____。

A. 接电源 B. 通过电阻 3kΩ 接电源

C. 接地 D. 与有用输入端并联

1-13 CMOS 数字集成电路与 TTL 数字集成电路相比突出的优点是_____。

A. 微功耗 B. 高速度 C. 高抗干扰能力 D. 电源范围宽

1-14 以下式子正确的是_____。

A. $A+A=1$ B. $A \cdot A=1$ C. $1+A=A$ D. $A+AB=A$

三、计算题

1-15 写出下列函数的对偶式 F' 及反函数 $\overline{F}$。

（1）$F=AB+C$

（2）$F=(A+BC)\overline{CD}$

1-16 用公式化简法化简下列函数。

（1）$F=A+B+C+D+\overline{ABCD}$

（2）$F=(A+C)(A+D)(B+C)(B+D)$

（3）$F=AB+ACD+\overline{A}C+BC+A\overline{B}$

1-17 用卡诺图化简法化简下列函数。

（1）$F(A, B, C) = \overline{A}BC + A\overline{B}C + AB\overline{C} + ABC$

（2）$F(A, B, C, D) = \overline{ABC} + AD + \overline{D}(B+C) + A\overline{C} + \overline{AD}$

（3）$F(A, B, C, D) = \sum m(2, 3, 6, 7, 13)$　约束条件 $\sum d(5, 8, 9, 15)$

四、分析题

1-18　门电路的输入波形如图 1.47 所示，请对应画出各门的输出波形。

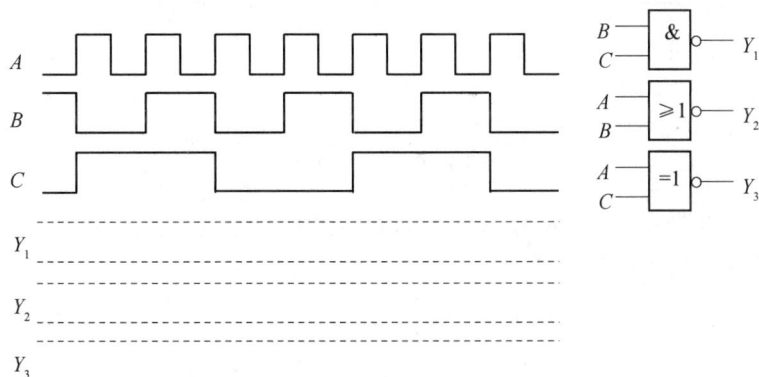

图 1.47　题 1-18 图

1-19　试写出图 1.48 所示逻辑电路的输出表达式。

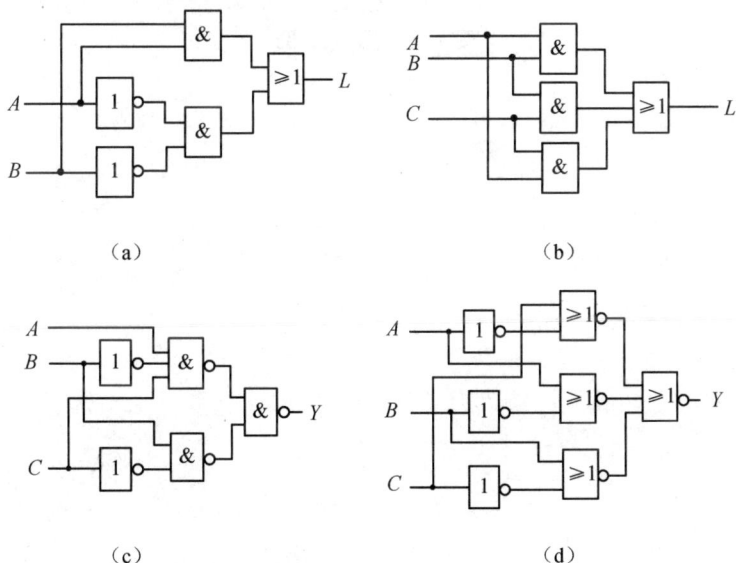

（a）　　　　　　　　　　　　　（b）

（c）　　　　　　　　　　　　　（d）

图 1.48　题 1-19 图

1-20　用门电路画出下列逻辑函数的逻辑图。

（1）$Y = AB + BC + AC$　　　　　（2）$Y = A\overline{B}C + B\overline{C}$

（3）$Y = AB\overline{C} + A\overline{B}C + \overline{A}BC$　　　　（4）$Y = (A+C)(\overline{A}+B+\overline{C})(\overline{A}+\overline{B}+C)$

1-21　试判断图 1.49 所示集成逻辑门电路输出与输入之间的逻辑关系哪些是正确的？哪些是错误的？并将接法错误的改正。

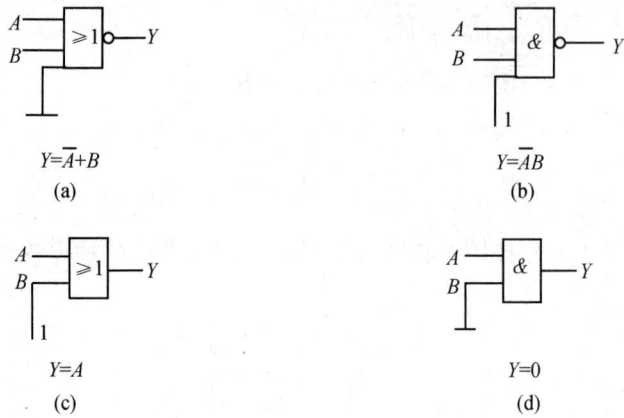

$Y=\overline{A}+B$

(a)

$Y=\overline{A}B$

(b)

$Y=A$

(c)

$Y=0$

(d)

图 1.49　题 1-21 图

1-22　已知门电路输入 A、B 和输出 Y 的波形如图 1.50 所示，试列出真值表，写出输出逻辑表达式，画出相应的逻辑图。

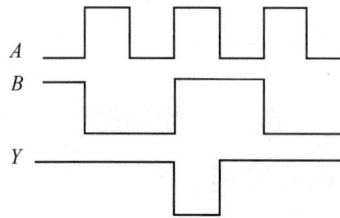

图 1.50　题 1-22 图

项目2　编码显示电路设计与制作

在数字系统中，为了便于信号处理，常常需要将信号进行编码，处理完再进行译码，最后通过数码管显示为人们熟悉的十进制数。本项目将介绍组合逻辑电路的分析与设计、加法器、数值比较器、编码器、译码器、数据选择器和数据分配器，完成编码显示电路的制作及仿真。

编码显示电路的制作

1. 工作任务单

（1）明确编码显示电路的工作原理。

（2）画出布线图。

（3）完成电路所需元器件的购买和检测。

（4）根据布线图制作编码显示电路。

（5）完成编码显示电路功能检测和故障排除。

（6）编写项目实训报告。

2. 电路制作

编码显示电路如图2.1所示。

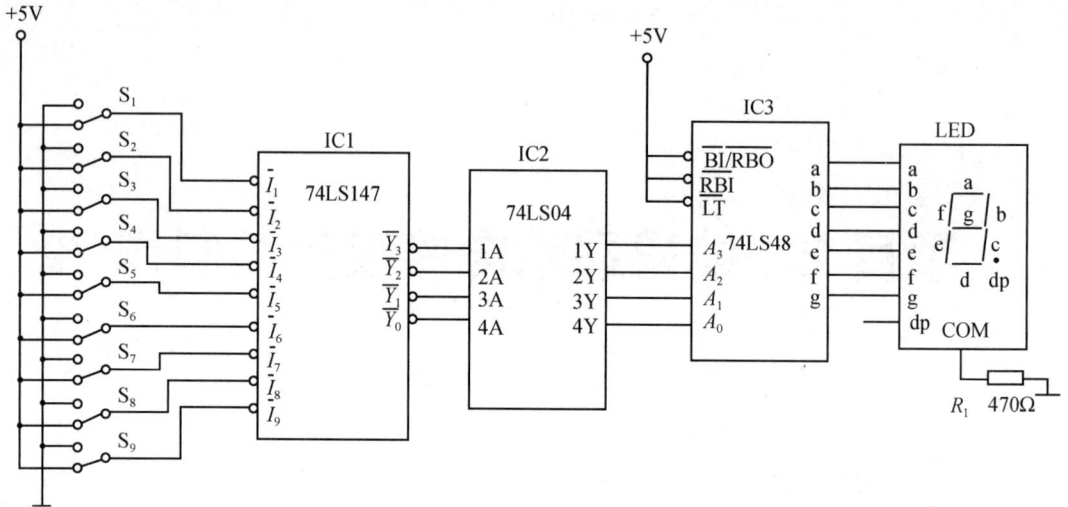

图 2.1　编码显示电路

（1）实训目的

① 熟悉集成编码器、显示译码器的逻辑功能。

② 熟悉由集成编码器和显示译码器构成的编码显示电路工作原理。

③ 掌握中规模集成电路的正确使用。

（2）实训设备与元器件

① 实训设备：直流稳压电源、万用表等。

② 实训元器件，如表 2.1 所示。

表2.1　元器件明细表

序　号	代　号	名　称	规格和型号	数　量
1	IC1	8421BCD 码 优先编码器	74LS147	1
2	IC2	六非门	74LS04	1
3	IC3	BCD 码七段 译码驱动器	74LS48	1
4	LED	共阴数码管	LC5011-11	1
5	R_1	电阻器	470Ω	1
6	$S_1 \sim S_9$	单刀双掷开关		9
7		导线		若干

（3）实训电路与说明

① 电路组成。实训电路如图 2.1 所示。

② 电路工作过程。9 个单刀双掷开关平时均接高电平，需要编码时将相应开关接地，优先编码器 74LS147 输出相应反码，经 74LS04 取反后，变成 BCD 码原码输入显示译码器 74LS48，最后译码驱动七段数码管显示相应数码。

（4）实训电路的安装与功能验证

① 安装步骤。

第1步：检测与查阅元器件。用万用表等设备检测所用的元器件。通过查阅集成电路手册，标出电路图中各集成电路输入、输出的引脚编号。

第2步：根据如图2.1所示的编码显示电路，画出安装布线图。

第3步：据安装布线图完成电路的安装。

② 功能验证。

按下相应双向开关，观察数码管的显示情况。

（5）完成电路的详细分析及编写项目实训报告

整理相关资料，完成电路的详细分析并编写项目实训报告。

（6）实训考核

实训考核表见表2.2。

表2.2　实训考核表

项　目	内　容	配　分	得　分
工作态度	1. 工作的主动性、积极性 2. 操作的安全性、规范性 3. 遵守纪律情况	20分	
电路安装	1. 安装布线图的绘制情况 2 电路图的搭接情况	40分	
功能测试	1. 电路功能验证 2. 设计表格，正确记录测试结果	30分	
5S 规范	整理工作台，离场	10分	
合计		100分	

知识链接

2.1　组合逻辑电路的分析和设计

逻辑电路按照逻辑功能的不同分为两大类：一类是组合逻辑电路，另一类是时序逻辑电路。

2.1.1　组合逻辑电路概述

组合逻辑电路的特点是没有记忆元器件、没有反馈连接电路，电路任一时刻的输出状态仅取决于该时刻的输入状态，而与电路原有状态无关。组合逻辑电路在结构上由各类基本逻辑门电路组合而成，实现各种不同的逻辑功能。

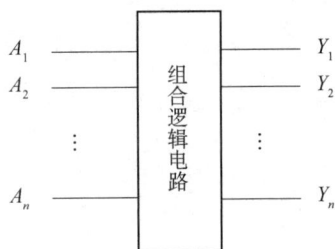

图 2.2　组合逻辑电路框图

对于任何一个多输入、多输出的组合逻辑电路都可以用图 2.2 所示的框图表示。图中，A_1、A_2、A_3、$\cdots$、A_n 表示输入变量，Y_1、Y_2、Y_3、$\cdots$、Y_n 表示输出变量。输出与输入之间可以用一组逻辑函数表示，即

$$Y_1 = f_1(A_1、A_2、A_3、\cdots、A_n)$$
$$Y_2 = f_2(A_1、A_2、A_3、\cdots、A_n)$$
$$\vdots$$
$$Y_n = f_n(A_1、A_2、A_3、\cdots、A_n)$$

2.1.2　组合逻辑电路的分析

组合逻辑电路的分析就是根据给定的组合逻辑电路，找出输出信号和输入信号间的逻辑关系，从而确定电路的逻辑功能。具体分析步骤如下：

（1）从输入端向输出端逐级写出逻辑函数表达式。

组合逻辑
电路的分析
讲解视频

（2）化简逻辑函数表达式。

（3）根据最简表达式列出真值表。

（4）根据真值表或最简表达式确定电路的功能。

组合逻辑电路的分析步骤可用图 2.3 所示的框图表示。

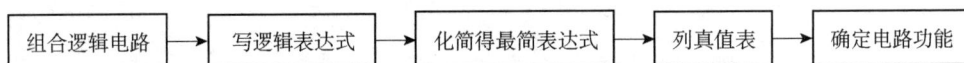

图 2.3　组合逻辑电路的分析步骤

例 2-1　电路如图 2.4 所示，分析该电路的逻辑功能。

解：（1）逐级写出输出端的逻辑表达式：

$$Y_1 = A \oplus B$$
$$Y = Y_1 \oplus C = A \oplus B \oplus C$$

（2）无须化简，列出函数真值表，如表 2.3 所示。

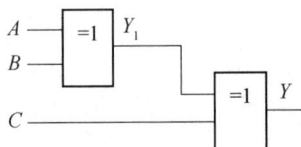

图 2.4　逻辑电路

表 2.3　例 2-1 的真值表

输　入			输　出
A	B	C	Y
0	0	0	0
0	0	1	1
0	1	0	1
0	1	1	0
1	0	0	1
1	0	1	0
1	1	0	0
1	1	1	1

（3）确定电路逻辑功能。由表 2.3 可见，在 A、B、C 三变量的取值组合中有奇数个 1 时，输出 Y 为 1，否则为 0。因此该电路为三位判奇电路，又称奇校验电路。

例 2-2　电路如图 2.5 所示，分析该电路的逻辑功能。

解：（1）逐级写出输出端的逻辑表达式：

$$F_1 = \overline{AB}$$

$$F_2 = \overline{BC}$$

$$F_3 = \overline{AC}$$

$$F = \overline{F_1 F_2 F_3} = AB + BC + AC$$

（2）无须化简，列出函数真值表，如表 2.4 所示。

（3）确定电路逻辑功能。由表 2.4 可见，当 A、B、C 三变量的取值组合中有 2 个或 2 个以上 1 时，输出 Y 为 1，否则为 0。因此该电路为多数表决器。

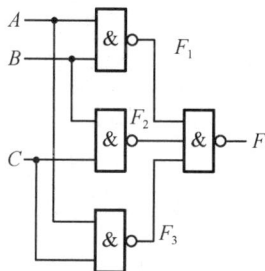

图 2.5 逻辑电路

表 2.4 例 2-2 的真值表

输　入			输　　出
A	B	C	Y
0	0	0	0
0	0	1	0
0	1	0	0
0	1	1	1
1	0	0	0
1	0	1	1
1	1	0	1
1	1	1	1

2.1.3 组合逻辑电路的设计

组合逻辑电路的设计就是根据给定的实际逻辑问题，求出实现这一逻辑功能的最简逻辑电路。一般按以下步骤设计：

（1）根据设计要求，确定输入、输出变量的个数，并对它们进行逻辑赋值（即确定 0 和 1 代表的含义）。

（2）根据逻辑功能要求列出真值表。注意：逻辑赋值不同得到的真值表也不同。

（3）根据真值表写出相应的与或表达式，然后用公式法或卡诺图法进行化简。根据需要，有时还要转换成命题所要求的逻辑函数表达式。

组合逻辑
电路的设计
讲解视频

（4）画出逻辑电路图。

以上设计步骤可用图 2.6 所示的框图描述。实际设计电路时，设计步骤不是固定的，应根据具体情况灵活运用。

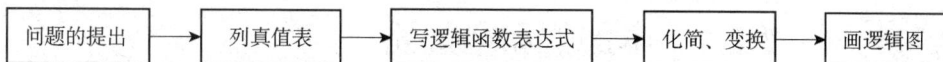

图 2.6 组合逻辑电路的设计步骤

例 2-3 试用与非门设计一个在三个地方均可对同一盏灯进行控制的电路。要求当灯泡亮时，改变任何一个输入可把灯熄灭；相反，若灯灭时，改变任何一个输入也可使灯亮。

解：（1）确定输入输出变量的个数。输入变量 A、B、C 分别代表三个开关，1 表示开关被按了一下，0 表示开关未被按下；输出变量 Y 代表灯泡，灯亮为 1，灯灭为 0。

（2）根据逻辑要求列真值表，如表 2.5 所示。

（3）写逻辑表达式：

$Y = \overline{A}\,\overline{B}C + \overline{A}B\overline{C} + A\overline{B}\,\overline{C} + ABC$，该式已是最简与或表达式。

（4）画逻辑电路图

先将上式变换为与非—与非表达式，用与非门实现电路。

$$Y = \overline{\overline{\overline{ABC} + \overline{A}B\overline{C} + A\overline{B}\overline{C} + ABC}}$$

$$= \overline{\overline{ABC} \cdot \overline{\overline{A}B\overline{C}} \cdot \overline{A\overline{B}\overline{C}} \cdot \overline{ABC}}$$

电路如图 2.7 所示。该电路可用两块 74LS10（三 3 输入与非门）和一块 74LS20（双 4 输入与非门）集成电路实现。

表 2.5　例 2-3 真值表

输　入			输　出
A	B	C	Y
0	0	0	0
0	0	1	1
0	1	0	1
0	1	1	1
1	0	0	1
1	0	1	0
1	1	0	0
1	1	1	1

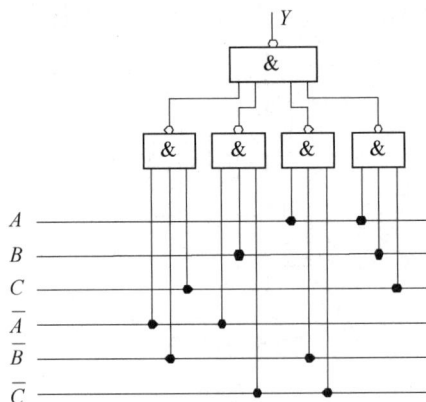

图 2.7　电路图

思考题 2-1

（1）给你一张逻辑电路图，分析其逻辑功能的过程。

（2）有一个逻辑问题有待解决，如何设计才能最终得到一张逻辑电路图？

2.2 加法器和数值比较器

加法器是实现二进制加法运算的逻辑电路，是计算机系统中最基本的运算器，计算机进行的加、减、乘、除等算术运算，都是利用加法运算进行的。

2.2.1　半加器和全加器

半加器和全加器
讲解视频

1. 半加器

不考虑低位进位，只进行本位加数、被加数的二进制加法运算，即半加，实现半加运算的电路即半加器。表 2.6 是半加器的逻辑真值表。A、B 分别为被加数和加数，是两个 1 位二进制数，本位和数用 S 表示，向高位的进位数用 C 表示。

根据半加器真值表得逻辑表达式：

$$S = \overline{A}B + A\overline{B} = A \oplus B$$

表 2.6　半加器真值表

A	B	S	C
0	0	0	0
0	1	1	0
1	0	1	0
1	1	0	1

$$C = AB$$

根据逻辑表达式画出逻辑电路图如图 2.8(a)所示。

图 2.8(b)是半加器的逻辑符号。

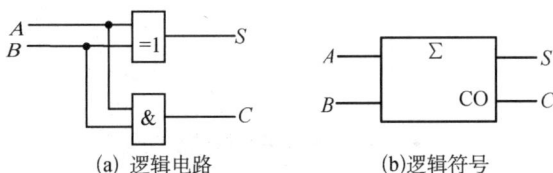

(a) 逻辑电路　　　　　　(b)逻辑符号

图 2.8　半加器逻辑电路和逻辑符号

2. 全加器

两个 1 位二进制数相加时，除本位数相加，还要考虑从低位来的进位，这种加法电路称为全加器。A_i、B_i 分别是被加数和加数，C_{i-1} 是相邻低位的进位，S_i 是本位和，C_i 是本位的进位。表 2.7 是全加器的逻辑真值表。

由真值表直接写出逻辑表达式，再经代数法化简和转换得：

$$S_i = \overline{A_i}\,\overline{B_i}C_{i-1} + \overline{A_i}B_i\overline{C_{i-1}} + A_i\overline{B_i}\,\overline{C_{i-1}} + A_iB_iC_{i-1}$$
$$= \overline{(A_i \oplus B_i)}C_{i-1} + (A_i \oplus B_i)\overline{C_{i-1}} = A_i \oplus B_i \oplus C_{i-1}$$
$$C_i = \overline{A_i}B_iC_{i-1} + A_i\overline{B_i}C_{i-1} + A_iB_i\overline{C_{i-1}} + A_iB_iC_{i-1}$$
$$= A_iB_i + (A_i \oplus B_i)C_{i-1}$$

表 2.7　全加器真值表

输　入			输　出	
A_i	B_i	C_{i-1}	S_i	C_i
0	0	0	0	0
0	0	1	1	0
0	1	0	1	0
0	1	1	0	1
1	0	0	1	0
1	0	1	0	1
1	1	0	0	1
1	1	1	1	1

根据逻辑表达式画出全加器的逻辑电路图，如图 2.9(a)所示。图 2.9(b)是全加器的逻辑符号。

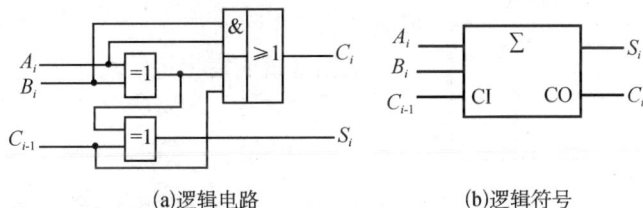

(a)逻辑电路　　　　　　(b)逻辑符号

图 2.9　全加器逻辑电路和逻辑符号

集成全加器型号有 74LS183，其内部集成了两个 1 位全加器。其引脚图见附录 A。

3. 多位加法器

上述全加器只能实现一位二进制数的加法运算，要实现 N 位二进制数相加，就要用到多位加法器。多位加法器按照进位方式不同，分为串行进位加法器和超前进位加法器两种。

（1）串行进位加法器

图 2.10 所示是由 4 个全加器构成的四位串行进位加法器。由图可以看出低位全加器的进位输出 C_i 接到高位的进位输入 C_{i-1}，若将 N 位全加器串联起来，即构成 N 位串行进位加法器。

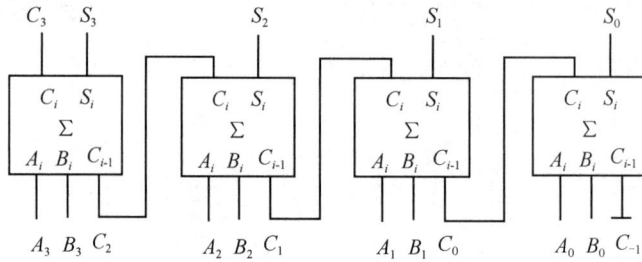

图 2.10　四位串行进位加法器

串行进位加法器任一位的加法运算必须在低位的运算完成之后才能进行，因此虽然逻辑电路比较简单，但它的运算速度不快。为了提高运算速度，可采用超前进位加法器。

（2）超前进位加法器

超前进位加法器在做加法运算的同时，利用快速进位电路把各位的进位也算进来，从而加快了运算速度。集成超前进位加法器型号有 74LS283 和 CD4008。

数值比较器讲解视频

2.2.2　数值比较器

在数字系统中，特别是在计算机中，经常要比较两个数 A 和 B 的大小，数值比较器就是对两个位数相同的二进制数 A、B 进行比较，其结果有 $A>B$、$A<B$ 和 $A=B$ 三种可能性。

1. 1 位数值比较器

当两个一位二进制数 A 和 B 比较时，输入变量为两个比较数 A 和 B，输出变量 $Y_{A>B}$、$Y_{A<B}$、$Y_{A=B}$ 分别表示 $A>B$、$A<B$ 和 $A=B$ 三种比较结果，其真值表如表 2.8 所示。

表 2.8　一位数值比较器真值表

A	B	$Y_{A>B}$	$Y_{A<B}$	$Y_{A=B}$
0	0	0	0	1
0	1	0	1	0
1	0	1	0	0
1	1	0	0	1

根据真值表写出逻辑表达式：

$$Y_{A>B} = A\bar{B}$$

$$Y_{A<B} = \bar{A}B$$

$$Y_{A=B} = AB + \bar{A}\bar{B} = \overline{\bar{A}B + A\bar{B}}$$

由逻辑表达式画出逻辑电路图，一位数值比较器逻辑电路图如图 2.11 所示。

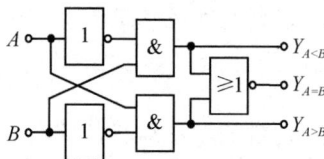

图 2.11　一位数值比较器逻辑电路图

2. 多位数值比较器

多位数值比较器的比较原理：从最高位开始逐步向低位进行比较。例如，比较 $A=A_3A_2A_1A_0$ 和 $B=B_3B_2B_1B_0$ 的大小，过程如下：

若 $A_3>B_3$，则 $A>B$；若 $A_3<B_3$，则 $A<B$；若 $A_3=B_3$，则须比较次高位。

若次高位 $A_2>B_2$，则 $A>B$；若 $A_2<B_2$，则 $A<B$；若 $A_2=B_2$，则再去比较次更低位。以此类推，直至最低位比较结束，从而得出结论。

集成四位数值比较器 74LS85 的功能表如表 2.9 所示。

表 2.9　集成数值比较器 74LS85 功能表

输　入							输　出		
$A_3\ \ B_3$	$A_2\ \ B_2$	$A_1\ \ B_1$	$A_0\ \ B_0$	$I_{A>B}$	$I_{A<B}$	$I_{A=B}$	$Y_{A>B}$	$Y_{A<B}$	$Y_{A=B}$
$A_3>B_3$	×	×	×	×	×	×	1	0	0
$A_3<B_3$	×	×	×	×	×	×	0	1	0
$A_3=B_3$	$A_2>B_2$	×	×	×	×	×	1	0	0
$A_3=B_3$	$A_2<B_2$	×	×	×	×	×	0	1	0
$A_3=B_3$	$A_2=B_2$	$A_1>B_1$	×	×	×	×	1	0	0
$A_3=B_3$	$A_2=B_2$	$A_1<B_1$	×	×	×	×	0	1	0
$A_3=B_3$	$A_2=B_2$	$A_1=B_1$	$A_0>B_0$	×	×	×	1	0	0
$A_3=B_3$	$A_2=B_2$	$A_1=B_1$	$A_0<B_0$	×	×	×	0	1	0
$A_3=B_3$	$A_2=B_2$	$A_1=B_1$	$A_0=B_0$	1	0	0	1	0	0
$A_3=B_3$	$A_2=B_2$	$A_1=B_1$	$A_0=B_0$	0	1	0	0	1	0
$A_3=B_3$	$A_2=B_2$	$A_1=B_1$	$A_0=B_0$	0	0	1	0	0	1

集成数值比较器 74LS85 引脚排列图和逻辑符号如图 2.12 所示。A、B 为数据输入端；三个级联输入端：$I_{A<B}$、$I_{A>B}$、$I_{A=B}$，表示低四位比较的结果输入；三个级联输出端：$F_{A<B}$、$F_{A>B}$、$F_{A=B}$，表示末级比较结果的输出。

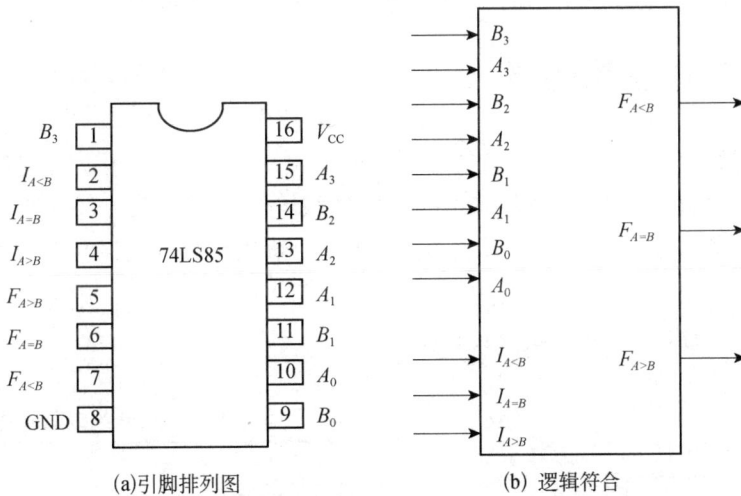

(a)引脚排列图　　　　　　(b) 逻辑符合

图 2.12　集成数值比较器 74LS85 引脚排列图和逻辑符号

3. 数值比较器位数扩展

74LS85 数值比较器的级联输入端 $I_{A>B}$、$I_{A<B}$、$I_{A=B}$ 是为了扩大比较器功能设置的，当不需要扩大比较器的位数时，$I_{A>B}$、$I_{A<B}$ 接低电平，$I_{A=B}$ 接高电平；若需要扩大比较器的位数时，只要将低位片的 $F_{A>B}$、$F_{A<B}$ 和 $F_{A=B}$ 分别接高位片相应的串接输入端 $I_{A>B}$、$I_{A<B}$、$I_{A=B}$ 即可。用两片 74LS85 组成八位数值比较器的电路如图 2.13 所示。

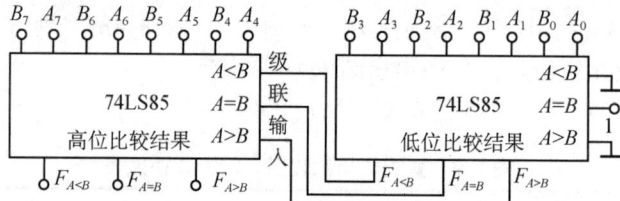

图 2.13 两片 74LS85 组成 8 位数值比较器

思考题 2-2

（1）半加器和全加器的区别是什么？全加器能否用作半加器？
（2）串行进位加法器和超前进位加法器各有什么优缺点？
（3）简述 3 位数值比较器的原理。

2.3 编码器及其应用

编码器及其应用
讲解视频

按照预先的约定，用文字、数码、图形等表示特定对象的过程，称为编码。例如，学生的学号、各地邮政编码、公交车车号等。实现编码操作的数字电路称为编码器。

常用的编码器有二进制编码器、二-十进制编码器、优先编码器等。

2.3.1 二进制编码器

若输入信号的个数 N 与输出变量的位数 n 满足 $N = 2^n$，此电路称为二进制编码器。常用的二进制编码器有 4 线-2 线、8 线-3 线和 16 线-4 线等。图 2.14 为 8 线-3 线编码器框图。图中 I_0、I_1、…、I_7 表示输入信号，A_2、A_1、A_0 表示输出信号。任何时刻只对其中一个输入信号进行编码，即输入的信号互相是排斥的。假设输入高电平有效，则任何时刻只允许一个端子为 1，其余均为 0。其真值表如表 2.10 所示。

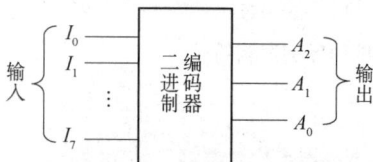

图 2.14 8 线-3 线编码器框图

表 2.10 8 线-3 线编码器真值表

输 入								输 出		
I_0	I_1	I_2	I_3	I_4	I_5	I_6	I_7	A_2	A_1	A_0
1	0	0	0	0	0	0	0	0	0	0
0	1	0	0	0	0	0	0	0	0	1
0	0	1	0	0	0	0	0	0	1	0
0	0	0	1	0	0	0	0	0	1	1
0	0	0	0	1	0	0	0	1	0	0
0	0	0	0	0	1	0	0	1	0	1
0	0	0	0	0	0	1	0	1	1	0
0	0	0	0	0	0	0	1	1	1	1

由真值表写出各输出的逻辑表达式为：

$$A_2 = I_4 + I_5 + I_6 + I_7 = \overline{\overline{I_4}\,\overline{I_5}\,\overline{I_6}\,\overline{I_7}}$$

$$A_1 = I_2 + I_3 + I_6 + I_7 = \overline{\overline{I_2}\,\overline{I_3}\,\overline{I_6}\,\overline{I_7}}$$

$$A_0 = I_1 + I_3 + I_5 + I_7 = \overline{\overline{I_1}\,\overline{I_3}\,\overline{I_5}\,\overline{I_7}}$$

逻辑电路图如图 2.15 所示。

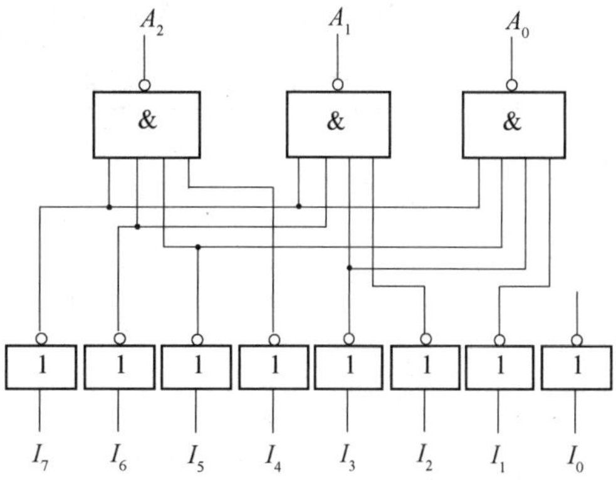

2.3.2　二–十进制编码器

二–十进制编码器是指用 4 位二进制代码表示一位十进制数（0～9）的编码电路，也称 10 线-4 线编码器。它有 10 个信号输入端和 4 个输出端。图 2.16 所示的是二–十进制编码器框图。

图 2.15　8 线-3 线编码器

图 2.16　二–十进制编码器框图

4 位二进制代码共有 0000～1111 十六种状态，其中任何 10 种状态都可表示 0～9 十个数码，故方案很多。最常用的是 8421 编码方式，在 4 位二进制代码的 16 种状态中取出前 10 种状态 0000～1001 表示 0～9 十个数码，后 6 种状态 1010～1111 去掉。如图 2.17 所示为二–十进制编码器逻辑电路图。

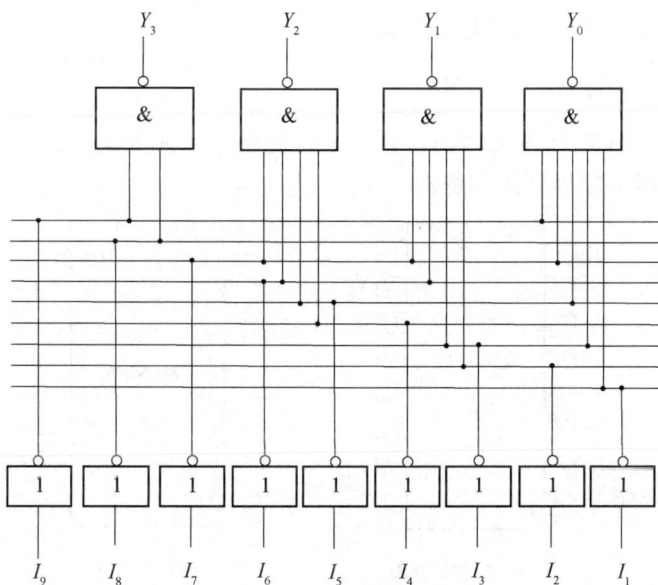

图 2.17　二–十进制编码器逻辑电路图

二-十进制编码器真值表如表 2.11 所示。

表 2.11 二-十进制编码器真值表

输 入										输 出			
I_0	I_1	I_2	I_3	I_4	I_5	I_6	I_7	I_8	I_9	Y_3	Y_2	Y_1	Y_0
1	0	0	0	0	0	0	0	0	0	0	0	0	0
0	1	0	0	0	0	0	0	0	0	0	0	0	1
0	0	1	0	0	0	0	0	0	0	0	0	1	0
0	0	0	1	0	0	0	0	0	0	0	0	1	1
0	0	0	0	1	0	0	0	0	0	0	1	0	0
0	0	0	0	0	1	0	0	0	0	0	1	0	1
0	0	0	0	0	0	1	0	0	0	0	1	1	0
0	0	0	0	0	0	0	1	0	0	0	1	1	1
0	0	0	0	0	0	0	0	1	0	1	0	0	0
0	0	0	0	0	0	0	0	0	1	1	0	0	1

当编码器某一输入信号为 1 而其他输入信号为 0 时，则有一组对应的数码输出。如 $I_7 = 1$ 时，$Y_3Y_2Y_1Y_0 = 0111$，因此图 2.17 所示电路为 8421BCD 码编码器。由表 2.11 可看出，编码器在任何时刻只能对一个输入信号编码，不允许有两个或两个以上输入信号同时请求编码，这就是说，10 个输入端信号是相互排斥的。

2.3.3 优先编码器

普通编码器某一时刻只允许有一个有效输入信号，若同时有两个或两个以上输入信号要求编码时，输出端就会出现错误。而实际的数字设备中经常出现多输入情况，比如在计算机系统中，可能有多台输入设备同时向主机发出中断请求，而主机只接受其中一个输入信号。因此，需要根据事情的轻重缓急，规定好先后顺序，约定好优先级别。

编码器及其应用讲解视频

1. 二进制优先编码器 74LS148

74LS148 是 8 线-3 线优先编码器，常用于优先中断系统和键盘编码。图 2.18 所示的是 74LS148 优先编码器引脚排列图和逻辑符号。

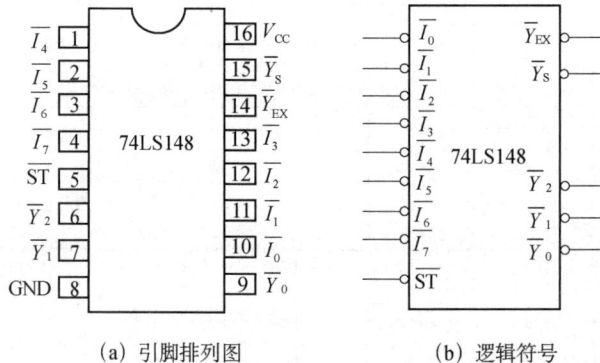

(a) 引脚排列图　　　(b) 逻辑符号

图 2.18 74LS148 优先编码器引脚排列图和逻辑符号

$\overline{I_0} \sim \overline{I_7}$ 是编码器输入端，$\overline{Y_2}$、$\overline{Y_1}$、$\overline{Y_0}$ 是编码器输出端，输入和输出都是低电平有效，输出为反码，$\overline{ST}$ 是使能端，$\overline{Y_{EX}}$、$\overline{Y_S}$ 是用于扩展功能的输出端。表 2.12 是优先编码器 74LS148 真值表。

表 2.12　优先编码器 74LS148 真值表

输 入									输 出				
$\overline{ST}$	$\overline{I_7}$	$\overline{I_6}$	$\overline{I_5}$	$\overline{I_4}$	$\overline{I_3}$	$\overline{I_2}$	$\overline{I_1}$	$\overline{I_0}$	$\overline{Y_2}$	$\overline{Y_1}$	$\overline{Y_0}$	$\overline{Y_{EX}}$	$\overline{Y_S}$
1	×	×	×	×	×	×	×	×	1	1	1	1	1
0	1	1	1	1	1	1	1	1	1	1	1	1	0
0	0	×	×	×	×	×	×	×	0	0	0	0	1
0	1	0	×	×	×	×	×	×	0	0	1	0	1
0	1	1	0	×	×	×	×	×	0	1	0	0	1
0	1	1	1	0	×	×	×	×	0	1	1	0	1
0	1	1	1	1	0	×	×	×	1	0	0	0	1
0	1	1	1	1	1	0	×	×	1	0	1	0	1
0	1	1	1	1	1	1	0	×	1	1	0	0	1
0	1	1	1	1	1	1	1	0	1	1	1	0	1

$\overline{ST}$ 为使能输入端。只有 $\overline{ST}=0$ 时编码器工作。$\overline{ST}=1$ 时编码器不工作，输出 $\overline{Y_2 Y_1 Y_0}=111$。

在 8 个输入信号 $\overline{I_0} \sim \overline{I_7}$ 中，$\overline{I_7}$ 优先级别最高，$\overline{I_0}$ 优先级别最低。即只要 $\overline{I_7}=0$，不管其他输入端是 0 还是 1（表中以×表示），输出只对 $\overline{I_7}$ 编码，且对应的输出为反码有效，$\overline{Y_2 Y_1 Y_0}=$ 000。若当 $\overline{I_7}=1$、$\overline{I_6}=0$，其他输入为任意状态时，只对 $\overline{I_6}$ 进行编码，输出 $\overline{Y_2 Y_1 Y_0}=001$。

$\overline{Y_S}$ 为使能输出端。当 $\overline{ST}=0$ 允许工作时，如果 $\overline{I_0} \sim \overline{I_7}$ 端有信号输入，$\overline{Y_S}=1$；若输入端无信号，$\overline{Y_S}=0$。

$\overline{Y_{EX}}$ 为扩展输出端。当 $\overline{ST}=0$ 时，只要有编码信号，$\overline{Y_{EX}}$ 就是低电平，表示本级工作，且有编码输入。

采用两片 74LS148 可以实现编码功能扩展。

例 2-3　试用两片 74LS148 接成 16 线-4 线优先编码器，$\overline{I_{15}}$ 优先权最高，$\overline{I_0}$ 优先权最低。

解：电路如图 2.19 所示。

（1）将输入信号 $\overline{I_{15}} \sim \overline{I_0}$ 所对应的输出 $\overline{Y_3 Y_2 Y_1 Y_0}$ 分别编为 0000～1111 的 16 个 4 位二进制代码。

（2）将 $\overline{I_{15}} \sim \overline{I_8}$ 八个优先权高的输入信号接到 2 号片的输入端，将 $\overline{I_7} \sim \overline{I_0}$ 八个优先级别低的输入信号接到 1 号片的输入端。

（3）2 号片优先权高，只有当 2 号片无输入信号，才允许 1 号片编码，所以要把 2 号片的 $\overline{Y_S}$ 接 1 号片的使能输入端 $\overline{ST}$。

（4）2 号片有信号输入时，$\overline{Y_3}=0$，无信号输入时，$\overline{Y_3}=1$。对照 2 号片的 $\overline{Y_{EX}}$ 端，其输出

与 $\overline{Y_3}$ 正好相同，所以可将 $\overline{Y_{EX}}$ 作为 $\overline{Y_3}$ 输出。

（5）不工作的那片输出为 111，因此将两片的低三位输出 $\overline{Y_2}\,\overline{Y_1}\,\overline{Y_0}$ 取逻辑与即可。

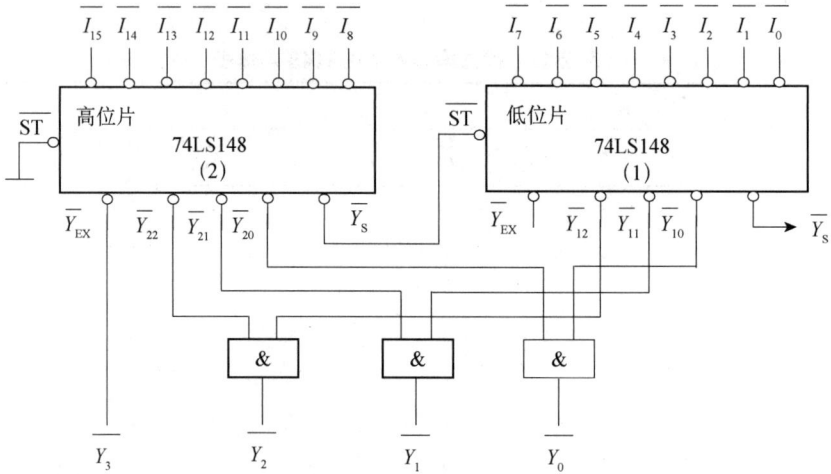

图 2.19　74LS148 优先编码器的扩展

2. 二-十进制优先编码器 74LS147

10 线-4 线集成优先编码器常见型号为 74LS147，为集成二-十进制优先编码器（8421BCD 码优先编码器）。如图 2.20 所示为 74LS147 优先编码器引脚排列图及逻辑符号。

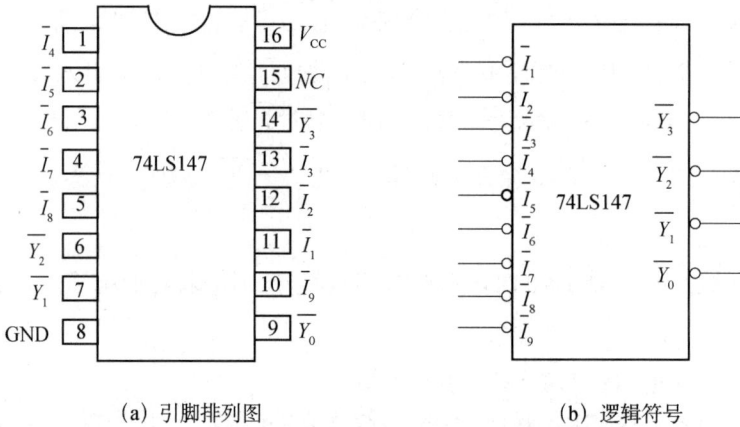

（a）引脚排列图　　　（b）逻辑符号

图 2.20　74LS147 优先编码器引脚排列图及逻辑符号

表 2.13 为 74LS147 优先编码器真值表。由真值表可知，74LS147 编码器由一组 4 位二进制代码表示一位十进制数。编码器有 9 个输入端 $\overline{I_1}\sim\overline{I_9}$，低电平有效。其中 $\overline{I_9}$ 优先级别最高，$\overline{I_1}$ 优先级别最低。4 个输出端 $\overline{Y_3}\,\overline{Y_2}\,\overline{Y_1}\,\overline{Y_0}$，$\overline{Y_3}$ 为最高位，$\overline{Y_0}$ 为最低位，反码输出。

当无信号输入时，9 个输入端都为"1"，则 $\overline{Y_3}\,\overline{Y_2}\,\overline{Y_1}\,\overline{Y_0}$ 输出反码"1111"，即原码为"0000"，表示输入十进制数是 0。当有信号输入时，根据输入信号的优先级别，输出级别最高的信号编码。例如，当 $\overline{I_9}$、$\overline{I_8}$、$\overline{I_7}$ 为"1"，$\overline{I_6}$ 为"0"，其余信号任意时，只对 $\overline{I_6}$ 进行编码，输出 $\overline{Y_3}\,\overline{Y_2}\,\overline{Y_1}\,\overline{Y_0}$ 为"1001"。其余状态以此类推。

表 2.13　74LS147 优先编码器真值表

输　入									输　出			
$\overline{I_9}$	$\overline{I_8}$	$\overline{I_7}$	$\overline{I_6}$	$\overline{I_5}$	$\overline{I_4}$	$\overline{I_3}$	$\overline{I_2}$	$\overline{I_1}$	$\overline{Y_3}$	$\overline{Y_2}$	$\overline{Y_1}$	$\overline{Y_0}$
1	1	1	1	1	1	1	1	1	1	1	1	1
0	×	×	×	×	×	×	×	×	0	1	1	0
1	0	×	×	×	×	×	×	×	0	1	1	1
1	1	0	×	×	×	×	×	×	1	0	0	0
1	1	1	0	×	×	×	×	×	1	0	0	1
1	1	1	1	0	×	×	×	×	1	0	1	0
1	1	1	1	1	0	×	×	×	1	0	1	1
1	1	1	1	1	1	0	×	×	1	1	0	0
1	1	1	1	1	1	1	0	×	1	1	0	1
1	1	1	1	1	1	1	1	0	1	1	1	0

2.3.4　编码器的应用

如图 2.21 所示为利用 74LS148 编码器监视 8 个污水处理池液面的报警编码电路。当 8 个池子中的任何一个液面超过预定高度时，其液位传感器便输出一个"0"电平到编码器输入端。编码器输出 3 位二进制代码到微控制器。通过编码，微控制器仅需要 3 根输入线就可以监视 8 个独立的测试点。

$\overline{Y_{EX}}$ 在 74LS148 编码器输入信号有效的输出标志"0"，将其接入微控制器的中断输入端 $\overline{INT_0}$ 端，当 $\overline{INT_0}$ 端接收到一个低电平后，就运行报警处理程序，完成报警并驱动相应控制机构。

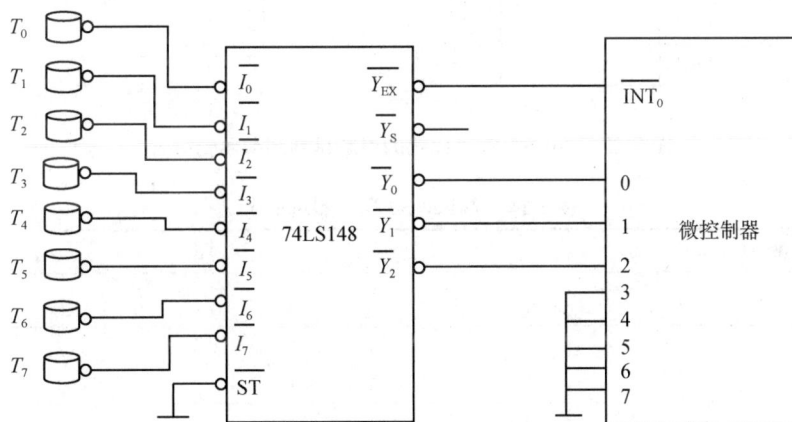

图 2.21　报警编码电路

思考题 2-3

（1）编码器的作用是什么？

（2）优先编码器是否存在输入编码信号之间的相互排斥？

（3）优先编码器 74LS148 各引脚功能是什么？

2.4 译码器及其应用

译码是编码的逆过程，是将每一组输入二进制代码"翻译"成为一个特定的输出信号。实现译码功能的数字电路称为译码器。译码器分为变量译码器和显示译码器。变量译码器有二进制译码器和非二进制译码器。显示译码器按显示材料分为荧光、发光二极管译码器、液晶显示译码器；按显示内容分为文字、数字、符号译码器。

2.4.1 二进制译码器

二进制译码器输入的是二进制代码，输出是一系列与输入代码对应的信息。若输入有 n 个变量，则二进制译码器输出就有 2^n 个变量。

常用的集成二进制译码器有：TTL 系列中的 54/74H138、54/74LS138；CMOS 系列中的 54/74HC138、54/74HCT138 等。图 2.22 所示为 74LS138 译码器的引脚排列图和逻辑符号，其真值表如表 2.14 所示。

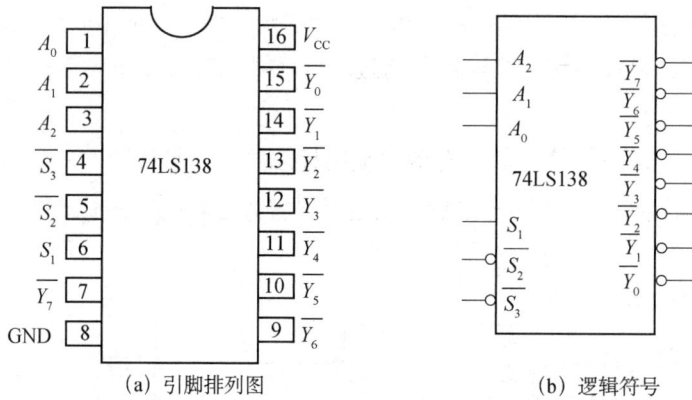

（a）引脚排列图　　　　　　　　　（b）逻辑符号

图 2.22　74LS138 译码器的引脚排列图和逻辑符号

表 2.14　74LS138 译码器真值表

输　入					输　出								备注
S_1	$\overline{S_2}+\overline{S_3}$	A_2	A_1	A_0	$\overline{Y_0}$	$\overline{Y_1}$	$\overline{Y_2}$	$\overline{Y_3}$	$\overline{Y_4}$	$\overline{Y_5}$	$\overline{Y_6}$	$\overline{Y_7}$	
0	×	×	×	×	1	1	1	1	1	1	1	1	不工作
×	1	×	×	×	1	1	1	1	1	1	1	1	
1	0	0	0	0	0	1	1	1	1	1	1	1	工作
1	0	0	0	1	1	0	1	1	1	1	1	1	
1	0	0	1	0	1	1	0	1	1	1	1	1	
1	0	0	1	1	1	1	1	0	1	1	1	1	
1	0	1	0	0	1	1	1	1	0	1	1	1	
1	0	1	0	1	1	1	1	1	1	0	1	1	
1	0	1	1	0	1	1	1	1	1	1	0	1	
1	0	1	1	1	1	1	1	1	1	1	1	0	

集成 3 线-8 线译码器 74LS138 有 3 个输入端 A_2、A_1、A_0，输入高电平有效；8 个输出端 $\overline{Y_0} \sim \overline{Y_7}$，输出低电平有效；3 个使能端 S_0、$\overline{S_2}$、$\overline{S_3}$。

当 $S_1 = 0$ 或 $\overline{S_2}$、$\overline{S_3}$ 中有一个为"1"时，译码器处于禁止状态；当 $S_1 = 1$ 且 $\overline{S_2}$、$\overline{S_3}$ 均为"0"时，译码器工作。这时，若输入 $A_2A_1A_0 = $"000"，则 $\overline{Y_0}$ 为低电平；若输入 $A_2A_1A_0 = $"001"，则 $\overline{Y_1}$ 为低电平。其他依次类推。

2.4.2 二–十进制译码器

将四位二–十进制代码翻译成一位十进制数字的电路，就是二–十进制译码器，又称 4 线-10 线译码器。常用集成电路型号有：TTL 系列的 54/7442、54/74LS42；COMS 系列的 54/74HC42、54/74HCT42 等。

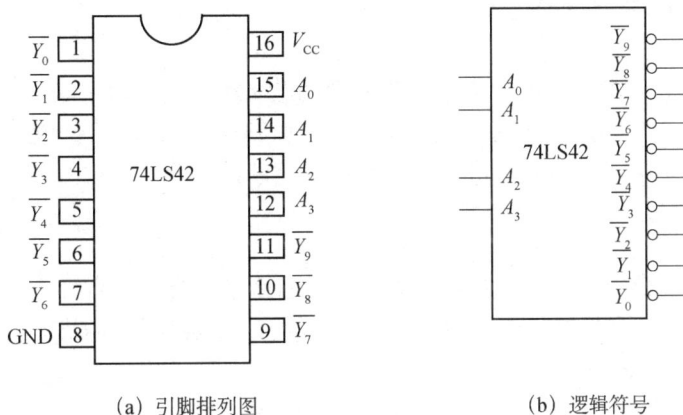

（a）引脚排列图   （b）逻辑符号

图 2.23 74LS42 译码器引脚排列图和逻辑符号

图 2.23 所示为 74LS42 引脚排列图和逻辑符号，其真值表如表 2.15 所示。它有 4 个输入端 $A_0 \sim A_3$，输入 8421BCD 码；10 个输出端 $\overline{Y_0} \sim \overline{Y_9}$，输出与 10 个十进制数相对应的信号，低电平有效。当 $A_3A_2A_1A_0 = 0000$ 时，输出端 $\overline{Y_0} = 0$，其余端子为 1，其他依次类推。当输入无效码（1010～1111）中的一个时，输出端均为 1，因此它具有拒绝伪码的功能。

表 2.15 74LS42 译码器真值表

十进制数	输入				输出									
	A_3	A_2	A_1	A_0	$\overline{Y_0}$	$\overline{Y_1}$	$\overline{Y_2}$	$\overline{Y_3}$	$\overline{Y_4}$	$\overline{Y_5}$	$\overline{Y_6}$	$\overline{Y_7}$	$\overline{Y_8}$	$\overline{Y_9}$
0	0	0	0	0	0	1	1	1	1	1	1	1	1	1
1	0	0	0	1	1	0	1	1	1	1	1	1	1	1
2	0	0	1	0	1	1	0	1	1	1	1	1	1	1
3	0	0	1	1	1	1	1	0	1	1	1	1	1	1
4	0	1	0	0	1	1	1	1	0	1	1	1	1	1
5	0	1	0	1	1	1	1	1	1	0	1	1	1	1
6	0	1	1	0	1	1	1	1	1	1	0	1	1	1
7	0	1	1	1	1	1	1	1	1	1	1	0	1	1

十进制数	输入				输出									
	A_3	A_2	A_1	A_0	$\overline{Y_0}$	$\overline{Y_1}$	$\overline{Y_2}$	$\overline{Y_3}$	$\overline{Y_4}$	$\overline{Y_5}$	$\overline{Y_6}$	$\overline{Y_7}$	$\overline{Y_8}$	$\overline{Y_9}$
8	1	0	0	0	1	1	1	1	1	1	1	1	0	1
9	1	0	0	1	1	1	1	1	1	1	1	1	1	0
无效码	1	0	1	0	1	1	1	1	1	1	1	1	1	1
	1	0	1	1	1	1	1	1	1	1	1	1	1	1
	1	1	0	0	1	1	1	1	1	1	1	1	1	1
	1	1	0	1	1	1	1	1	1	1	1	1	1	1
	1	1	1	0	1	1	1	1	1	1	1	1	1	1
	1	1	1	1	1	1	1	1	1	1	1	1	1	1

2.4.3 显示译码器

在生产生活中，常常要求把测量和运算处理的结果用十进制数字显示出来，以便人们查看结果。这一任务由数字显示电路实现。数字显示电路由译码器、驱动器和数码显示器件组成。通常译码器和驱动器集成在一块芯片中，简称显示译码器。

1. 数码显示器件

常用的数字显示器类型很多，按显示方式分，有字型重叠式、点阵式、分段式等。

按发光物质分，有半导体发光二极管（LED）显示器、荧光显示器、液晶显示器（LCD）、等离子体显示板等。

（1）LED 显示器

LED 显示器最常见的是如图 2.24（a）所示的发光数码管，又称 LED 数码管。将发光二极管七段数字图形封装在一起，就做成发光数码管，又称七段 LED 显示器。

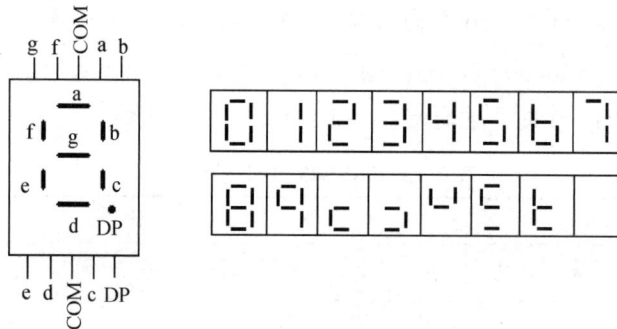

(a) 引脚排列图　　　　　(b) 显示码形图

图 2.24　7 段显示数码管

它有共阳极和共阴极两种接法。共阳极接法如图 2.25（a）所示，各发光二极管阳极相接，对应极接低电平时亮。共阴极接法如图 2.25（b）所示，各发光二极管阴极相接，对应极接高电平时亮。通过控制各段的亮与灭，显示不同的数字。

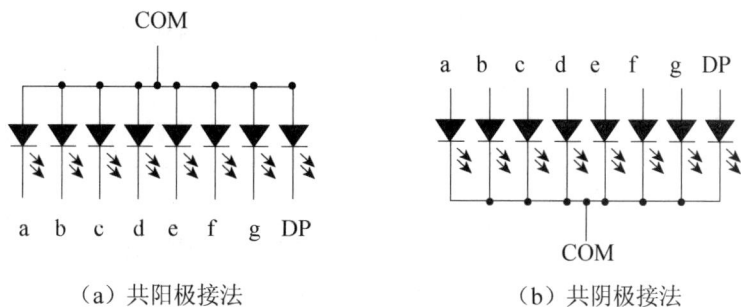

（a）共阳极接法　　　　　　　　（b）共阴极接法

图 2.25　7 段显示器连接方式

LED 显示器具有工作电压低（1.5～3V）、亮度高、体积小、寿命一般超过 1000h、响应速度快（1～100ns）、颜色丰富、工作可靠等优点。生活中所见广告牌大多采用 LED 显示器。常用共阳型号有 BS204、BS206、LA5011-11、LDD581R 等；常用共阴型号有 BS201、BS202、LC5011-11、LC5021-11 等。

（2）液晶显示器（LCD）

液晶显示器是一种平板座型显示器件。其内部的液晶材料，常温下既有液体的流动性又有固态晶体的某些光学特性。利用液晶在电场作用下产生光的散射或偏光作用原理，便可实现数字显示。

液晶显示器的电源电压低（1.5～5V），功耗是各类显示器中最低的，可直接用 CMOS 集成电路驱动。它制造工艺简单，体积小而薄，因而广泛应用于各类便携式仪器仪表中。

2. 显示译码器

数码需要经过译码器翻译，再经驱动器驱动，点亮对应的发光段 a、b、c、d、e、f、g，才能将数码代表的数显示出来。常用的显示译码器将 BCD 代码译成数码管所需要的高低电平，使数码管显示 BCD 码所代表的十进制数。显示译码器常见型号有：74LS48、CC4511 等。

74LS48 是中规模集成 BCD 码七段译码驱动器，图 2.26 所示为 74LS48 引脚排列图和逻辑符号，其功能表如表 2.16 所示。

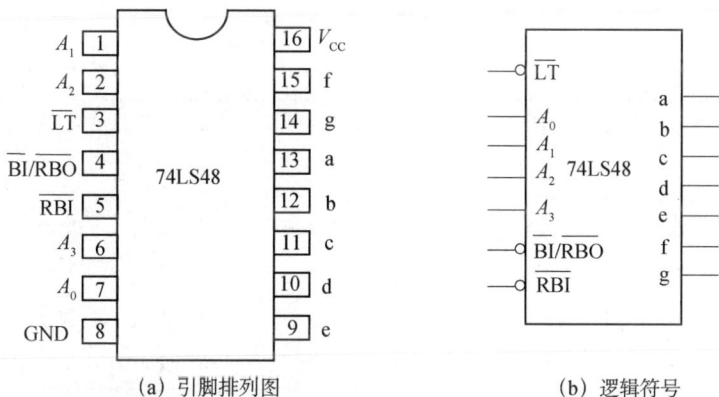

（a）引脚排列图　　　　　　　　（b）逻辑符号

图 2.26　74LS48 显示译码器引脚排列图和逻辑符号

图中 $A_3A_2A_1A_0$ 是 8421BCD 码输入端，a～g 是显示译码器输出端，高电平有效，可直接驱动共阴数码管。$\overline{LT}$、$\overline{RBI}$、$\overline{BI}/\overline{RBO}$ 是使能端，它们起辅助控制。74LS48 功能如下：

① 正常译码显示。$\overline{LT}$ =1，$\overline{BI}/\overline{RBO}$ =1 时，对输入十进制数 1~15 的二进制码（0001~1111）进行译码，产生对应的 7 段显示码。

② 灭零。当 $\overline{LT}$ =1，输入二进制码 0000 时，只有当 $\overline{RBI}$ =1 时，才显示 0，如果 $\overline{RBI}$ =0，则译码器的 a~g 输出全 0，使显示器全灭；所以 $\overline{RBI}$ 称为灭零输入端。

③ 试灯。当 $\overline{LT}$ =0、$\overline{BI}/\overline{RBO}$ =1 时，不论其他输入端状态如何，a~g 输出全 1，数码管 7 段全亮。由此可以检测显示器 7 个发光段的好坏。$\overline{LT}$ 称为试灯输入端。

④ 特殊控制端 $\overline{BI}/\overline{RBO}$。它可以作输入端，也可以作输出端。

作输入使用时，如果 $\overline{BI}$ =0 时，不管其他输入端为何值，a~g 均输出 0，显示器全灭。因此 $\overline{BI}$ 称为灭灯输入端。

作输出端使用时，受控于 $\overline{RBI}$。当 $\overline{RBI}$ =0，输入为二进制码 0000 时，$\overline{RBO}$ =0，用以指示该片正处于灭零状态。所以，$\overline{RBO}$ 又称为灭零输出端。

将 $\overline{BI}/\overline{RBO}$ 和 $\overline{RBI}$ 配合使用，可以实现多位数显示时的"无效 0 消隐"功能。

表 2.16　74LS48 显示译码器功能表

功能	输入						输入/输出	输出							显示字形
	$\overline{LT}$	$\overline{RBI}$	A_3	A_2	A_1	A_0	$\overline{BI}/\overline{RBO}$	a	b	c	d	e	f	g	
0	1	1	0	0	0	0	1	1	1	1	1	1	1	0	0
1	1	×	0	0	0	1	1	0	1	1	0	0	0	0	1
2	1	×	0	0	1	0	1	1	1	0	1	1	0	1	2
3	1	×	0	0	1	1	1	1	1	1	1	0	0	1	3
4	1	×	0	1	0	0	1	0	1	1	0	0	1	1	4
5	1	×	0	1	0	1	1	1	0	1	1	0	1	1	5
6	1	×	0	1	1	0	1	0	0	1	1	1	1	1	6
7	1	×	0	1	1	1	1	1	1	1	0	0	0	0	7
8	1	×	1	0	0	0	1	1	1	1	1	1	1	1	8
9	1	×	1	0	0	1	1	1	1	1	0	0	1	1	9
10	1	×	1	0	1	0	1	0	0	0	1	1	0	1	c
11	1	×	1	0	1	1	1	0	0	1	1	0	0	1	⊐
12	1	×	1	1	0	0	1	0	1	0	0	0	1	1	⊔
13	1	×	1	1	0	1	1	1	0	0	1	0	1	1	⊑
14	1	×	1	1	1	0	1	0	0	0	1	1	1	1	ᵗ
15	1	×	1	1	1	1	1	0	0	0	0	0	0	0	
灭灯	×	×	×	×	×	×	0	0	0	0	0	0	0	0	全灭
灭零	1	0	0	0	0	0	0	0	0	0	0	0	0	0	全灭
试灯	0	×	×	×	×	×	1	1	1	1	1	1	1	1	8

2.4.4　译码器的应用

译码器的应用
讲解视频

1. 实现逻辑函数

因为二进制译码器的每个输出端都表示一个最小项,而任何逻辑函数都可用最小项之和来表示,因此,可利用译码器产生最小项,再外接门电路取得最小项之和,从而得到逻辑函数。

例 2-4　试用一片 74LS138 译码器和门电路实现函数 $L = AB + BC + AC$。

解： 由表达式可知该函数是 3 变量逻辑函数,可以选用 3 线-8 线译码器 74LS138 来实现。

① 将逻辑函数转换成最小项表达式,再转换成与非—与非形式。

$$L = AB + BC + AC = \overline{A}BC + A\overline{B}C + AB\overline{C} + ABC = m_3 + m_5 + m_6 + m_7 = \overline{\overline{m_3} \cdot \overline{m_5} \cdot \overline{m_6} \cdot \overline{m_7}}$$
$$= \overline{\overline{Y_3}\ \overline{Y_5}\ \overline{Y_6}\ \overline{Y_7}}$$

② 连接 74LS138 译码器,令 $S_1 = 1$,$\overline{S_2} = \overline{S_3} = 0$。逻辑函数的变量 A、B、C 分别加到译码器输入端 A_2、A_1、A_0,将译码器相应输出与一个与非门相连,与非门的输出就是逻辑函数 L,如图 2.27 所示。

2. 译码器的扩展

例 2-5　试用两片 74LS138 译码器组成 4 线-16 线译码器。

解： 利用译码器的使能端作为高位输入端 A_3,如图 2.28 所示。当 $A_3 = 0$ 时,低位片 74LS138 工作,对输入信号 A_2、A_1、A_0 进行译码,还原出 $\overline{Y_0} \sim \overline{Y_7}$,同时禁止高位片工作;当 $A_3 = 1$ 时,高位片 74LS138 工作,还原出 $\overline{Y_8} \sim \overline{Y_{15}}$,同时禁止低位片工作。

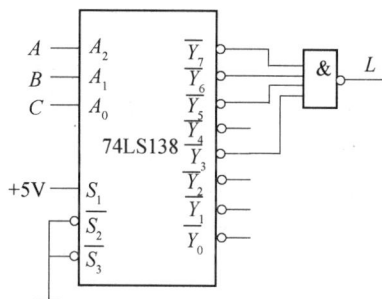

图 2.27　例 2-4 逻辑图

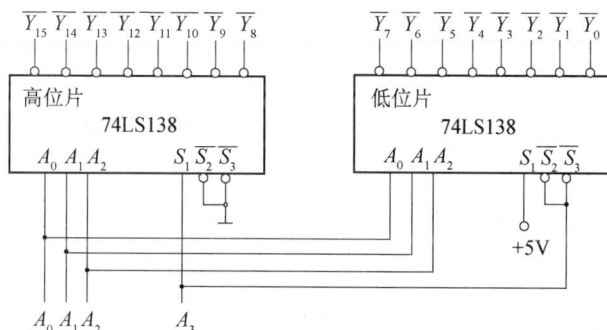

图 2.28　例 2-5 逻辑图

思考题 2-4

(1) 译码器和编码器的主要区别是什么?

(2) 为什么利用 74LS138 译码器和门电路可以实现逻辑函数?

(3) 显示译码器起什么作用?

（4）二进制译码器、二—十进制译码器、显示译码器三者之间有哪些主要区别？

2.5 数据选择器和数据分配器

在数字系统尤其是计算机系统中，为了减少传输线，经常采用总线技术，即在同一条线上对多路数据进行接收或传送，通常称为传输线的分时复用。用来实现这种逻辑功能的数字电路就是数据选择器和数据分配器，如图2.29所示。

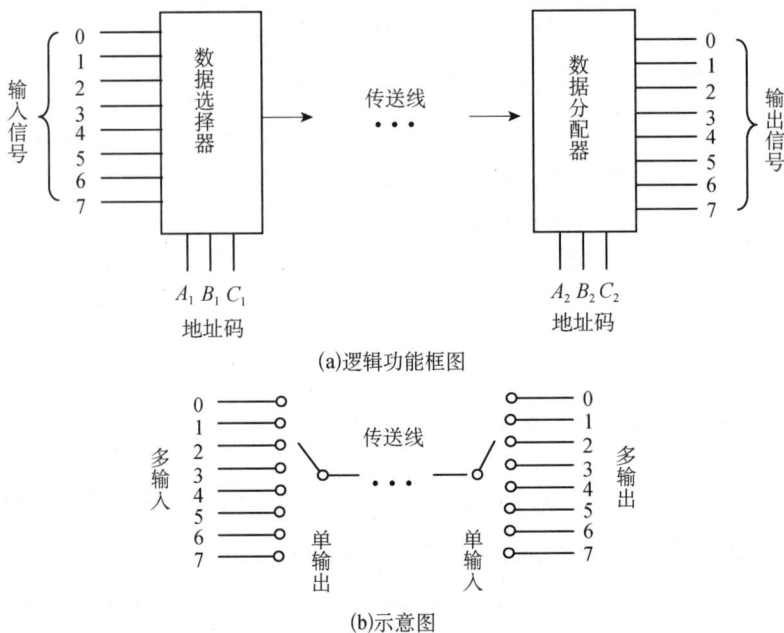

(a)逻辑功能框图

(b)示意图

图2.29 数据选择器和数据分配器（传输线的分时复用）

数据选择器在多路通道中选择其中的某一路或在多个信息中选择其中的某一个信息传送或加以处理，应用于多路数据输入一路数据输出的系统中。

数据分配器将传送来的或处理后的信息分配到各通道中，应用于一路数据输入多路数据输出的系统中。

数据选择器和数据分配器的作用相当于单刀多掷开关。数据选择器采用多路输入，单路输出；数据分配器采用单路输入、多路输出。

2.5.1 数据选择器

数据选择器讲解视频

数据选择器按要求从多路输入中选择一路输出，根据输入端的个数分为4选1、8选1等。其功能相当于如图2.30所示的单刀多掷开关，图中D_0、D_1、D_2、D_3是4个数据输入，也称输入变量。A和B的作用是选择哪一个输入变量传送到输出端，称为选择变量，如果有4个输入变量，应有二位选择变量。Y是数据输出。

如图 2.31 所示是 4 选 1 数据选择器逻辑图。其中，A、B 为控制数据准确传送的地址输入信号，$D_0 \sim D_3$ 为供选择的电路并行输入信号，S 为选通端或者使能端，低电平有效，当 S 为 1 时，选择器不工作，禁止数据输入；S 为 0 时，选择器正常工作，允许数据选通。由图 2.31 可写出 4 选 1 数据选择器输出逻辑表达式为：

$$Y = \overline{A}\,\overline{B}D_0 + \overline{A}BD_1 + A\overline{B}D_2 + ABD_3$$

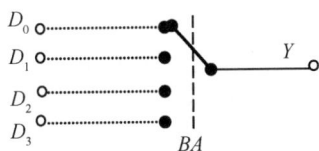

图 2.30　数据选择器示意图

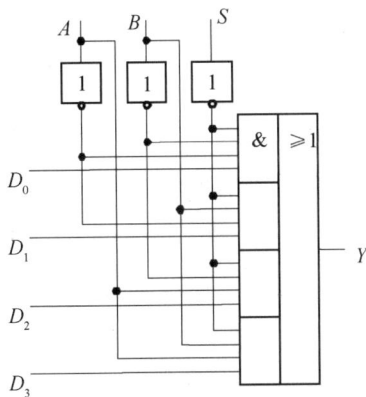

图 2.31　4 选 1 数据选择器逻辑图

由逻辑表达式可列出功能表，如表 2.17 所示。

1. 集成数据选择器

74LS151 是一种典型的集成数据选择器，如图 2.32 所示是它的引脚排列图，它有 3 个地址端 $A_2A_1A_0$ 可选择 $D_0 \sim D_7$ 八路数据，具有两个互补输出端 Q 和 $\overline{Q}$，其功能表如表 2.18 所示。

表 2.17　4 选 1 数据选择器功能表

输　入			输　出
S	A	B	Y
1	×	×	0
0	0	0	D_0
0	0	1	D_1
0	1	0	D_2
0	1	1	D_3

表 2.18　74LS151 的功能表

输　入				输　出	
$\overline{S}$	A_2	A_1	A_0	Q	$\overline{Q}$
1	×	×	×	0	1
0	0	0	0	D_0	$\overline{D_0}$
0	0	0	1	D_1	$\overline{D_1}$
0	0	1	0	D_2	$\overline{D_2}$
0	0	1	1	D_3	$\overline{D_3}$
0	1	0	0	D_4	$\overline{D_4}$
0	1	0	1	D_5	$\overline{D_5}$
0	1	1	0	D_6	$\overline{D_6}$
0	1	1	1	D_7	$\overline{D_7}$

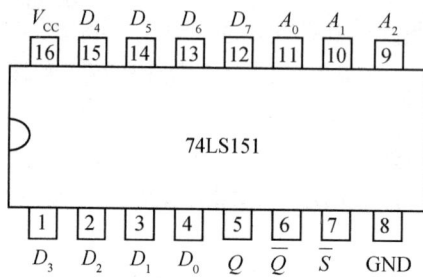

图 2.32　74LS151 引脚排列图

2. 数据选择器 74LS151 的扩展

作为一种集成器件，最大规模的数据选择器是 8 选 1。如果需要更大规模的数据选择器，可进行通道扩展。图 2.33 所示为用两片 74LS151 和门电路组成的 16 选 1 数据选择器逻辑图。

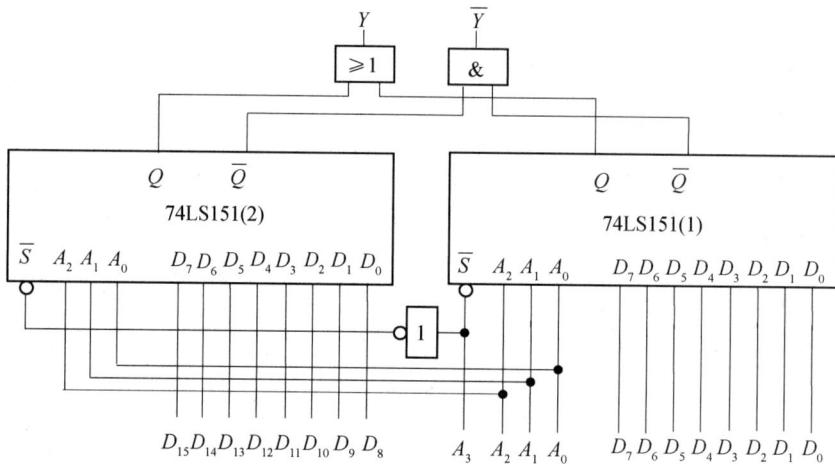

图 2.33　用两片 74LS151 和门电路组成的 16 选 1 数据选择器逻辑图

从图 2.33 可以看出，16 选 1 数据选择器的地址输入端有 4 位，最高位 A_3 的输入可以由两片 8 选 1 数据选择器的使能端接非门来实现，低 3 位地址输入端由两片 74LS151 的地址输入端相连而成。当 $A_3=0$ 时，由表 2.18 知，低位片 74LS151(1)工作，根据地址控制信号 $A_3A_2A_1A_0$ 选择数据 $D_0{\sim}D_7$ 输出；当 $A_3=1$ 时，高位片 74LS151(2)工作，选择数据 $D_8{\sim}D_{15}$ 输出。

3. 数据选择器 74LS151 的应用

利用数据选择器，当使能端有效时，将地址输入、数据输入代替逻辑函数中的变量实现逻辑函数。

例 2-6　试用 8 选 1 数据选择器 74LS151 实现逻辑函数 $L=AB+BC+AC$。

解：① 将逻辑函数转换成最小项表达式

$$L = \overline{A}BC + A\overline{B}C + AB\overline{C} + ABC$$
$$= m_3 + m_5 + m_6 + m_7$$

② 将输入变量接至数据选择器的地址输入端，即 $A=A_2$，$B=A_1$，$C=A_0$。输出变量接至数据选择器的输出端，即 $L=Q$。将逻辑函数 L 的最小项表达式与 74LS151 的功能表相比较，显然，L 式中出现的最小项对应的数据输入端应接"1"，L 式中没出现的最小项对应的数据输入端应接 0，即 $D_3=D_5=D_6=D_7=1$；$D_0=D_1=D_2=D_4=0$。

③ 画出逻辑图如图 2.34 所示。

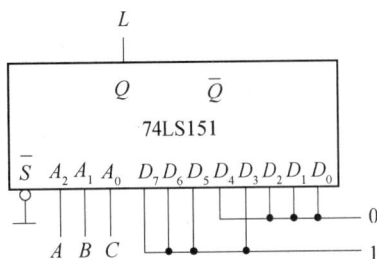

图 2.34　例 2-6 逻辑图

2.5.2　数据分配器

数据分配器是将一路输入数据根据地址选择码分配给多路数据输出中的某一路输出。它的作用与图 2.35 所示的单刀多掷开关相似。它的功能与数据选择器相反，它只有一个输入端，有多个输出端。它的电路结构类似于译码器（有多个可选择输出端），不同之处是多了一个数据输入端。

数据分配器讲解视频

图 2.35　数据分配器图

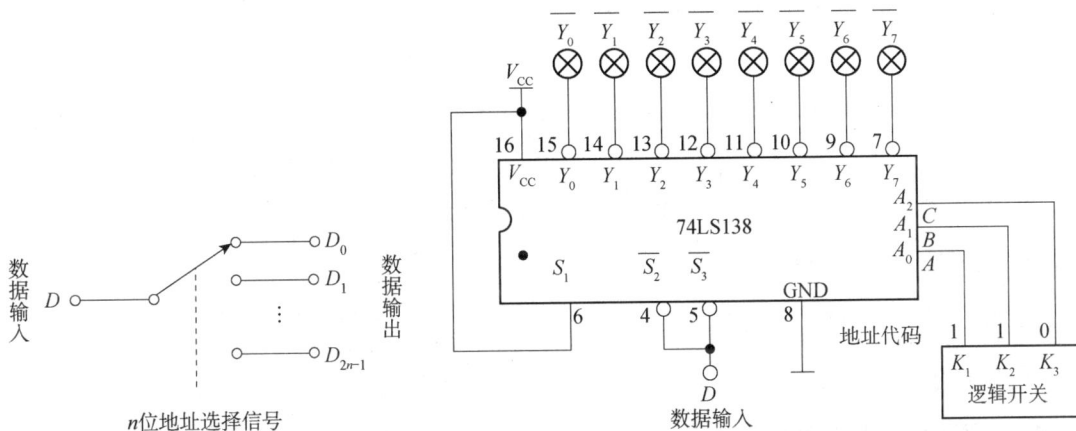

图 2.36　74LS138 组成的数据分配器电路

由于译码器和数据分配器的功能非常接近，因此，市场上没有集成数据分配器产品，当需要数据分配器时，可以用译码器改接。这时，译码器的使能端作为数据输入端，译码器的译码输出端作为数据分配器的数据输出端，译码器的代码输入端作为数据分配器的地址端。

图 2.36 所示为由 3 线-8 线译码器 74LS138 组成的数据分配器电路，由 74LS138 的特性可知，当使能端 $S_1=1$ 时，若使能端 $\overline{S_2}+\overline{S_3}=1$，这时译码器不工作，各路译码输出 $\overline{Y_i}$ 都是"1"；若 $\overline{S_2}+\overline{S_3}=0$，则由 C、B、A 的取值组合决定某一个 $\overline{Y_i}$ 端为低电平，该 $\overline{Y_i}$ 端就是选定的数据输出端。图 2.36 中 $\overline{S_2}$ 与 $\overline{S_3}$ 相连作为数据输入端 D，由 C、B、A 输入的地址代码来选择数据从 $\overline{Y_0}$ - $\overline{Y_7}$ 哪一端输出。当 C、B、A 的取值组合为 011 时，数据从 $\overline{Y_3}$ 端输出。总之当使能信号有效时，根据 C、B、A 输入的代码，使对应的 $\overline{Y_i}$ 端为低电平，其余端为高电平；当使能信号无效时（$\overline{S_2}+\overline{S_3}=1$）则输出全部是高电平，可认为对应的 $\overline{Y_i}$ 端输出高电平，与 D 一致。

思考题 2-5

（1）数据选择器的作用是什么？数据分配器的作用是什么？

（2）数据选择器和数据分配器的主要区别是什么？

（3）数据选择器为什么能用来实现逻辑函数？

训练 2-1　组合逻辑电路功能测试

1. 训练要求

完成组合逻辑电路功能测试。

2. 测试设备与器件

设备：数字电路实验箱 1 台。

器件：74LS04、74LS08、74LS32、74LS86 各 1 块。

3. 集成电路外引脚排列图

各集成块引脚图见附录 A。

4. 测试内容及步骤

（1）测试逻辑电路功能

① 按图 2.37 连接线路，输入 A、B 接逻辑电平开关，输出 F_1 接逻辑电平指示，灯亮为 1，灯不亮为 0。

② 接通电源，按表 2.19 所列输入信号，观察输出端状态，并将结果记录在表 2.19 中。

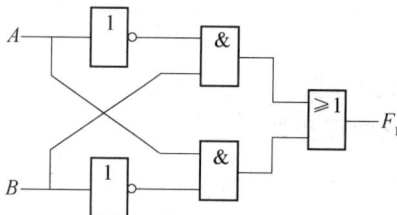

图 2.37　训练 2-1 电路图

表 2.19　功能测试表

A	B	F_1
0	0	
0	1	
1	0	
1	1	

③ 根据测试结果说明图 2.37 所示电路的逻辑功能。

（2）用现有门电路实现逻辑函数 $F=A \oplus B \oplus C$。

① 根据逻辑函数画出逻辑电路图。

② 根据逻辑图连接线路，输入 A、B、C 接逻辑电平开关，输出 F 接逻辑电平指示，灯亮为 1，灯不亮为 0。

③ 接通电源，按表 2.20 所列输入信号，观察输出端状态，并将结果记录在表 2.20 中。

表 2.20　功能测试表

A	B	C	F
0	0	0	
0	0	1	
0	1	0	
0	1	1	
1	0	0	
1	0	1	
1	1	0	
1	1	1	

④ 根据测试结果说明它的逻辑功能。

思考题 2-6

（1）实验中，输入端的逻辑电平通过什么来控制？输出端的逻辑电平通过什么来显示？

（2）74LS04、74LS08、74LS32 的逻辑功能分别是怎样的？

训练 2-2　组合逻辑电路设计与测试

1. 训练要求

完成组合逻辑电路的设计与测试。

2. 测试设备与器件

设备：数字电路实验箱 1 台，数字万用表 1 台。

器件：74LS00、74LS10、74LS04 各 1 块。

3. 集成电路外引脚排列图

74LS10 集成电路外引脚排列如图 2.38 所示。

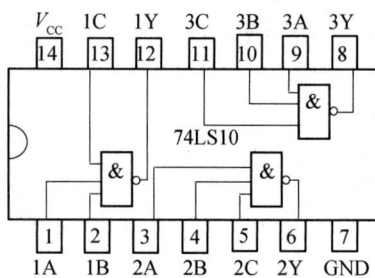

图 2.38　74LS10 集成电路外引脚排列图

4. 测试内容及步骤

（1）用与非门设计 2 变量不一致电路。输入变量取值不同时，输出为 1，否则为 0。

① 根据题意列出真值表。

② 写出逻辑函数表达式并进行化简。

③ 画出逻辑图，用与非门实现。

④ 根据设计电路连线，输入接逻辑开关，输出接逻辑电平指示，14 脚接+5V，7 脚接地。

⑤ 测试设计电路的逻辑功能。按①题中列出的真值表输入信号，观察输出端状态，与设计要求是否一致。

（2）用"与非"门设计一个 3 人表决电路。当 3 个输入端中有 2 个或 3 个为"1"时，输出端才为"1"。

① 根据题意列出真值表。

② 写出逻辑函数表达式并进行化简。

③ 画出逻辑图，用与非门实现。

④ 根据设计电路连线，输入端接逻辑开关，输出端接逻辑电平开关，14 脚接+5V，7 脚接地。

⑤ 测试设计电路的逻辑功能。按①题中所列的真值表输入信号，观察输出端状态，与设计要求是否一致。

思考题 2-7

（1）组合逻辑电路的设计步骤是怎样的？
（2）如果赋予逻辑变量的值不同，设计出的逻辑电路图是否一样？

训练 2-3　用译码器设计设备运行故障监测报警电路

1. 训练要求

用译码器设计设备运行故障监测报警电路，并测试其逻辑功能。

2. 实训设备与器件

设备：数字电路实验箱 1 台。
器件：74LS138、74LS20　各 1 块。

3. 集成电路外引脚排列图

74LS138 集成电路外引脚排列图如图 2.39 所示。

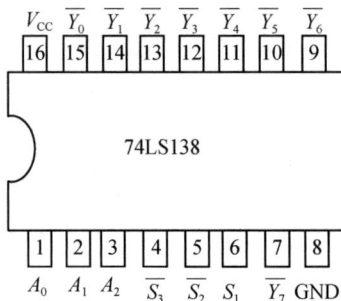

图 2.39　74LS138 集成电路外引脚排列图

4. 测试内容及步骤

（1）译码器 74LS138 逻辑功能测试
① 控制端功能测试。

A. 将集成块 74LS138 的 A_2、A_1、A_0、S_1、$\overline{S_2}$、$\overline{S_3}$ 接逻辑电平开关，$\overline{Y_0} \sim \overline{Y_7}$ 接逻辑电平指示，16 脚 V_{CC} 接+5V，8 脚 GND 接地。

B. 按照表 2.21 所列的输入状态（"×"表示任意输入），观察并记录相应的输出状态。电平指示灯亮为 1，灯不亮为 0。

表 2.21　74LS138 使能端功能测试表

输　入						输　出							
S_1	$\overline{S_2}$	$\overline{S_3}$	A_2	A_1	A_0	$\overline{Y_0}$	$\overline{Y_1}$	$\overline{Y_2}$	$\overline{Y_3}$	$\overline{Y_4}$	$\overline{Y_5}$	$\overline{Y_6}$	$\overline{Y_7}$
×	0	1	×	×	×								
×	1	0	×	×	×								
×	1	1	×	×	×								
0	×	×	×	×	×								

②　逻辑功能测试。

测试电路连接同上，将集成块 74LS138 的 S_1、$\overline{S_2}$、$\overline{S_3}$ 分别置 "1" "0" "0"，将 A_2、A_1、A_0 按照表 2.22 所列输入，观察并记录相应的输出状态。电平指示灯亮为 1，灯不亮为 0。

表 2.22　74LS138 译码功能测试表

输　入						输　出							
S_1	$\overline{S_2}$	$\overline{S_3}$	A_2	A_1	A_0	$\overline{Y_0}$	$\overline{Y_1}$	$\overline{Y_2}$	$\overline{Y_3}$	$\overline{Y_4}$	$\overline{Y_5}$	$\overline{Y_6}$	$\overline{Y_7}$
1	0	0	0	0	0								
1	0	0	0	0	1								
1	0	0	0	1	0								
1	0	0	0	1	1								
1	0	0	1	0	0								
1	0	0	1	0	1								
1	0	0	1	1	0								
1	0	0	1	1	1								

（2）设备运行故障监测报警电路设计

某车间有黄、红两个故障指示灯，用来监测三台设备的工作情况。当只有一台设备有故障时黄灯亮；若有两台设备同时产生故障时，红灯亮；三台设备都产生故障时，红灯和黄灯都亮。试用译码器设计一个设备运行故障监测报警电路。

设计逻辑要求：设 A、B、C 分别为三台设备的故障信号，有故障为 1、正常工作为 0；Y_1 表示黄灯，Y_2 表示红灯，灯亮为 1，灯灭为 0。

①　列出真值表。

②　写出逻辑函数表达式。

③ 画出用 74LS138 和 74LS20 实现上述逻辑功能的电路。

④ 按图连接电路，验证设备运行故障监测报警电路的逻辑功能。

思考题 2-8

（1）要使集成电路 74LS138 正常工作，其控制端应加怎样的电平？
（2）如何用译码器 74LS138 设计一位全加器？

训练 2-4 用数据选择器设计三人表决电路

1. 训练要求

完成数据选择器逻辑功能测试。用数据选择器设计组合逻辑电路，并测试其逻辑功能。

2. 测试设备与器件

设备：数字电路实验箱1台。
器件：74LS151 2片。

3. 测试内容及步骤

（1）数据选择器功能测试

① 使能端功能测试。74LS151 的功能测试电路如图 2.40 所示。$\overline{ST}$、A_0、A_1、A_2 和 $D_0 \sim D_7$ 分别接逻辑电平开关，输出 Y、$\overline{Y}$ 接逻辑电平指示。

设定使能端 $\overline{ST}$ 为 1，任意改变 A_0、A_1、A_2 和 $D_0 \sim D_7$ 的状态，观察输出端 Y、$\overline{Y}$ 的结果并记录于表 2.23 中。

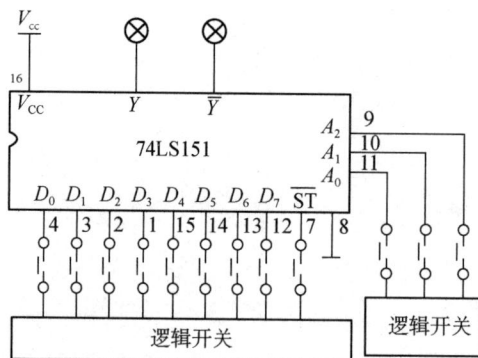

图 2.40 74LS151 的功能测试电路图

② 逻辑功能测试。将 $\overline{ST}$ 置低电平 "0"，此时数据选择器开始工作。当 $A_2A_1A_0$ 为 000 时，$Y=D_0$，即输出状态与 D_0 端输入状态相同，而与 $D_1 \sim D_7$ 端输入状态无关。当 $A_2A_1A_0$ 为 001 时，$Y=D_1$；以此类推，当 $A_2A_1A_0$ 为 111 时，$Y=D_7$。

按表 2.23 要求改变 $A_2A_1A_0$ 和 $D_0 \sim D_7$ 的数据，测试输出端 Y 的状态，完成表 2.23。

表 2.23　74LS151 逻辑功能测试表

输　　入												输　　出	
$\overline{ST}$	A_2	A_1	A_0	D_7	D_6	D_5	D_4	D_3	D_2	D_1	D_0	Y	$\overline{Y}$
1	×	×	×	×	×	×	×	×	×	×	×		
0	0	0	0	0	0	0	0	0	0	0	1		
0	0	0	1	0	0	0	0	0	0	1	0		
0	0	1	0	0	0	0	0	0	1	0	0		
0	0	1	1	0	0	0	0	1	0	0	0		
0	1	0	0	0	0	0	1	0	0	0	0		
0	1	0	1	0	0	1	0	0	0	0	0		
0	1	1	0	0	1	0	0	0	0	0	0		
0	1	1	1	1	0	0	0	0	0	0	0		

（2）用数据选择器 74LS151 设计三人表决电路

设计要求：当表决某个提案时，多数人同意，则提案通过，同时 A 具有否决权。

① 写出设计过程。

② 列出逻辑功能真值表。

③ 写出表达式。

④ 画出接线图。

⑤ 自拟测试表格，验证逻辑功能。

思考题 2-9

（1）集成电路 74LS151 的逻辑功能是怎样的？

（2）用数据选择器 74LS151 设计一个多数表决电路，有 3 个裁判，其中 1 人是主裁判，主裁判同意算两票，其他裁判同意算 1 票。

训练 2-5 用 74LS138 构成时序脉冲分配器

1. 训练要求

用译码器设计时序脉冲分配器。

2. 测试设备与器件

设备：数字电路实验箱1台、数字示波器1台、信号发生器1台。

器件：74LS138 1 片。

3. 测试内容及步骤

（1）按图2.41所示连接电路，将集成块74LS138的 A_2、A_1、A_0、S_1、$\overline{S_2}$ 接逻辑电平开关，$\overline{S_3}$ 接时钟脉冲，$\overline{Y_0} \sim \overline{Y_7}$ 接逻辑电平指示。

（2）时钟脉冲CP由信号发生器产生，频率约1Hz，幅度为5V。

（3）观察地址端 $A_2A_1A_0$ 分别取000～111八种不同状态时 $\overline{Y_0} \sim \overline{Y_7}$ 端所接电平指示灯的状态。数字示波器 CH1 通道接输入 CP 脉冲端，CH2 通道接不同地址端 $A_2A_1A_0$ 控制下的有效输出端（$\overline{Y_0} \sim \overline{Y_7}$ 中的 1 个端子），观察输入、输出波形之间的相位关系，并记录在表 2.24 中。

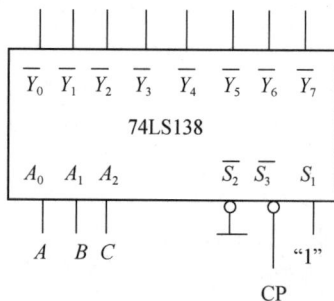

图 2.41 74LS138 构成时序脉冲分配器电路图

表 2.24　74LS138 构成的时序脉冲分配器功能测试表

输　入						有效输出端（打√）								绘制波形	
S_1	$\overline{S_2}$	$\overline{S_3}$	A_2	A_1	A_0	$\overline{Y_0}$	$\overline{Y_1}$	$\overline{Y_2}$	$\overline{Y_3}$	$\overline{Y_4}$	$\overline{Y_5}$	$\overline{Y_6}$	$\overline{Y_7}$	输入波形	输出波形
1	0		0	0	0										
1	0		0	0	1										
1	0		0	1	0										
1	0	CP	0	1	1										
1	0		1	0	0										
1	0		1	0	1										
1	0		1	1	0									输入、输出波形相位关系：_____	
1	0		1	1	1										

思考题 2-10

（1）为什么可以用集成电路 74LS138 作为数据分配器？

（2）时序脉冲分配器输出端接发光二极管后的现象是什么？

训练 2-6　编码显示电路仿真

1. 训练要求

（1）按图 2.1 搭建仿真电路。

（2）仿真开关 S_3 接地时的效果，观察数码管的显示；仿真开关 S_2、S_5 同时接地时的效果，观察数码管的显示。

（3）完成仿真测试报告。

2. 实训设备

安装有 Multisim 软件的计算机。

3. 电路仿真

（1）创建仿真电路

① 74LS147、74LS48、74LS04 的选取。在 Multisim14 软件的基础界面上，单击元器件工具栏中的"Place TTL"按钮，弹出元器件选择对话框，选择"Family"栏中的"74LS"系列，如图 2.42 所示。

在"Component"列表中选"74LS147D"，单击"OK"按钮，则在电路编辑区中芯片跟随光标移动，将器件放在电路编辑区中的合适位置，单击鼠标左键，放置芯片。在器件跟随光标移动时右击，可取消放置器件。可用同样的方法选择 74LS48、74LS04 放置在电路中。

② 其他元器件的选取。

电源 VCC：Place Source→POWER_SOURCES→VCC。

接地：Place Source→POWER_SOURCES→GROUND。

电阻：Place Basic→RESISTOR，选择 470Ω。

开关：Place Basic→SWITCH→SPDT，放置 9 个开关。

灯泡：Place Indicators→PROBE，选择 PROBE_GREEN。

数码管：Place Indicators→HEX_DISPLAY，选择 SEVEN_SEG_DECIMAL_COM_A_GREEN。

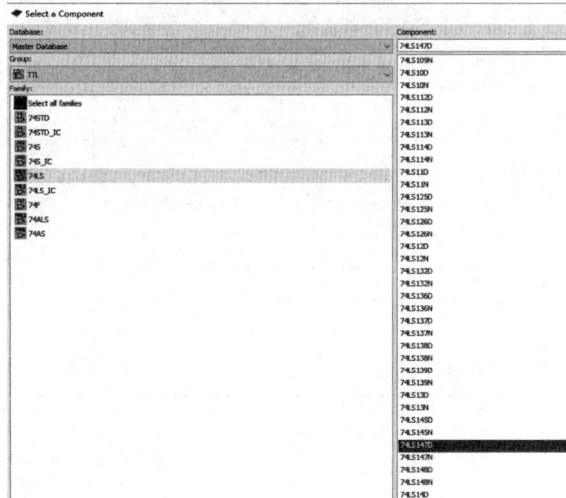

图 2.42　器件的选取

③ 电路连接。将各个器件放置好（可适当旋转）以后进行连接，就构成了编码显示电路，如图 2.43 所示。

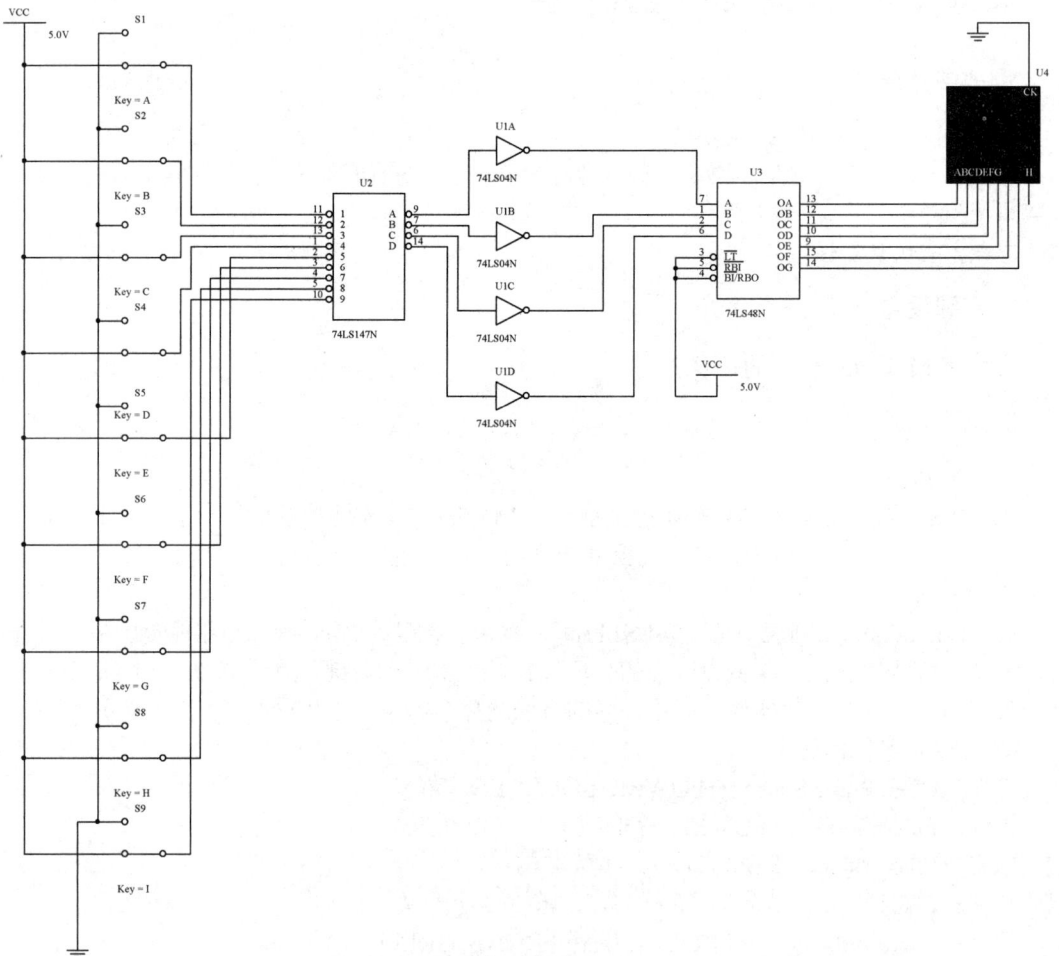

图 2.43　编码显示仿真电路

（2）仿真测试

① 当开关 S1～S9 都没有请求时，即都接地时，观察 U4，将观察到的现象记录下来。

② 当开关 S1～S9 都接 VCC 时，观察 U4，将观察到的现象记录下来。

③ 开始时开关 S1～S9 都接 VCC，当开关 S1～S9 依次发出请求时，观察 U4，将观察到的现象记录下来。

思考题 2-11

（1）图 2.43 中 74LS04 起什么作用？

（2）图 2.43 中 74LS48 起什么作用？

项目总结

1. 组合逻辑电路的特点是：任何时刻的输出仅取决于该时刻的输入，而与电路原来的状态无关；它由若干逻辑门组成。

2. 组合逻辑电路的分析方法：根据给定逻辑电路写出逻辑表达式→化简和变换逻辑表达式→列出真值表→确定逻辑功能。

3. 组合逻辑电路的设计方法：根据设计要求设定输入输出变量，并赋值→列出真值表→写出输出逻辑函数表达式→化简和变换逻辑函数表达式→画出逻辑图。

4. 本项目讨论的组合逻辑电路主要有编码器、译码器、数据选择器、数据分配器、数值比较器、加法器等。需熟悉它们的逻辑功能、集成芯片及集成电路的扩展和应用。

5. 编码器和译码器功能相反。编码器是将输入的电平信号转换成二进制代码输出的电路。译码器是将每一组输入二进制代码"翻译"成为一个特定的输出信号的电路；数据选择器和数据分配器功能相反，用数据选择器可实现组合逻辑函数；数值比较器用来比较数的大小；加法器用来实现算术运算。

练习题

一、填空题

2-1 两个 1 位二进制数相加时，除本位数相加外，还要考虑_____，这种加法电路称为全加器。

2-2 二进制编码器有 2^n 个输入信号，则输出信号是_____位二进制数。

2-3 在优先编码器中，是优先级别_____（高/低）的编码排斥优先级别_____（高/低）的。

2-4 译码是_____的逆过程，实现译码功能的数字电路称为_____。译码器分为_____和_____。

2-5 二进制译码器输入的是二进制代码，若输入有 n 个变量，则输出端就有_____个输出状态。

2-6 半导体数码显示器的内部接法有两种形式：共_____接法和共_____接法。

2-7 10 线-4 线编码器所用的输出代码为_____码。

2-8 能够从多路数据中选择一路进行传输的电路称为_____器。

二、选择题

2-9 二输入二进制译码器，其输出端个数是_____。

A. 4   B. 5   C. 6   D. 2

2-10 下列各型号中属于二进制译码器的是_____。

A. 74LS48   B. 74LS148   C. 74LS138   D. 74LS147

2-11 32 个输入端的二进制编码器，其输出端的个数是_____。

A. 4   B. 5   C. 6   D. 7

2-12 现有 100 名学生，需要用二进制编码器对每位学生进行编码，则编码器输出至少_____位二进制数才能满足要求。

A. 5   B. 6   C. 7   D. 8

2-13 要使 3 线-8 线译码器 74LS138 能正常工作，其使能端 S_1、$\overline{S_2}$、$\overline{S_3}$ 的电平信号应是_____。

A. 100   B. 111   C. 000   D. 011

2-14 74LS148 输入输出端线为_____。

A. 输入 2 输出 4   B. 输入 4 输出 2

C. 输入 3 输出 8   D. 输入 8 输出 3

2-15 以下电路中，加以适当辅助电路，适于实现单输出组合逻辑电路的是_____。

A. 二进制译码器   B. 数据选择器

C. 数值比较器   D. 七段显示译码器

2-16 一个 8 选 1 数据选择器的数据输入端有_____个。

A. 1　　　　　　　　　B. 2　　　　　　　　C. 3　　　　　　　　D. 8

三、判断题（正确打√，错误的打×）

2-17　优先编码器的编码信号是相互排斥的，不允许有多个输入信号同时有效。（　　）

2-18　优先编码器 74LS147 有 10 个输入端。（　　）

2-19　译码是编码的逆过程。（　　）

2-20　74LS138 的 3 个控制端有一个无效时，芯片禁止译码，输出高阻。（　　）

2-21　共阴极 LED 数码管应选用有效输出为高电平的显示译码器来驱动。（　　）

2-22　3 线-8 线译码器 74LS138 可实现数据分配器功能。（　　）

2-23　74LS151 为 8 选 1 数据选择器，只有 3 个地址输入端，不能实现 4 变量地址数据选择功能。（　　）

2-24　数据选择器可分为 2 选 1、4 选 1、8 选 1 和 16 选 1 等多种类型。（　　）

四、分析题

2-25　试写出图 2.44 所示组合逻辑电路的逻辑关系式，当输入信号 A 和 B 为何值时，输出 Y 为低电平？

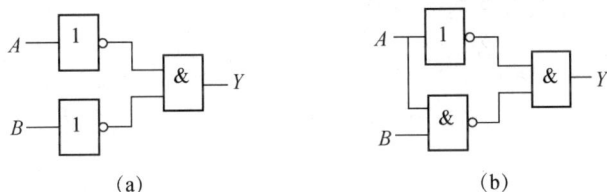

图 2.44　题 2-25 图

2-26　根据图 2.45 所示电路，写出各电路的最简逻辑函数式，并说明它的逻辑功能。

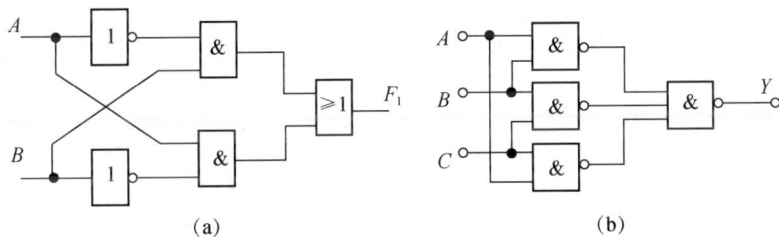

图 2.45　题 2-26 图

2-27　一组交通灯有红、黄、绿灯各一个。若灯都不亮，或两个灯同时亮，或三个灯同时亮，均认为出现故障。试写出反映故障的逻辑表达式，并画出故障报警电路。

2-28　有一种比赛有 A、B、C 三名裁判员，另外还有一名总裁判。当总裁判认为合格时算做两票，而 A、B、C 裁判认为合格时分别算做一票。试用与非门设计这个多数通过表决逻辑电路。

2-29　优先编码器 74LS148 正常工作，若输入端 $\overline{I_0} \sim \overline{I_7}$ 按顺序 10101011 输入时，输出 $\overline{Y_2}\,\overline{Y_1}\,\overline{Y_0}$ 为多少？

2-30　试用 74LS138 实现下列逻辑函数，画出连线图。

（1）$F_1(A, B, C) = \sum m(0, 3, 5, 7)$

（2）$F_2(A, B, C, D) = \sum m(2, 6, 9, 13, 15)$

（3）$F_3(A, B, C) = \overline{A}B\overline{C} + BC$

2-31 要使 74LS138 译码器的第 12 脚输出低电平，请标出各输入端应置的逻辑电平。

2-32 试用 74LS138 译码器和适当的门电路实现一位二进制全加器。

2-33 显示译码器 74LS48 正常工作，$\overline{LT} = 1$，$\overline{BI}/\overline{RBO} = 1$，试分析输入信号 $A_3 A_2 A_1 A_0$ 为"0110"状态下，输出引脚的逻辑电平各为多少？若欲显示数字"2"，输入引脚的逻辑电平应为多少？

2-34 选择合适的数据选择器来实现下列组合逻辑函数。

（1）$L = \overline{A}BC + AB + C$

（2）$F = \sum m(1, 3, 5, 7)$

（3）$Y = \sum m(0, 2, 3, 4, 8, 9, 10, 13, 14)$

2-35 有一火灾报警系统，设有烟感、温感和紫外光感三种不同类型的火灾探测器，为了防止误报警，只有当其中两种或三种检测器发出探测信号时，报警系统才产生报警信号。试用 3 线-8 线译码器设计该报警信号电路。

项目 3　由触发器构成的抢答器设计与制作

项目综述

数字系统中除了需要具有逻辑运算和算术运算的组合逻辑电路，还需要具有存储功能的电路。组合逻辑电路与存储电路相结合可以构成时序逻辑电路。触发器是具有记忆功能的基本逻辑单元。本项目将介绍几种常见触发器的逻辑功能、触发器的应用，完成触发器逻辑功能测试和由触发器构成的四路抢答器的制作及仿真。

工作任务

由触发器构成的抢答器的制作

1. 工作任务单

（1）明确由触发器构成的抢答器的工作原理。

（2）画出布线图。

（3）完成电路所需元器件的购买和检测。

（4）根据布线图完成抢答器电路制作。

（5）完成抢答器电路功能检测和故障排除。

（6）编写项目实训报告。

2. 电路制作

由触发器构成的抢答器电路如图 3.1 所示。

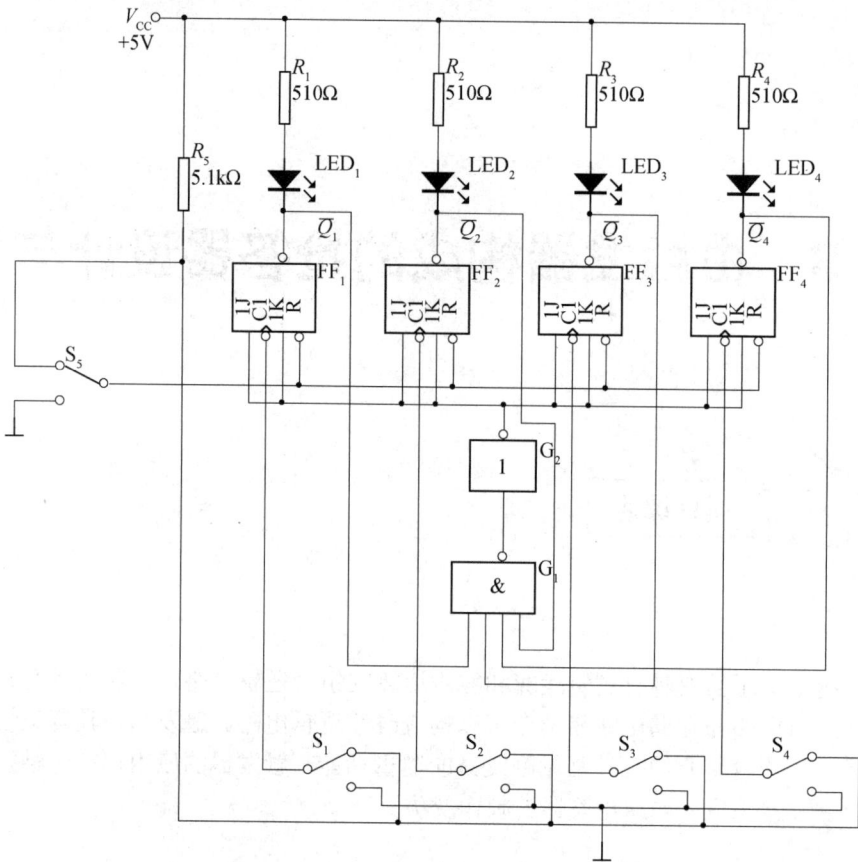

图 3.1 由触发器构成的四路抢答器电路

（1）实训目的

① 熟悉集成触发器芯片的逻辑功能。

② 熟悉由集成触发器构成的抢答器的工作原理和特点。

③ 掌握集成触发器芯片的正确使用。

（2）实训设备与元器件

实训设备：直流稳压电源、万用表等。

实训元器件：如表 3.1 所示。

表 3.1 元器件明细表

序 号	代 号	名 称	规格和型号	数 量
1	FF$_1$～FF$_4$	双 JK 触发器	74LS112	2
2	G$_1$	二 4 输入与非门	74LS20	1
3	G$_2$	六反相器	74LS04	1
4	LED$_1$～LED$_4$	发光二极管		4
5	R$_1$～R$_4$	电阻器	510Ω	4
6	R$_5$	电阻器	5.1kΩ	1

序　号	代　号	名　称	规格和型号	数　量
7	$S_1 \sim S_5$	按钮开关		5
8		导线		若干

（3）实训电路与说明

① 电路组成。实训电路如图 3.1 所示，该电路由双 JK 触发器 74LS112、二 4 输入与非门 74LS20、六反相器 74LS04 等组成。其中 S_1、S_2、S_3、S_4 为抢答按钮，S_5 为主持人复位按钮。

② 电路工作过程。

● 准备期间。主持人将电路清零（即 $\bar{R}=0$）之后，74LS112 的输出 $Q_1 \sim Q_4$ 均为低电平，$\bar{Q}_1 \sim \bar{Q}_4$ 为高电平，发光二极管 LED$_1$～LED$_4$ 因截止而不亮。

● 开始抢答。若 S_1 被按下，第一个触发器的 CP 由 1→0，而 $J=K=\bar{Q}_1 Q_2 Q_3 Q_4=1$，则 74LS112 的输出 Q_1 变为高电平，$\bar{Q}_1$ 变为低电平，发光二极管 LED$_1$ 点亮，此时 $J=K=\bar{Q}_1 \bar{Q}_2 \bar{Q}_3 \bar{Q}_4=0$，其他抢答者再按下按钮也不起作用。若要清除，则由主持人按 S_5 键（清零）完成，为下一次抢答做好准备。

（4）实训电路的安装与功能验证

① 安装步骤。

第 1 步：检测与查阅元器件。用万用表等设备检测元器件。通过查阅集成电路手册，标出电路图中各集成电路输入、输出的引脚编号。

第 2 步：根据图 3.1 所示的由触发器构成的抢答器电路，画出安装布线图。

第 3 步：根据安装布线图完成电路的安装。

② 功能验证方法。

第 1 步：通电后按下 S_5 按钮后，所有发光二极管不亮。

第 2 步：分别按下 S_1、S_2、S_3、S_4 各键，观察对应发光二极管是否亮。

第 3 步：当其中某一发光二极管亮时，再按其他键，观察其他发光二极管的变化。

（5）完成电路的详细分析及编写项目实训报告

整理相关资料，完成电路的详细分析及编写项目实训报告。

（6）实训考核（见表 3.2）

表 3.2　实训考核表

项　目	内　容	配　分	得　分
工作态度	1. 工作的主动性、积极性 2. 操作的安全性、规范性 3. 遵守纪律情况	20 分	
电路安装	1. 安装图的绘制情况 2. 电路图的搭接情况	40 分	
功能测试	1. 电路功能验证 2. 设计表格，正确记录测试结果	30 分	
5S 规范	整理工作台，离场	10 分	
合计		100 分	

知识链接

3.1 触发器基本知识

触发器是一个具有记忆功能的二进制信息存储器件，是构成时序逻辑电路的基本单元。一个触发器能记住 1 位二进制信号（0 或 1），n 个触发器组合在一起就能记忆 n 位二进制信号。

1. 触发器的基本特点

（1）它有两个稳定状态。触发器有两个互补输出端，分别用 Q、$\overline{Q}$ 表示，其中 Q 端状态为触发器的状态；当 $Q=1$、$\overline{Q}=0$ 为 1 态；当 $Q=0$、$\overline{Q}=1$ 为 0 态；其他情况如 $Q=\overline{Q}=0$ 或 $Q=\overline{Q}=1$，不满足互补的条件，称之为不定状态。

（2）在外部信号作用下，触发器能从一个稳态翻转到另一稳态。

（3）外部信号消失后，它仍能维持这一状态，即记住这一状态。

2. 触发器的分类

根据电路结构形式的不同，触发器可分为基本触发器、时钟触发器，其中时钟触发器又有同步触发器、主从触发器、边沿触发器。

根据逻辑功能的不同，触发器可分为 RS 触发器、JK 触发器、D 触发器、T 触发器和 T′ 触发器。

下面主要介绍基本 RS 触发器、同步触发器、边沿触发器等常用集触发器的电路结构、工作原理和逻辑功能，最后介绍触发器的应用。

思考题 3-1

（1）触发器的状态是怎样定义的？
（2）触发器有哪些基本特性？

基本 RS 触发器
讲解视频

3.2 基本 RS 触发器

基本 RS 触发器是各种触发器中最简单的一种，是构成其他触发器的基本单元。电路结构可由与非门构成，也可由或非门构成。下面介绍由与非门构成的基本 RS 触发器。

1. 电路组成及逻辑符号

由与非门构成的基本 RS 触发器电路如图 3.2(a)所示，输入端为 $\overline{R}$ 和 $\overline{S}$，电路输出端为 Q、

$\overline{Q}$，它有 0、1 两个稳定状态。触发器的逻辑符号如图 3.2(b)
所示。

2. 逻辑功能分析

Q^n 表示触发信号输入前触发器原来的状态称为现
态，Q^{n+1} 表示触发信号输入后，触发器从一种状态翻转到
另一种状态，翻转后触发器的状态称为次态。触发器的逻
辑功能可采用真值表、特征方程、状态转换图、波形图（时
序图）来描述。

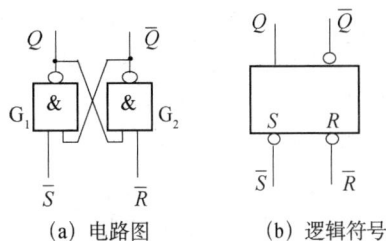

(a) 电路图　　　　(b) 逻辑符号

图 3.2　基本 RS 触发器

（1）真值表

① 当 $\overline{R}=\overline{S}=1$ 时，电路保持原来的状态不变。

② 当 $\overline{R}=1$，$\overline{S}=0$ 时，由于 $\overline{S}=0$，则门 G_1 输出 $Q=1$，而门 G_2 的两个输入全为 1，其输出 $\overline{Q}$
=0，触发器置 1 状态。

③ 当 $\overline{R}=0$，$\overline{S}=1$ 时，由于 $\overline{R}=0$，则门 G_2 输出 $\overline{Q}=1$，而门 G_1 的两个输入全为 1，其输出 Q
=0，触发器置 0 状态。

④ 当 $\overline{R}=\overline{S}=0$ 时，此时 $Q=\overline{Q}=1$，此状态为不定状态。要避免不定状态，对输入信号有约
束条件：$\overline{R}+\overline{S}=1$。

另外，当 $\overline{R}=\overline{S}=0$ 的有效低电平消失后，门 G_1、G_2 的输出都要由 1 向 0 转换，这要看哪
一个门的传输延迟时间 t_{pd} 短。若门 G_1 的 t_{pd} 短，G_1 首先翻转，即 Q 首先由 1 变 0，反馈到 G_2
门的输入，使其输出 $\overline{Q}=1$，电路变为 0 态。反之，若门 G_2 的 t_{pd} 短，根据类似的推理，电路
将变为 1 态。由于在设计和分析电路时，无法事先估计两个门的传输时间的长短，也就无法
判断在 $\overline{R}$、$\overline{S}$ 同时变为高电平后，触发器到底变成 1 态还是 0 态。

综上所述，基本 RS 触发器有置 1、置 0、保持三种功能，并且要求输入信号 $\overline{R}$、$\overline{S}$ 不能
同时为 0，即满足 $\overline{R}+\overline{S}=1$ 的约束条件。根据以上分析，把逻辑关系列成真值表，这种真值表
也称为触发器的功能表或特性表，如表 3.3 所示。

（2）特征方程

根据表 3.3 画出如图 3.3 所示的卡诺图，经化简后可得到基本 RS 触发器的特征方程：

表 3.3　基本 RS 触发器真值表

$\overline{R}\ \overline{S}$	Q^n	Q^{n+1}	说　明
0　0	0 1	× ×	状态不定
0　1	0 1	0 0	置 0
1　0	0 1	1 1	置 1
1　1	0 1	0 1	状态不变

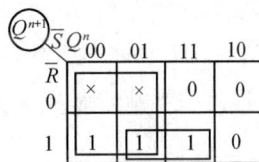

图 3.3　卡诺图

$$Q^{n+1} = S + \overline{R}Q^n$$
$$\overline{R} + \overline{S} = 1 \text{（约束条件）}$$

（3）状态转换图（简称状态图）

触发器的状态转换可用状态转换图来表示，如图 3.4 所示。图中两个圆圈表示触发器的两个状态 0 态和 1 态，箭头表示状态转换的方向，箭头旁边标注的触发信号取值表示状态转换的条件。

（4）波形图（时序图）

如图 3.5 所示，触发器初态为 0。画波形图时，对应一个时刻，该时刻以前为 Q^n，该时刻以后为 Q^{n+1}。画图时应根据真值表来确定各个时间段 Q 与 $\overline{Q}$ 的状态。

例 3-1　由与非门构成的基本 RS 触发器输入波形如图 3.6 所示，试画出 Q 和 $\overline{Q}$ 端的波形（设触发器的初态为 0 态）。

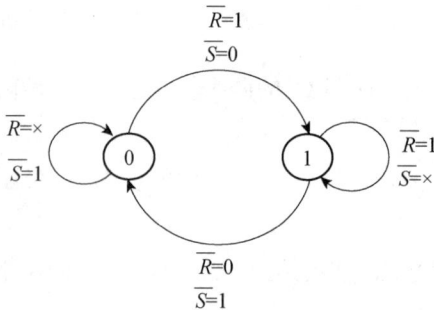

图 3.4　状态转换图

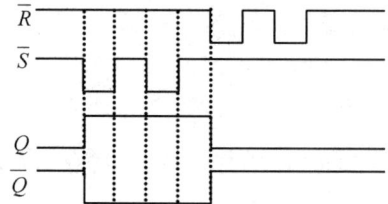

图 3.5　波形图

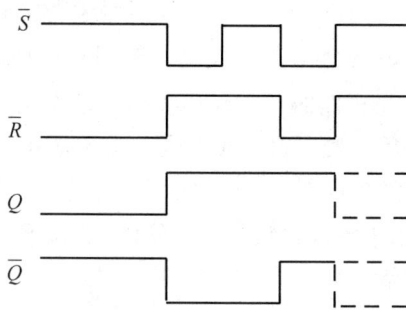

图 3.6　例 3-1 波形图

3. 基本 RS 触发器的优缺点

优点：电路简单，是构成其他触发器的基础。

缺点：输出受输入信号直接控制，不能定时控制；有约束条件。

4. 基本 RS 触发器的应用——消抖动开关电路

常用的开关一般是由机械接触实现开关的闭合和断开的，由于机械触点有弹性，导致当它闭合时会产生抖动的问题，反映在电信号上将产生不规则的脉冲信号，如图 3.7(b)所示。如果将开关接到基本 RS 触发器的 $\overline{R}$、$\overline{S}$ 端，如图 3.7(a)所示，脉冲信号从其 Q 端输出，就可消除这一现象。

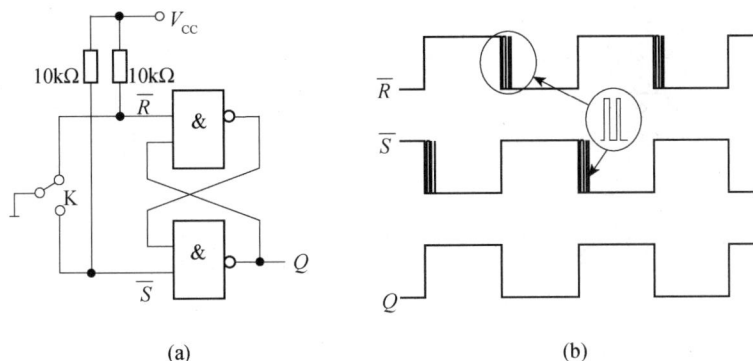

图 3.7　消抖动开关电路

消抖动开关电路的工作原理：当开关向下时，$\overline{R}$ 为高电平，$\overline{S}$ 通过开关触点接地，但由于机械触点存在抖动现象，$\overline{S}$ 端不是一个稳定的低电平，而是有一段时高时低的不规则脉冲出现。但在开关打下的瞬间，$\overline{S}$ 为低电平，此时 $\overline{R}$ =1、$\overline{S}$ =0，触发器置"1"，输出 Q =1。如果由于开关的抖动使 $\overline{S}$ 变为高电平，但由于 $\overline{R}$ =1、$\overline{S}$ =1，此时触发器保持原来的"1"状态。所以尽管由于开关的抖动使电信号产生了不规则的脉冲，但输出波形却为稳定的无瞬时抖动的脉冲信号。

思考题 3-2

（1）为什么对基本 RS 触发器进行置 0 或置 1 时在 $\overline{R}$ 端和 $\overline{S}$ 端要输入不同的电平？

（2）如果将图 3.2 中的与非门改成或非门，则该电路成为由或非门构成的基本 RS 触发器，请说出它的逻辑功能。

3.3　同步触发器

在数字系统中，为了协调各部分的工作状态，需要由时钟脉冲 CP 来控制触发器按一定的节拍同步动作。由时钟脉冲控制的触发器称为时钟触发器。时钟触发器可分为同步触发器、主从触发器、边沿触发器。下面讨论同步 RS 触发器、同步 D 触发器及同步 JK 触发器。

3.3.1　同步 RS 触发器

1. 电路组成及逻辑符号

同步 RS 触发器是在基本 RS 触发器的基础上增加两个控制门及一个控制信号，让输入信号经过控制门传送，电路图如图 3.8(a)所示。图中 $\overline{R}_D$ 为直接置 0 端，$\overline{S}_D$ 为直接置 1 端。

同步 RS 触发器
讲解视频

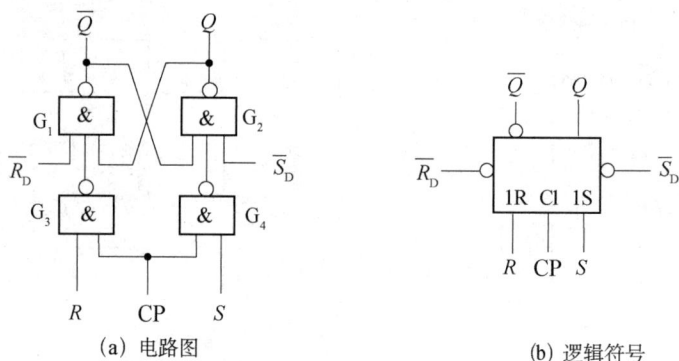

(a) 电路图　　　　　(b) 逻辑符号

图 3.8　同步 RS 触发器

与非门 G_1、G_2 组成基本 RS 触发器，与非门 G_3、G_4 是控制门，控制信号 CP 称为时钟脉冲信号，它控制控制门 G_3、G_4 的开通和关闭。逻辑符号如图 3.8(b)所示。

表 3.4　同步 RS 触发器真值表

CP	R S	Q^n	Q^{n+1}	说　明
0	× ×	0 1	0 1	状态不变
1	0 0	0 1	0 1	状态不变
1	0 1	0 1	1 1	置1
1	1 0	0 1	0 0	置0
1	1 1	0 1	× ×	状态不定

2. 逻辑功能分析

（1）真值表

① 当 CP=0 时，G_3 和 G_4 门被封锁，输出均为 1，由 G_1、G_2 门构成的基本 RS 触发器因输入信号全为 1 而保持原状态不变。

② 当 CP=1 时，G_3 和 G_4 门被打开，输出由 R、S 决定，触发器的状态随输入信号 R、S 的变化而变化。

根据与非门和基本 RS 触发器的逻辑功能，可得出同步 RS 触发器真值表如表 3.4 所示。

（2）特征方程

根据表 3.4 画出卡诺图如图 3.9 所示，经化简后可得到同步 RS 触发器的特征方程：

$$Q^{n+1} = S + \overline{R}Q^n$$

$$RS=0（约束条件）$$

（3）状态转换图

根据真值表（见表 3.4）画出状态转换图如图 3.10 所示。

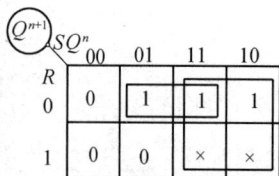

图 3.9　卡诺图

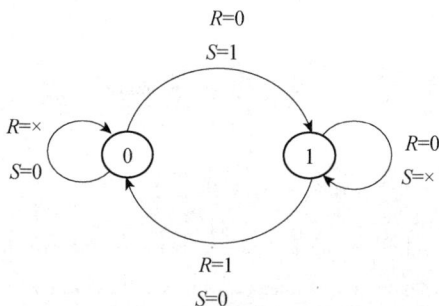

图 3.10　状态转换图

（4）波形图

在图 3.8(a)所示电路中，加到 R、S 端的信号波形如图 3.11 所示，则 Q、$\overline{Q}$ 端波形如图 3.11 所示（设触发器初态为 0）。

同步 RS 触发器的状态转换分别由 R、S 和 CP 控制，其中，R、S 控制状态转换的方向，CP 控制状态转换的时刻。在 CP=0 时，触发器不接收信号，保持其状态不变；而当 CP=1 时，触发器接收输入信号 R、S，并随其变化而作相应的变化。

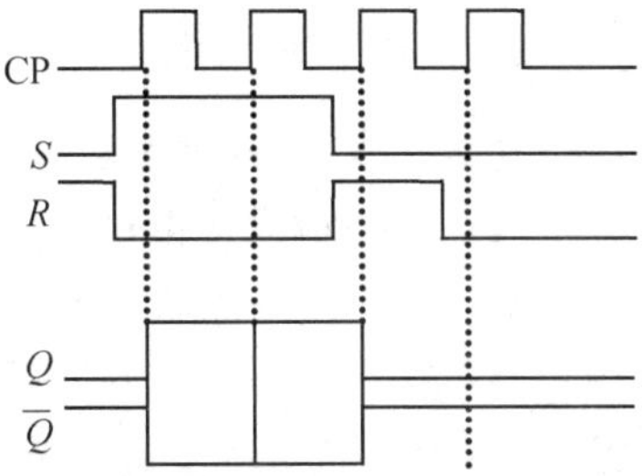

图 3.11　波形图（1）

3. 同步触发器存在的问题——空翻

在 CP=1 期间，输入信号多次变化，触发器的状态也随之多次变化（见图 3.12），这种现象叫空翻。

同步触发器由于 CP 有效时间过长，出现了空翻现象，使触发器的应用受到了限制。

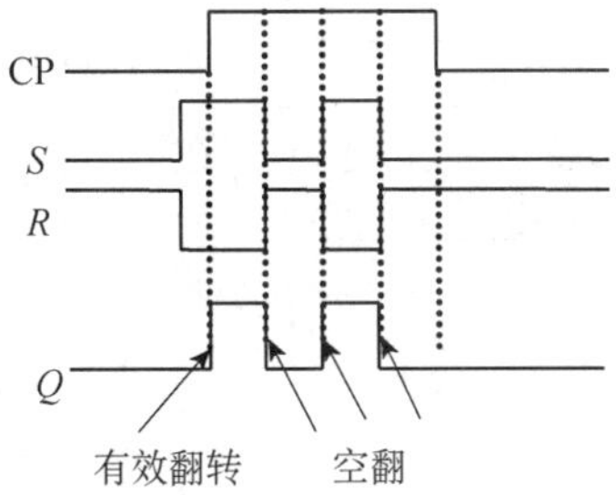

例 3-2　同步 RS 触发器的输入波形如图 3.13 所示，试画出 Q 端的波形（设触发器的初态为 0 态）。

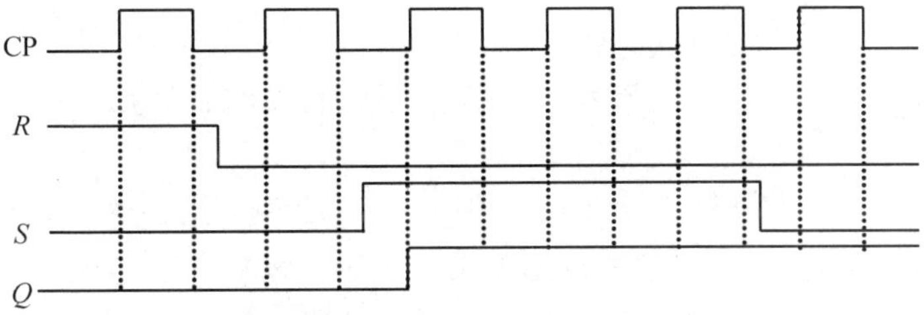

图 3.12　波形图（2）

图 3.13　例 3-2 波形图

3.3.2　同步 D 触发器

1. 电路组成及逻辑符号

为避免同步 RS 触发器同时出现输入端 R 和 S 都为 1 的情况，可在 R 和 S 之间接入一个非门 G_5，使 R 端和 S 端永远为不同的电平，电路如图 3.14(a)所示，这种单输入的触发器称为 D 触发器。D 为数据 DATA 的缩写，因此 D 触发器又称为数据触发器，它是将数据存入或取出的基本单元电路。图 3.14(b)所示为其逻辑符号，D 为输入端，Q 和 $\overline{Q}$ 为输出端。

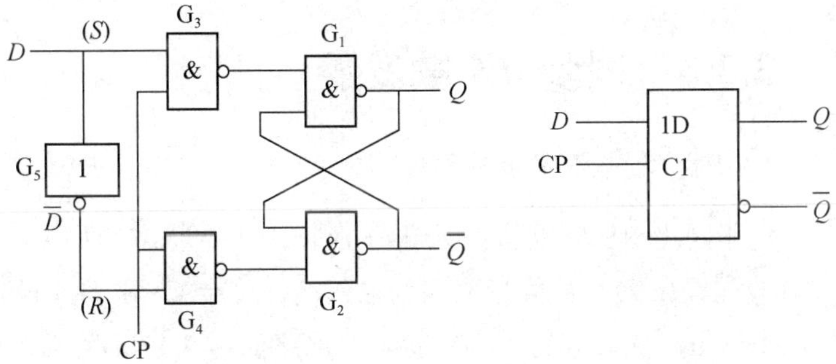

同步 D 触发器讲解视频

(a) 电路图　　　　　　(b) 逻辑符号

图 3.14　同步 D 触发器

2. 逻辑功能分析

（1）真值表

当 CP=0 时，G_3 和 G_4 门被封锁，输出均为 1，由 G_1、G_2 门构成的基本 RS 触发器因输入信号全为 1 而保持原状态不变，此时输出不受 D 端输入信号的控制。

当 CP=1 时，G_3 和 G_4 门被打开，输出由 D 决定，触发器的状态随输入信号 D 的变化而变化。由图可知，$R=\overline{D}$、$S=D$，因此当 D=1 时，R=0，S=1，触发器翻转到 1 状态；当 D=0 时，R=1，S=0，触发器翻转到 0 状态。同步 D 触发器真值表如表 3.5 所示。

表 3.5　同步 D 触发器真值表

CP	D	Q^n	Q^{n+1}	说　明
0	×	0 1	0 1	状态不变
1	0	0 1	0 0	置 0
1	1	0 1	1 1	置 1

由上述分析可知，同步 D 触发器的逻辑功能如下：当 CP 由 0 变为 1 时，触发器的状态翻转到和 D 的状态相同；当 CP 由 1 变为 0 时，触发器保持原状态不变。

（2）特征方程

将 $R=\overline{D}$、$S=D$ 代入同步 RS 触发器特征方程，经化简后可得到同步 D 触发器的特征方程：

$$Q^{n+1} = D$$

（3）状态转换图

根据真值表表 3.5 画出状态转换图如图 3.15 所示。

（4）波形图

在图 3.14(a)所示电路中，加到输入端的信号波形如图 3.16 所示，则 Q、$\overline{Q}$ 端波形如图 3.16 所示（设触发器初态为 0）。由图可知，同步 D 触发器也存在空翻现象。采用边沿 D 触发器可克服空翻现象。同步 D 触发器主要用于数据锁存。

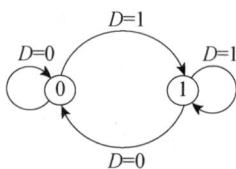

图 3.15　状态转换图

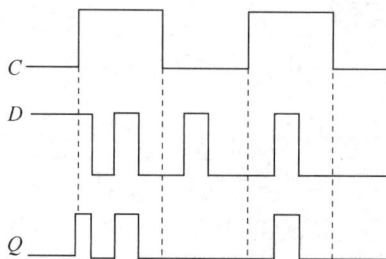

图 3.16　波形图

3.3.3　同步 JK 触发器

1. 电路组成及逻辑符号

同步 JK 触发器讲解视频

克服同步 RS 触发器在 R=S=1 时出现不定状态的另一种方法是将触发器 Q 和 $\overline{Q}$ 端输出的互补信号反馈到输入端，这样 G_3 和 G_4 门的输出不会同时出现低电平 0，从而避免了不定状态，电路如图 3.17(a)所示，图 3.17(b)为其逻辑符号。J 和 K 为信号输入端。

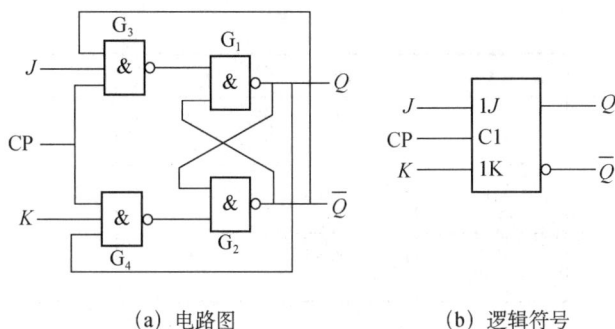

(a) 电路图　　　　　　　　(b) 逻辑符号

图 3.17　同步 JK 触发器

2. 逻辑功能分析

（1）真值表

当 CP=0 时，G_3、G_4 门被封锁，输出都为 1，触发器保持原状态不变。

当 CP=1 时，G_3、G_4 门打开，输入 J、K 和 Q、$\overline{Q}$ 端的信号控制触发器的状态。

① 当 $J=K=0$ 时，G_3、G_4 门输出都为 1，触发器保持原状态不变，即 $Q^{n+1}=Q^n$。

② 当 $J=1$、$K=0$ 时，如触发器原状态 $Q^n=0$，则在 CP=1 时，G_3 输入全为 1，输出为 0，G_1 输出 $Q^{n+1}=1$。由于 $K=0$，G_4 输出为 1，这时 G_2 输入全为 1，G_2 输出为 $\overline{Q^{n+1}}=0$，触发器翻转到 1 状态，即 $Q^{n+1}=1$。

若触发器原状态 $Q^n=1$ 状态，在 CP=1 时，G_3 和 G_4 的输入分别为 $\overline{Q^n}=0$ 和 $K=0$，这两个门输出都为 1，触发器保持原状态（1 状态）不变，即 $Q^{n+1}=Q^n$。

可见在 $J=1$、$K=0$ 时，不论触发器原来处于什么状态，则在 CP 由 0 变为 1 后，触发器翻转到和 J 相同的 1 状态。

③ 当 $J=0$、$K=1$ 时，用同样的分析方法可知，在 CP 由 0 变为 1 后，触发器翻转到和 J 相同的 0 状态。

④ 当 $J=K=1$ 时，在 CP 由 0 变为 1 后，触发器的状态由 Q 和 $\overline{Q}$ 端的反馈信号决定。如触发器的状态为 $Q^n=0$、$\overline{Q^n}=1$，在 CP=1 时，G_4 输入有 $Q^n=0$，输出 1；G_3 输入有 $\overline{Q^n}=1$、$J=1$，即输入全为 1，输出 0。因此，G_1 输出 $Q^{n+1}=1$，G_2 输出 $\overline{Q^{n+1}}=0$，触发器翻转到 1 状态，跟电路原来的状态相反。

若触发器的状态为 $Q^n=1$、$\overline{Q^n}=0$，在 CP=1 时，G_4 输入全为 1，输出 0；G_3 输入有 $\overline{Q^n}=0$，输出 1，因此，G_2 输出 $\overline{Q^{n+1}}=1$，G_1 输出 $Q^{n+1}=0$，触发器翻转到 0 状态。

可见，在 $J=K=1$ 时，由于这时 CP=1，因此触发器处于翻转状态，即触发器输出的新状态总和原来的相反，即 $Q^{n+1}=\overline{Q^n}$。同步 JK 触发器真值表如表 3.6 所示。

表 3.6　同步 JK 触发器真值表

CP	J	K	Q^n	Q^{n+1}	说　明
0	×	×	0 1	0 1	保持
1	0	0	0 1	0 1	保持

CP	J	K	Q^n	Q^{n+1}	说　明
1	0	1	0 1	0 0	置0
1	1	0	0 1	1 1	置1
1	1	1	0 1	1 0	取反（或翻转）

同步 JK 触发器没有不定状态，在 CP=1 时，接收 J、K 端的输入信号而改变输出状态。JK 触发器具有置0、置1、翻转和保持功能。它的主要缺点是：在 CP=1 期间，当 J、K 端的信号发生变化时，输出状态也随之改变，存在空翻现象，无法保证在 CP 一个周期内，触发器输出状态最多只变化一次。采用边沿 JK 触发器可克服空翻现象。

（2）特征方程

根据真值表表 3.6 可画出图 3.18 所示的同步 JK 触发器 Q^{n+1} 的卡诺图，由此可得出它的特征方程 $Q^{n+1} = J\overline{Q^n} + \overline{K}Q^n$（CP=1 期间有效）。

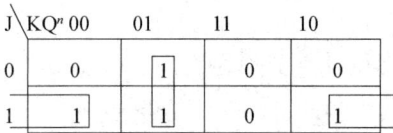

图 3.18　卡诺图

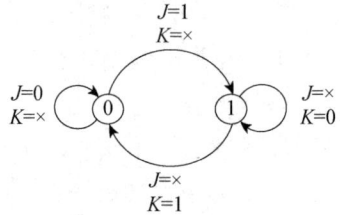

图 3.19　状态转换图

（3）状态转换图

根据真值表（见表3.6）画出 CP=1 期间状态转换图如图3.19 所示。

（4）波形图

在图 3.17(a)所示电路中，加到输入端的信号波形如图 3.20 所示，则 Q 端波形如图 3.20 所示（设触发器初态为 0）。

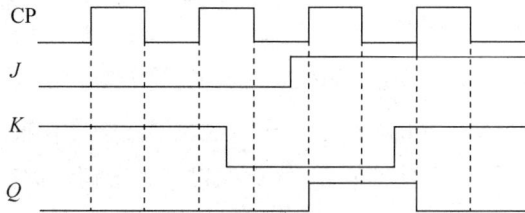

图 3.20 波形图

思考题 3-3

（1）与基本 RS 触发器相比，同步 RS 触发器在电路结构上有哪些特点？

（2）同步 RS 触发器在 CP=0 时，R 和 S 之间是否存在约束条件？为什么？在 CP=1 时的情况又如何？

（3）简述同步 RS、同步 D 触发器的逻辑功能。它们的主要缺点是什么？

3.4 边沿触发器

边沿触发器是在时钟信号 CP 上升沿或下降沿到来瞬间，触发器才根据输入信号改变输出状态的，而在时钟信号 CP 的其他时刻，触发器将保持输出状态不变，从而防止了空翻。触发器在时钟脉冲上升沿改变输出状态称为上升沿触发；触发器在时钟脉冲下降沿改变输出状态称为下降沿触发。边沿触发器有边沿 JK 触发器、边沿 D 触发器、边沿 T 触发器和边沿 T′触发器等。

边沿触发器
讲解视频

3.4.1 边沿 JK 触发器

1. 逻辑符号

边沿 JK 触发器的逻辑符号如图 3.21 所示。

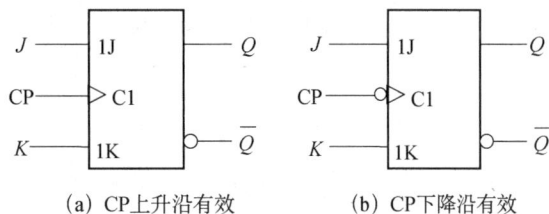

(a) CP上升沿有效　　(b) CP下降沿有效

图 3.21　边沿 JK 触发器逻辑符号

2. 逻辑功能描述

（1）真值表

边沿 JK 触发器的真值表如表 3.7 所示。

（2）特征方程

根据真值表可得 JK 触发器的特征方程：$Q^{n+1} = J\overline{Q^n} + \overline{K}Q^n$

（3）状态转换图

JK 触发器的状态转换图如图 3.22 所示。

表 3.7　边沿 JK 触发器真值表

J	K	Q^n	Q^{n+1}	说　明
0	0	0 1	0 1	保持
0	1	0 1	0 0	置0
1	0	0 1	1 1	置1
1	1	0 1	1 0	取反

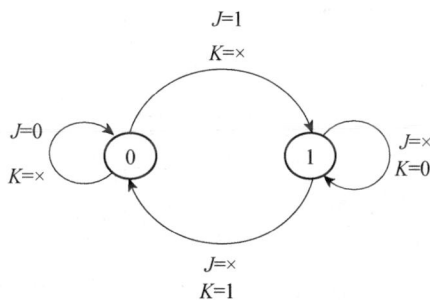

图 3.22　边沿 JK 触发器状态转换图

（4）波形图

边沿 JK 触发器的波形图如图 3.23 所示（设触发器的初态为 0，CP 时钟下降沿有效）。

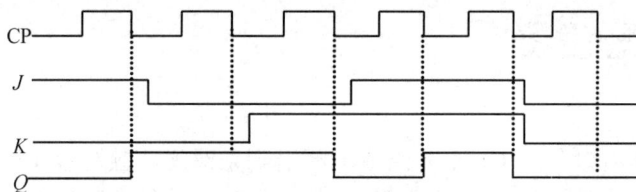

图 3.23　边沿 JK 触发器波形图

3. 集成 JK 触发器 74LS112

74LS112 是集成边沿 JK 触发器，它的内部有两个下降沿有效的 JK 触发器，每个触发器各自有置 0 端、置 1 端、时钟输入端，其逻辑符号和引脚排列图如图 3.24 所示。

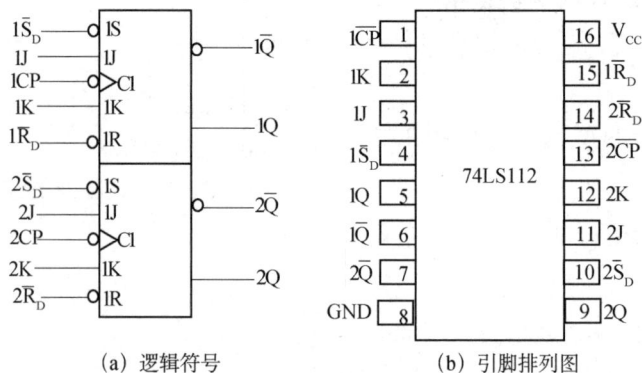

(a) 逻辑符号　　　　　　　　(b) 引脚排列图

图 3.24　74LS112 逻辑符号和引脚排列图

例 3-3　CP 时钟上升沿有效的 JK 触发器，J、K、CP 波形如图 3.25 所示，试画出 Q 端的波形（设触发器的初态为 0）。

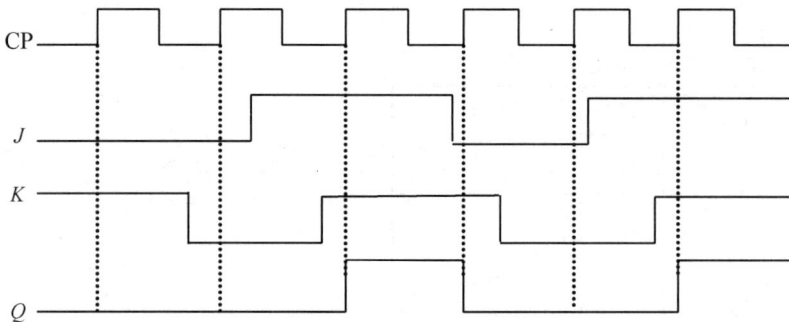

图 3.25　例 3-3 波形图

4. 应用举例

图 3.26 所示为多路公共照明控制电路，$S_0 \sim S_{11}$ 为安装在不同处的按钮开关，用以控制同一个照明灯 L 的点亮和熄灭。当触发器处于 0 状态时，$Q=0$，三极管 VT 截止，继电器 K 的动合接点断开，灯 L 熄灭。当按下按钮开关 S_0 时，触发器由 0 状态翻转到 1 状态，$Q=1$，三极管导通，继电器 K 通电，接点闭合，照明灯 L 点亮。当按下按钮开关 S_1 时，则触发器又翻转到 0 状态，$Q=0$，VT 截止，继电器 K 的接点断开，灯 L 熄灭。

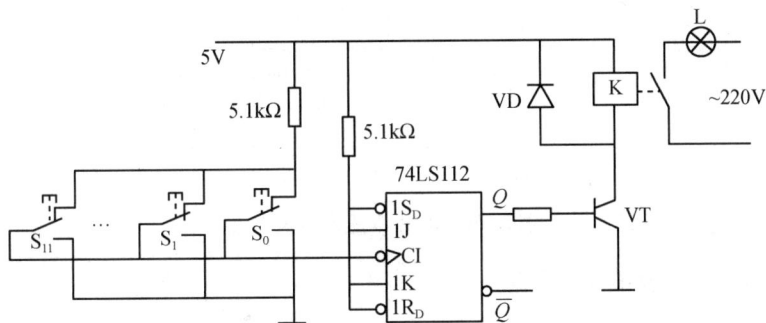

图 3.26　多路公共照明控制电路

3.4.2　边沿 D 触发器

1. 逻辑符号

边沿 D 触发器的逻辑符号如图 3.27 所示。

(a) CP上升沿有效

(b) CP下降沿有效

图 3.27　边沿 D 触发器逻辑符号

2. 逻辑功能描述

（1）真值表

边沿 D 触发器的真值表如表 3.8 所示。

（2）特征方程

根据真值表可得 D 触发器的特征方程：$Q^{n+1} = D$。

（3）状态转换图

边沿 D 触发器的状态转换图如图 3.28 所示。

表 3.8　边沿 D 触发器真值表

D	Q^n	Q^{n+1}	说　明
0	0 1	0 0	置 0
1	0 1	1 1	置 1

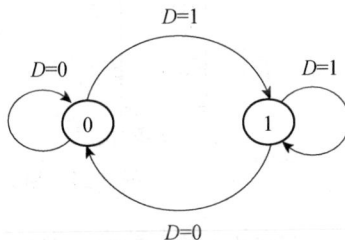

图 3.28　状态转换图

（4）波形图

边沿 D 触发器的波形图如图 3.29 所示（设触发器的初态为 0，CP 时钟上升沿有效）。

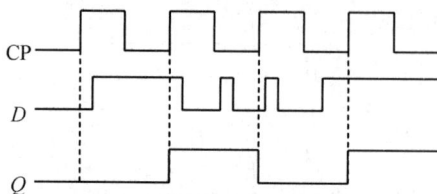

图 3.29　边沿 D 触发器波形图

3. 集成边沿 D 触发器 74LS74

74LS74 内部有两个上升沿有效的 D 触发器，每个触发器有一个输入端 D，置 0 端 $\overline{R}_D$ 和置 1 端 $\overline{S}_D$，置 0 端和置 1 端为低电平有效。其引脚排列图及逻辑符号如图 3.30 所示。

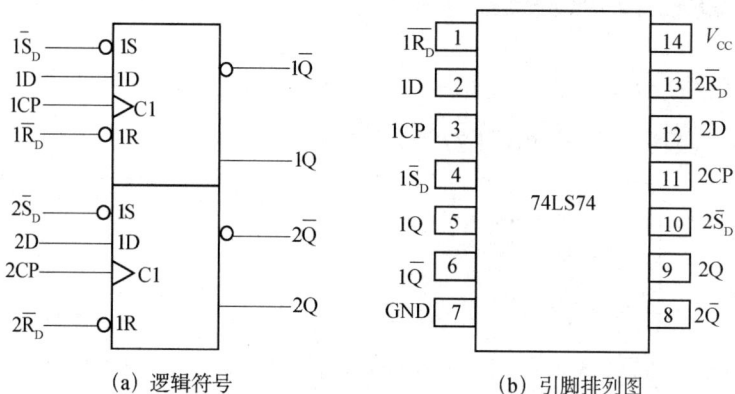

（a）逻辑符号　　　　　　　　　　　（b）引脚排列图

图 3.30　74LS74 触发器逻辑符号和引脚排列图

4. D 触发器的应用

（1）组成分频电路

所谓分频就是降低频率，N 分频器输出信号频率是其输入信号频率的 N 分之一。用 D 触发器可以构成分频电路，其电路及波形如图 3.31 所示。图中 CP 是时钟信号，将 $\overline{Q}$ 接到 D 端。设 D 触发器初始状态为 0。

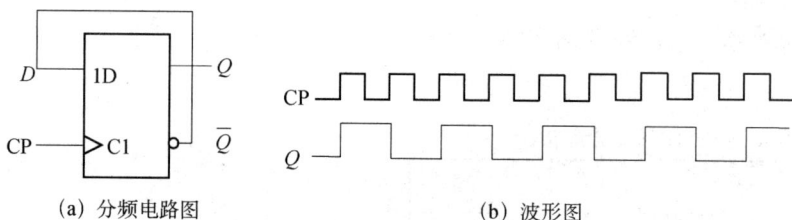

（a）分频电路图　　　　　　　　　　　（b）波形图

图 3.31　用 D 触发器构成的分频电路及其波形图

当第一个时钟 CP 上升沿到来时，D 触发器由 0 翻转到 1，当第二个时钟上升沿到来时，D 触发器由 1 翻转到 0，即每一个时钟周期，触发器都翻转一次；经过两个时钟周期，输出信号才周期变化一次。所以经过由 D 触发器组成的分频电路后，输出脉冲频率减少了 1/2，称为二分频。若在其输出端再串接一个同样的分频电路就能实现 4 分频，同理若接 n 个分频电路就能构成 $1/2^n$ 倍的分频器。

图 3.32 所示为石英手表中的秒脉冲产生电路。石英振荡器输出震荡信号的频率为 32768Hz，经过 15 级二分频后，获得频率为 1Hz 即周期为 1s 的秒脉冲信号。

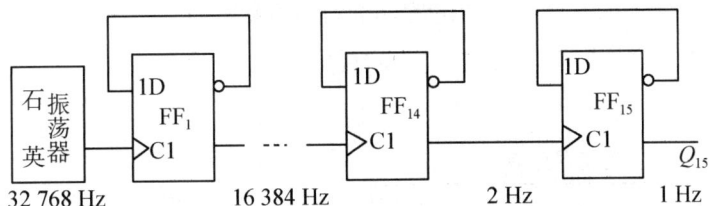

图 3.32　D 触发器构成的秒脉冲信号电路

（2）同步单脉冲产生电路

图 3.33(a)所示为由双上升沿触发的 D 触发器 CC4013（R 和 S 为高电平置 0 和置 1，工作时取 $R=S=0$）组成的同步单脉冲产生电路。当按钮开关 S 按下时，触发器 FF_0 由 0 状态翻转到 1 状态，FF_1 的 $D_1=Q_0=1$，在随后的时钟脉冲 CP 上升沿作用下，FF_1 由 0 翻转到 1 状态，Q_1 由低电平跃到高电平，同时使 FF_0 置 0，使 $D_1=Q_0=0$，在下一个时钟脉冲 CP 上升沿作用下，FF_1 由 1 状态翻转到 0 状态，Q_1 由高电平负跃到低电平。可见每按一次按钮开关 S，FF_1 的 Q_1 端便输出一个正脉冲。工作波形如图 3.33(b)所示。

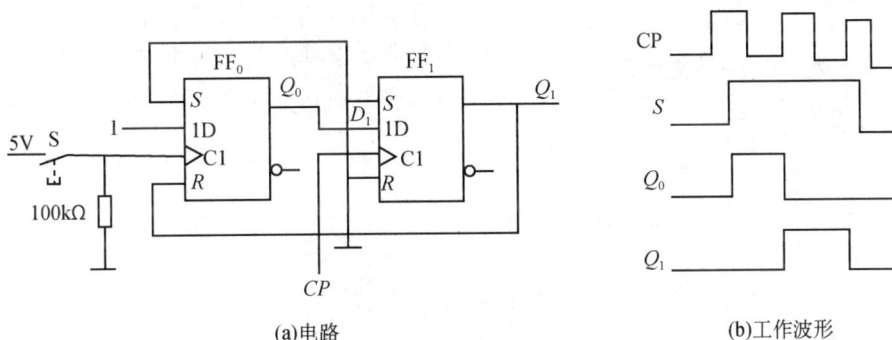

(a)电路　　　　　　　　　　　　(b)工作波形

图 3.33　同步单脉冲产生电路

3.4.3　边沿 T 和 T′ 触发器

1. 边沿 T 触发器

（1）逻辑符号

边沿 T 触发器的逻辑符号如图 3.34 所示。

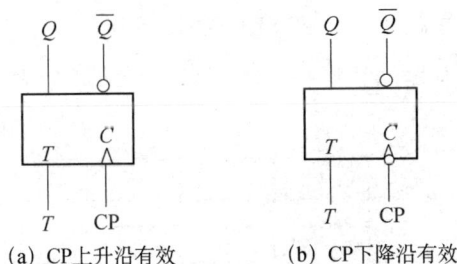

(a) CP上升沿有效　　　　(b) CP下降沿有效

图 3.34　边沿 T 触发器逻辑符号

（2）逻辑功能描述

① 真值表。边沿 T 触发器的真值表如表 3.9 所示。

② 特征方程。根据真值表可得 T 触发器的特征方程：$Q^{n+1} = T\overline{Q^n} + \overline{T}Q^n$。

③ 状态转换图。边沿 T 触发器的状态转换图如图 3.35 所示。

表 3.9　边沿 T 触发器真值表

T	Q^n	Q^{n+1}	说　明
0	0 1	0 1	保持
1	0 1	1 0	取反

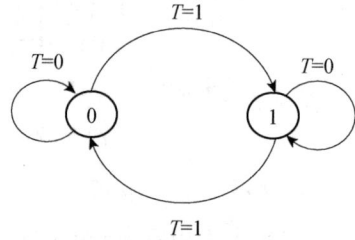

图 3.35　状态转换图

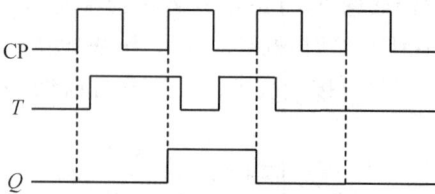

图 3.36　边沿 T 触发器波形图

④ 波形图。边沿 T 触发器的波形图如图 3.36 所示（设触发器的初态为 0，CP 时钟上升沿有效）。

2. 边沿 T′触发器

实际应用中有时需要触发器的输出状态在每个时钟上升沿或下降沿到来时都发生翻转，这种触发器称之为 T′触发器，它能实现计数功能。当 $T=1$ 时，T 触发器成为 T′触发器。

（1）逻辑符号

边沿 T′触发器的逻辑符号如图 3.37 所示。

（2）逻辑功能描述

① 真值表。边沿 T′触发器的真值表如表 3.10 所示。

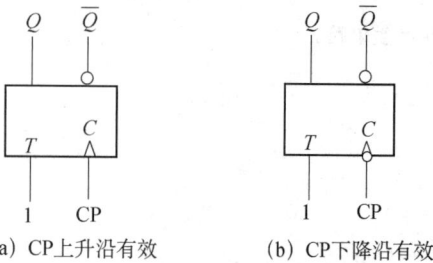

(a) CP上升沿有效　　(b) CP下降沿有效

图 3.37　边沿 T′触发器逻辑符号

表 3.10　边沿 T′ 触发器真值表

T'	Q^n	Q^{n+1}	说　明
1	0 1	1 0	取反

② 特征方程。根据真值表可得 T′触发器的特征方程：$Q^{n+1} = \overline{Q^n}$。

③ 波形图。边沿 T′触发器的波形图如图 3.38 所示（设触发器的初态为 0，CP 时钟上升沿有效）。

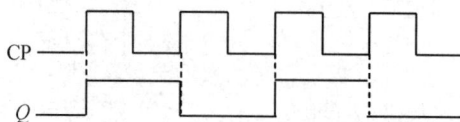

图 3.38　边沿 T′触发器波形图

思考题 3-4

（1）与同步触发器相比，边沿触发器有哪些优点？

（2）简述边沿 JK 触发器 74LS112 的 $\overline{R_{\mathrm{D}}}$ 端和 $\overline{S_{\mathrm{D}}}$ 端的作用。

（3）如石英晶体振荡器的频率为 1MHz 时，需用几级十分频电路才能获得周期为 1S 的信号？

触发器的相互
转换讲解视频

3.5　触发器的相互转换

常用的触发器按逻辑功能分有 5 种：RS 触发器、JK 触发器、D 触发器、T 触发器和 T′ 触发器。实际上没有形成全部集成电路产品，但我们可以通过触发器转换的方法，达到各种触发器相互转换的目的。

1. JK 触发器转换为 D 触发器

JK 触发器的特征方程为：$Q^{n+1} = J\overline{Q^n} + \overline{K}Q^n$

D 触发器的特征方程为：$Q^{n+1} = D = D(\overline{Q^n} + Q^n) = D\overline{Q^n} + DQ^n$

比较得：$J = D$ $K = \overline{D}$，即将 JK 触发器的 J 端接到 D，K 端接到 $\overline{D}$，就可以实现 JK 触发器转变为 D 触发器，电路如图 3.39(a)所示。

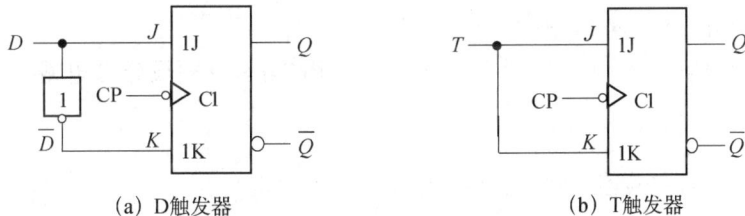

(a) D触发器　　　　　　　(b) T触发器

图 3.39　JK 触发器转换为 D、T 触发器

2. JK 触发器转换为 T 触发器

T 触发器特征方程为：$Q^{n+1} = T\overline{Q^n} + \overline{T}Q^n$；JK 触发器的特征方程：$Q^{n+1} = J\overline{Q^n} + \overline{K}Q^n$，比较得 $J = T$，$K = T$，即把 JK 触发器的 J 和 K 端相连作为 T 输入端，就可实现 JK 触发器转变为 T 触发器，电路如图 3.39(b)所示。

3. JK 触发器转换为 T′触发器

当 $T = 1$ 时，T 触发器成为 T′触发器，所以只要将 JK 触发器的 J 端和 K 端相连接高电平 1，就构成 T′触发器，电路如图 3.40 所示。

4. D 触发器转换为 T 触发器

D 触发器特征方程为：$Q^{n+1} = D$。

T 触发器特征方程为：$Q^{n+1} = T\overline{Q^n} + \overline{T}Q^n$。

比较得 $D = T\overline{Q^n} + \overline{T}Q^n$，电路如图 3.41 所示。

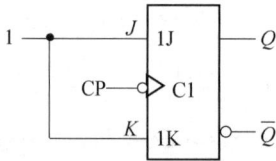

图 3.40 T'触发器

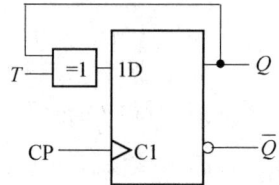

图 3.41 D 触发器转换为 T 触发器

思考题 3-5

为什么触发器之间要相互转换？

训练 3-1 边沿触发器逻辑功能测试及应用

1. 训练要求

（1）测试双 JK 触发器 74LS112 逻辑功能。
（2）测试双 D 触发器 74LS74 逻辑功能，并应用 74LS74 构成分频电路。

2. 测试设备与器件

设备：数字电路实验箱、示波器各 1 台。
器件：74LS74、74LS112 各 1 块。

3. 集成电路外引脚排列图

集成电路外引脚排列图如图 3.42 所示。

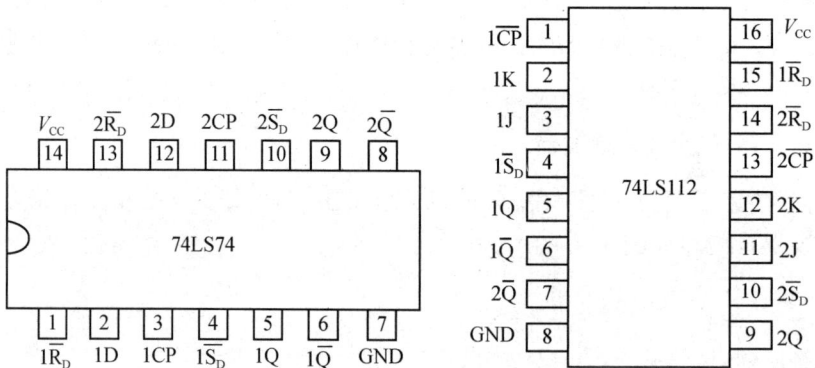

图 3.42 集成电路外引脚排列图

4. 测试内容及步骤

（1）D 触发器逻辑功能测试

将 74LS74 的 $1\overline{S_D}$、$1\overline{R_D}$、1D 端接逻辑电平开关，1Q、$1\overline{Q}$ 端接逻辑电平指示，1CP 端接点脉冲源。

① 测试 $\overline{R_D}$、$\overline{S_D}$ 的复位、置位功能。

将 $\overline{R_D}$ 接低电平，$\overline{S_D}$ 接高电平，D 端和 CP 端任意，观察输出端状态，并记录在表 3.11 中。

将 $\overline{R_D}$ 接高电平，$\overline{S_D}$ 接低电平，D 端和 CP 端任意，观察输出端状态，并记录在表 3.11 中。

表 3.11　逻辑功能测试表

$\overline{S_D}$	$\overline{R_D}$	CP	D	Q^n	Q^{n+1}
0	1	×	×	×	
1	0	×	×	×	

② D 触发器逻辑功能测试。

利用 $\overline{R_D}$、$\overline{S_D}$ 的置 0 和置 1 功能设定触发器初始状态，再将 $\overline{R_D}$、$\overline{S_D}$ 都接高电平，改变 D 端状态，每按一次单次脉冲，观察输出端状态，并记录在表 3.12 中。

表 3.12　逻辑功能测试表

$\overline{S_D}$	$\overline{R_D}$	CP	D	Q^n	Q^{n+1}
1	1	0→1	0	0	
				1	
1	1	1→0	0	0	
				1	
1	1	0→1	1	0	
				1	
1	1	1→0	1	0	
				1	

（2）JK 触发器逻辑功能测试

① 将 $1\overline{S_D}$、$1\overline{R_D}$、1J、1K 端接逻辑电平开关，1CP 端接点脉冲源，1Q、$1\overline{Q}$ 端接逻辑电平显示，16 脚接 V_{CC}，8 脚接 GND，接通电源。

② 将 $1\overline{S_D}$ 接低电平，$1\overline{R_D}$ 接高电平，改变 J、K、CP（分别置高电平或低电平），观察输出 Q 和 $\overline{Q}$ 的变化，将观察结果记入表 3.13 中。

③ 将 $1\overline{S_D}$ 接高电平，$1\overline{R_D}$ 接低电平，改变 J、K、CP（分别置高电平或低电平），观察输出 Q 和 $\overline{Q}$ 的变化，将观察结果记入表 3.13 中。

③ 将 $1\overline{S_D}$ 和 $1\overline{R_D}$ 接高电平，按表 3.13 所示顺序输入信号，观察并记录 Q、$\overline{Q}$ 端状态，并记入表 3.13 中。

表 3.13 逻辑功能测试表

$\overline{S_D}$	$\overline{R_D}$	CP	J	K	Q^n	Q^{n+1} $\overline{Q^{n+1}}$
0	1	×	×	×	×	
1	0	×	×	×	×	
1	1	0→1	0	0	0	
					1	
1	1	1→0	0	0	0	
					1	
1	1	0→1	0	1	0	
					1	
1	1	1→0	0	1	0	
					1	
1	1	0→1	1	0	0	
					1	
1	1	1→0	1	0	0	
					1	
1	1	0→1	1	1	0	
					1	
1	1	1→0	1	1	0	
					1	

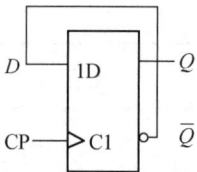

图 3.43 分频电路

（3）应用 74LS74 构成分频电路

① 利用 74LS74 构成二分频电路。

按图 3.43 所示接好分频电路，其中CP端接点脉冲源，并将CP与Q端接示波器，观察其波形并记录。

② 利用 74LS74 构成四分频电路。

画出其电路原理图，观察波形并记录。

思考题 3-6

（1）分析总结双 D 触发器 74LS74 和双 JK 触发器 74LS112 的触发方式和逻辑功能。

（2）请写出二分频电路的特征方程，并简述四分频电路的工作原理。

（3）查找与排除以下故障：触发器输出 Q 和 $\overline{Q}$ 出现相同状态。

训练 3-2 触发器相互转换逻辑功能测试

1. 训练要求

按照测试步骤完成所有测试内容。

2. 测试设备与器件

设备：数字电路实验箱 1 台。

器件：74LS04、74LS86、74LS112 各 1 块。

3. 集成电路外引脚排列图

74LS04、74LS86 集成电路外引脚排列图如图 3.44 所示。

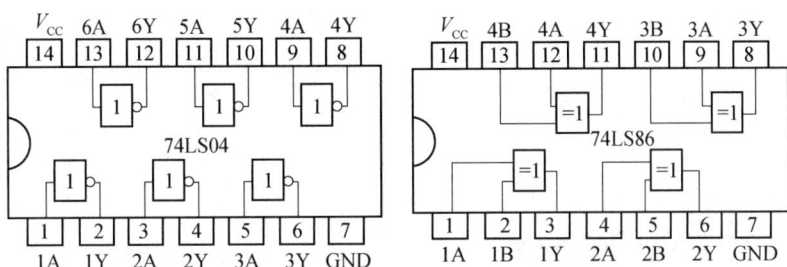

图 3.44　74LS04、74LS86 集成电路外引脚排列图

4. 测试内容及步骤

（1）JK 触发器转换为 D 触发器

① 按图 3.45 所示连接电路，D 端接逻辑电平开关，Q、$\overline{Q}$ 端接逻辑电平指示，CP 端接点脉冲源。

② 按表 3.14 顺序输入信号，观察并记录 Q、$\overline{Q}$ 端状态填入表 3.14 中。

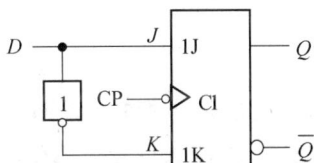

图 3.45　JK 触发器转换为 D 触发器

表 3.14　测试表 1

CP	D	Q^n	Q^{n+1}　$\overline{Q^{n+1}}$
$1\rightarrow0$	0	0	
		1	
$1\rightarrow0$	1	0	
		1	

（2）JK 触发器转换为 T 触发器

① 按图 3.46 所示连接电路，T 端接逻辑电平开关，Q、$\overline{Q}$ 端接逻辑电平指示，CP 端接点脉冲源。

③ 按表 3.15 顺序输入信号，观察并记录 Q、$\overline{Q}$ 端状态填入表 3.15 中。

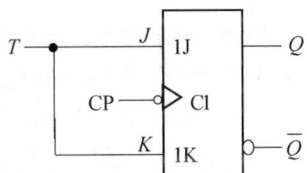

图 3.46　JK 触发器转换为 T 触发器

表 3.15　测试表 2

CP	T	Q^n	Q^{n+1}　$\overline{Q^{n+1}}$
$0\rightarrow1$	0	0	
		1	
$0\rightarrow1$	1	0	
		1	

（3）D 触发器转换为 T 触发器

① 按图 3.47 所示连接电路，T 端接逻辑电平开关，Q、$\overline{Q}$ 端接逻辑电平指示，CP 端接点脉冲源。

② 按表 3.16 顺序输入信号，观察并记录 Q、$\overline{Q}$ 端状态填入表 3.16 中。

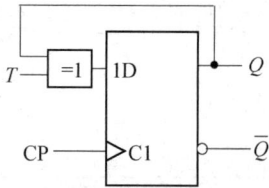

图 3.47 D 触发器转换为 T 触发器

表 3.16 测试表 3

CP	T	Q^n	Q^{n+1} $\overline{Q^{n+1}}$
$1\to0$	0	0	
		1	
$1\to0$	1	0	
		1	

思考题 3-7

（1）查找与排除以下故障：触发器异步置 0 或异步置 1 不起作用。

（2）如何用 4 个边沿 D 触发器和门电路组成一个 4 人竞赛抢答器，画出电路图。

训练 3-3　由触发器构成的抢答器电路仿真

1. 训练要求

（1）按图 3.1 创建一个可容纳四组参赛者的竞赛抢答器。

（2）仿真当主持人按下清零开关时，指示灯熄灭，可开始抢答。在主持人清零、发出抢答指令后，如果某组参赛者在第一时间按动抢答开关抢答成功，其输入信号被锁存，与其对应的发光二极管（指示灯）被点亮，而紧随其后的其他开关再被按下，对应的发光二极管不会点亮。

（3）完成仿真测试报告。

2. 实训设备

安装有 Multisim 软件的计算机。

3. 电路仿真

（1）创建仿真电路

① 双 JK 触发器 74LS112 的选取。

在 Multisim14 软件的基础界面上，单击元器件工具栏中"Place Component"按钮，弹出元器件选择对话框，选择"Group"栏中的"TTL"、"Family"栏中的"74LS"系列，如图 3.48 所示。

在"Component"列表中选"74LS112N"，单击"OK"按钮，则在电路编辑区中弹出选定器件（74LS112N）部件条。单击"NEW-A"，则触发器跟随光标移动，将器件放在电路编辑区中合适的位置，得到触发器 U1A。器件部件条再次弹出，单击"U1-B"，放置触发器 U1B。同样方法继续放置触发器 U2A、U2B，在器件跟随光标移动时右击，可取消放置器件。

② 其他器件的选取。

电源 VCC：Place Source→POWER_SOURCES→V_REF4。

接地：Place Source→POWER_SOURCES→GROUND_REF3。

门电路：Place TTL→74LS→74LS20N、74LS04N。

电阻：Place Basic→RESISTOR，选择 510Ω、5.1kΩ。

发光二极管：Place Diodes→LED→LED_red。

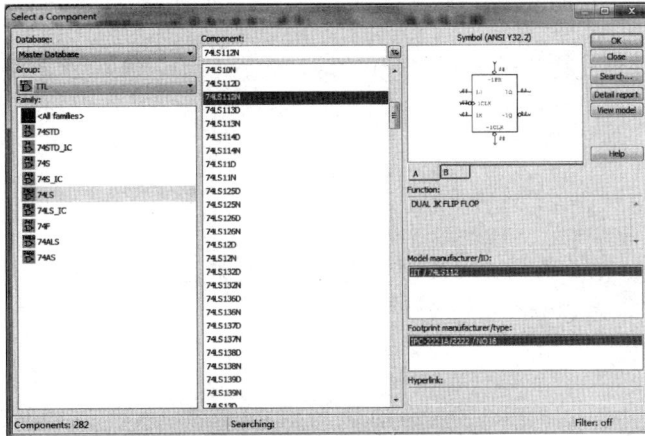

图 3.48　74LS112 的选取

开关：Place Electeo_mechanical→SUPPLEMENTARY_SWITCHES→SPDT_SB（或 Place Basic→SWTTCH→SPDT）。

③ 电路连接。将各个元器件放置好（可适当旋转）以后进行连接，就构成了简易的四路抢答器电路，如图 3.49 所示。

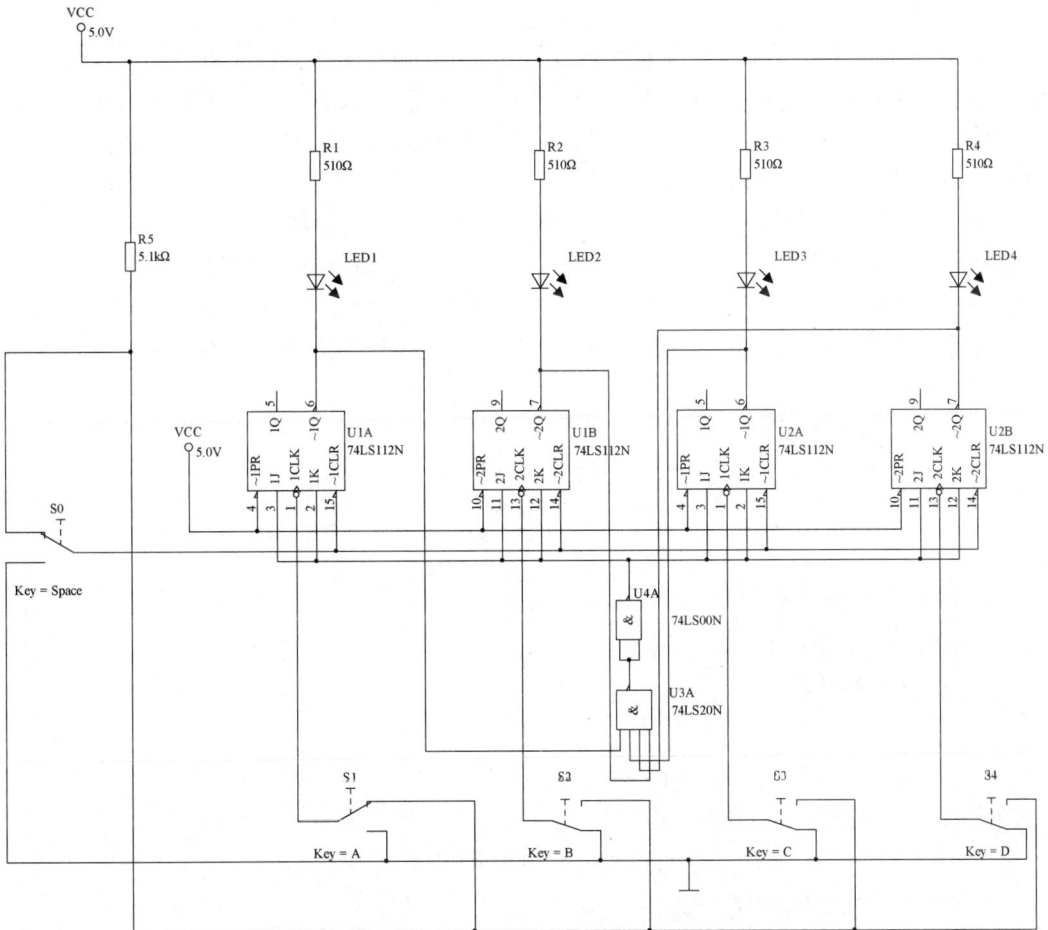

图 3.49　由 74LS112 构成的四路抢答器仿真电路

（2）仿真测试

① 打开仿真开关，先将主持人开关 S0 接地，观察 LED1～LED4 的变化，将观察到的现象记录下来。

② 接着将开关 S0 接高电平，抢答器准备就绪，然后将开关 S1～S4 任意一个按下接地，再单击其他各个开关，将观察到的现象记录下来。

项目总结

1. 触发器是时序逻辑电路的基本逻辑单元。它有 3 个基本特点：①有两个稳定状态，所以触发器又称为双稳态电路；②在外信号作用下，两个稳定状态可相互转换；③外信号消失后，已转换的状态可长期保存。由于触发器具有记忆和翻转功能，因此，常用来保存二进制信息和组成计数器等时序逻辑电路。

2. 根据逻辑功能的不同，触发器可分为 RS 触发器、D 触发器、JK 触发器、T 触发器和 T′触发器等，根据触发方式的不同，触发器可分为时钟触发器和非时钟触发器，时钟触发器的触发方式分为两种：电平触发和边沿触发，边沿触发器在各种数字电路中被普遍应用。

3. 对一个触发器逻辑功能的分析，通常通过真值表、特征方程、状态转换图和工作波形等几种形式来分析。

4. 基本 RS 触发器是由两个与非门（也可为或非门）输入和输出交叉耦合组成的正反馈电路，它的输出状态由输入信号控制。其特征方程为：

$$Q^{n+1} = S + \overline{R}Q^n$$
$$\overline{R} + \overline{S} = 1 \text{（约束条件）}$$

5. 同步触发器是在基本 RS 触发器的基础上增加了两个输入控制门组成的，触发器的状态由输入信号决定，翻转时刻由时钟脉冲的电平控制。它们的特征方程为：

（1）同步 RS 触发器

$$Q^{n+1} = S + \overline{R}Q^n \text{（CP=1 期间有效）}$$
$$RS = 0 \text{（约束条件）}$$

（2）同步 D 触发器

$$Q^{n+1} = D \text{（CP=1 期间有效）}$$

（1）同步 JK 触发器

$$Q^{n+1} = J\overline{Q^n} + \overline{K}Q^n \text{（CP=1 期间有效）}$$

由于同步触发器存在空翻现象，它不能用做计数器、移位寄存器等，但常用做数据锁存器。

6. 边沿触发器主要有边沿 D 触发器、边沿 JK 触发器、边沿 T 触发器和边沿 T′触发器，它们输出状态的改变只发生在时钟脉冲上升沿或下降沿到达时刻，而在其他时间时钟脉冲均不起作用，因此具有很强的抗干扰能力。它们的特征方程为：

（1）边沿 D 触发器

$$Q^{n+1}=D$$

（2）边沿 JK 触发器

$$Q^{n+1} = J\overline{Q^n} + \overline{K}Q^n$$

（3）边沿 T 触发器

$$Q^{n+1} = T\overline{Q^n} + \overline{T}Q^n$$

（4）边沿 T′触发器

$$Q^{n+1} = \overline{Q^n}$$

T 和 T′触发器通常由边沿 D 触发器或边沿 JK 触发器组成。集成边沿 D 触发器通常用 CP 上升沿触发，而集成边沿 JK 触发器通常用 CP 下降沿触发。

练习题

一、填空题

3-1　触发器具有_____稳定状态，可存储二进制信息_____和_____。

3-2　触发器有两个互补的输出端 Q、$\overline{Q}$，定义 $Q=1$、$\overline{Q}=0$ 为触发器的_____状态，$Q=0$、$\overline{Q}=1$ 为触发器的_____状态，$Q=\overline{Q}=1$ 或 $Q=\overline{Q}=0$ 是一种_____状态。

3-3　基本 RS 触发器有_____、_____和_____三种可使用的功能。它的约束条件是 $\overline{R}+\overline{S}=1$，则它不允许输入 $\overline{R}=$_____且 $\overline{S}=$_____的信号。

3-4　JK 触发器具有_____、_____、_____和_____四种功能。欲使 JK 触发器实现 $Q^{n+1}=\overline{Q^n}$ 的功能，则输入端 J 接_____，K 接_____。

3-5　通常把一个 CP 脉冲引起触发器的两次以上的翻转现象称为_____，触发方式为_____式或_____式的触发器不会出现这种现象。

3-6　上升沿触发的 D 触发器具有_____和_____功能，其特征方程为_____。如将输入 D 和输出 $\overline{Q}$ 相连后，则 D 触发器处于_____状态。

3-7　把 JK 触发器_____就构成了 T 触发器，T 触发器具有的逻辑功能是_____和_____。

3-8　将_____触发器的输入恒为"1"就构成 T′触发器，这种触发器仅具有_____功能。

二、选择题

3-9 同步 RS 触发器当 $R=S=0$ 时，$Q^{n+1}=$ _____。

A. 0　　　　　　　　B. 1　　　　　　　　C. Q^n　　　　　　　　D. Q

3-10 触发器由门电路构成，但它不同于门电路功能，主要特点是_____。

A. 具有翻转功能　　B. 具有保持功能　　C. 具有记忆功能

3-11 同步 RS 触发器是_____。

A. 电平触发的触发器　　　　　　　　B. 上升沿触发的触发器

C. 下降沿触发的触发器　　　　　　　D. 主从触发器

3-12 在基本 RS 触发器的基础上，增加两个控制门和一个控制信号，便可构成_____。

A. D 触发器　　　　　　　　　　　　B. 同步 RS 触发器

C. 主从 RS 触发器　　　　　　　　　D. JK 触发器

3-13 在触发器中，时钟脉冲作为_____。

A. 抗干扰信号　　　B. 控制信号　　　C. 输入信号　　　D. 置数信号

3-14 如图 3.50 所示，逻辑电路输出 Q 的状态为_____。

A. 1 状态　　　　　　　　　　　　　B. 0 状态

C. 计数状态　　　　　　　　　　　　D. 保持状态

3-15 仅具有置"0"和置"1"功能的触发器是_____。

A. 基本 RS 触发器　　　　　　　　　B. 同步 RS 触发器

C. D 触发器　　　　　　　　　　　　D. JK 触发器

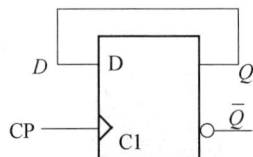

图 3.50　题 3-14 图

3-16 TTL 集成触发器直接置 0 端（$\bar{R}_D$）和直接置 1 端（$\bar{S}_D$）在触发器正常工作时应_____。

A. $\bar{R}_D=1$、$\bar{S}_D=0$　　　　　　B. $\bar{R}_D=0$、$\bar{S}_D=1$

C. 保持高电平"1"　　　　　　　　　D. 保持低电平"0"

3-17 为实现将 JK 触发器转换为 D 触发器，应使_____。

A. $J=D$、$K=\overline{D}$　　　　　　　　B. $J=\overline{D}$、$K=D$

C. $J=K=D$　　　　　　　　　　　　D. $J=K=\overline{D}$

3-18 存储 8 位二进制信息要_____个触发器。

A. 2　　　　　　　B. 3　　　　　　　C. 4　　　　　　　D. 8

3-19 下降沿触发的边沿 JK 触发器 74LS112 的 $\bar{R}_D=1$、$\bar{S}_D=1$，且 $J=1$、$K=1$ 时，如时钟脉冲 CP 输入频率为 110kHz 的方波，则 Q 端输出脉冲的频率为_____。

A. 110kHz　　　　　B. 55kHz　　　　　C. 50kHz　　　　　D. 220kHz

3-20 要将上升沿触发的边沿 D 触发器 74LS74 输出 Q 置为低电平 0 时，输入为_____。

A. $D=0$、$\bar{R}_D=1$、$\bar{S}_D=1$，输入 CP 下降沿

B. $D=1$、$\bar{R}_D=1$、$\bar{S}_D=1$，输入 CP 上升沿

C. $D=0$、$\bar{R}_D=1$、$\bar{S}_D=0$，输入 CP 上升沿

D. $D=1$、$\bar{R}_D=0$、$\bar{S}_D=1$，输入 CP 上升沿

三、判断题

3-21 D 触发器的特征方程为 $Q^{n+1}=D$，与 Q^n 无关，所以它没有记忆功能。（　　　）

3-22 RS 触发器的约束条件 $RS=0$ 表示不允许出现 $R=S=1$ 的输入。(　　)

3-23 同步触发器存在空翻现象，而边沿触发器和主从触发器克服了空翻。(　　)

3-24 边沿 JK 触发器和同步 JK 触发器的逻辑功能完全相同。(　　)

3-25 由两个 TTL 或非门构成的基本 RS 触发器，当 $R=S=0$ 时，触发器的状态为不定。(　　)

3-26 边沿 JK 触发器在 CP 为高电平期间，当 $J=K=1$ 时，状态会翻转一次。(　　)

3-27 同步 JK 触发器在时钟脉冲 CP=1 期间，J、K 输入信号发生变化时，对输出 Q 的状态不会有影响。(　　)

3-28 同步 D 触发器在时钟脉冲 CP=0 期间，输出 Q 的状态将随输入 D 的变化而变化。(　　)

3-29 仅具有保持和翻转功能的触发器是 RS 触发器。(　　)

3-30 一个触发器具有两个互补的输出端 Q 和 $\bar{Q}$，可保存两位二进制数。(　　)

四、分析题

3-31 由与非门构成的基本 RS 触发器的输入波形如图 3.51 所示，试画出 Q 端的波形（设触发器的初态为 0 态）。

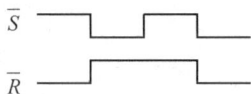

3-32 同步 RS 触发器的输入波形如图 3.52 所示，试画出 Q 端的波形（设触发器的初态为 0 态）。

图 3.51 题 3-31 图

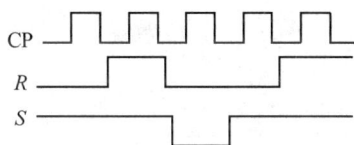

图 3.52 题 3-32 图

3-33 同步 D 触发器的输入电压波形如图 3.53 所示，试画出 Q 端的波形（设触发器的初态为 0 态）。

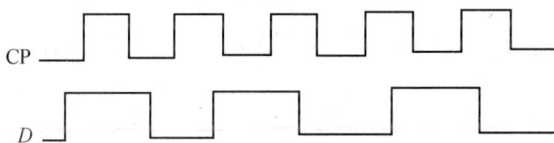

图 3.53 题 3-33 图

3-34 D 触发器电路如图 3.54（a）所示，输入波形如图 3.54（b）所示，画出 Q 端的波形（设触发器的初态为 0 态）。

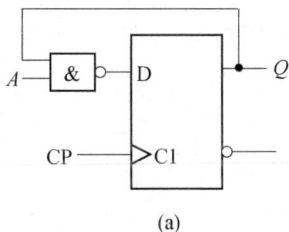

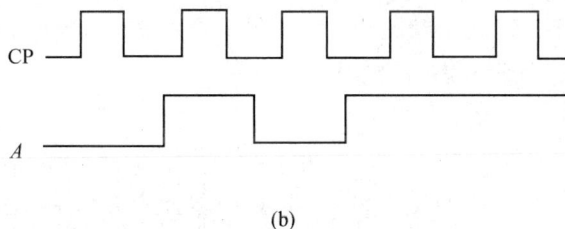

(a)

(b)

图 3.54 题 3-34 图

3-35 如图 3.55 所示边沿 D 触发器，CP、D、$\bar{S}_\text{D}$、$\bar{R}_\text{D}$ 的波形如图 3.56 所示，试画出 Q 端的波形（设触发器的初态为 1 态）。

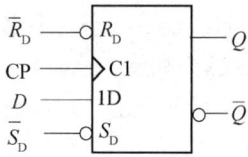

图 3.55　题 3-35 图

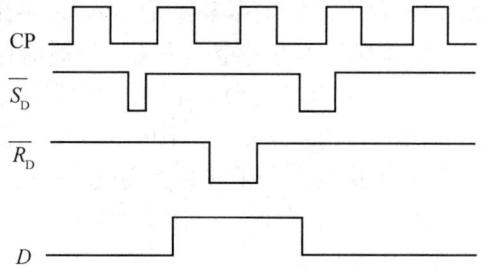

图 3.56　题 3-35 波形图

3-36　如图 3.57 所示 J、K 触发器及 CP、J、K 波形，画出 Q 端的波形（设触发器的初态为 0 态）。

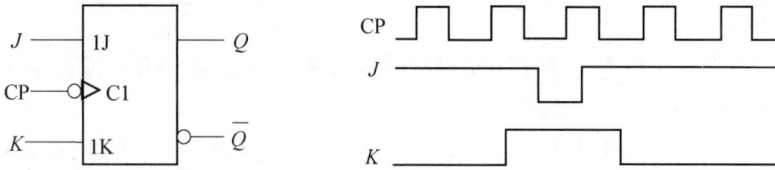

图 3.57　题 3-36 图

3-37　如图 3.58 所示触发器，当加入 CP 脉冲后，试画出各输出端 Q 端的波形（设各触发器的初态为 0 态）。

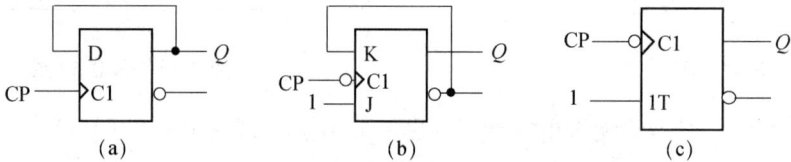

(a)　　　　　　　　　(b)　　　　　　　　　(c)

图 3.58　题 3-37 图

3-38　T 触发器输入 CP、T 的波形如图 3.59 所示，试画出 Q 端的波形（设触发器的初态为 0 态）。

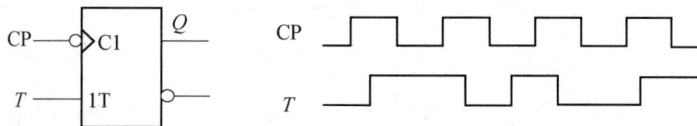

图 3.59　题 3-38 图

3-39　边沿触发器电路如图 3.60 所示，试根据 CP 波形画出 Q_1 和 Q_2 的波形（设各触发器的初态均为 0 态）。

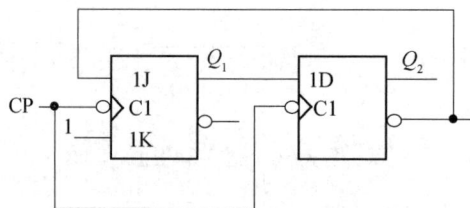

图 3.60　题 3-39 图

3-40   试写出图 3.61 所示各触发器的特征方程，并注明使用时钟条件。

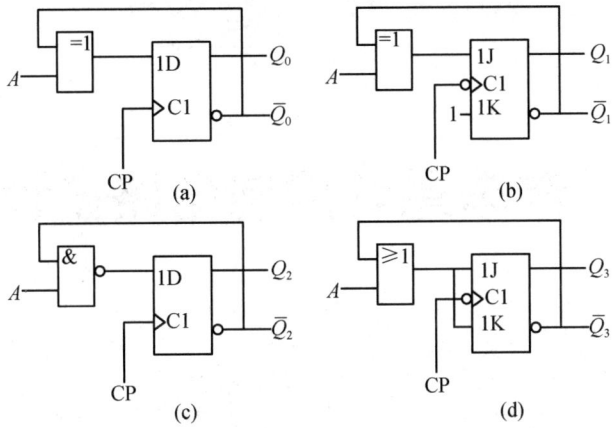

图 3.61   题 3-40 图

项目4 汽车尾灯控制电路设计与制作

项目综述

计数器是记录输入脉冲个数的部件，它由基本的计数单元和一些控制门所组成，计数单元则由一系列具有存储信息功能的各类触发器构成，如 RS 触发器、T 触发器、D 触发器及 JK 触发器等。计数器在数字系统中应用广泛，如在电子计算机的控制器中对指令地址进行计数，以便顺序取出下一条指令等。本项目介绍计数器、寄存器的分类及其功能，计数器和寄存器的应用，完成汽车尾灯控制电路的制作与仿真。

工作任务

汽车尾灯控制电路的制作

1. 工作任务单

（1）认识汽车尾灯控制电路，明确其工作原理。

（2）画出布线图。

（3）完成汽车尾灯控制电路所需元器件的购买和检测。

（4）根据布线图制作汽车尾灯控制电路。

（5）完成汽车尾灯控制电路功能检测和故障排除。

（6）编写项目实训报告。

2. 电路制作

汽车尾灯控制电路如图 4.1 所示。

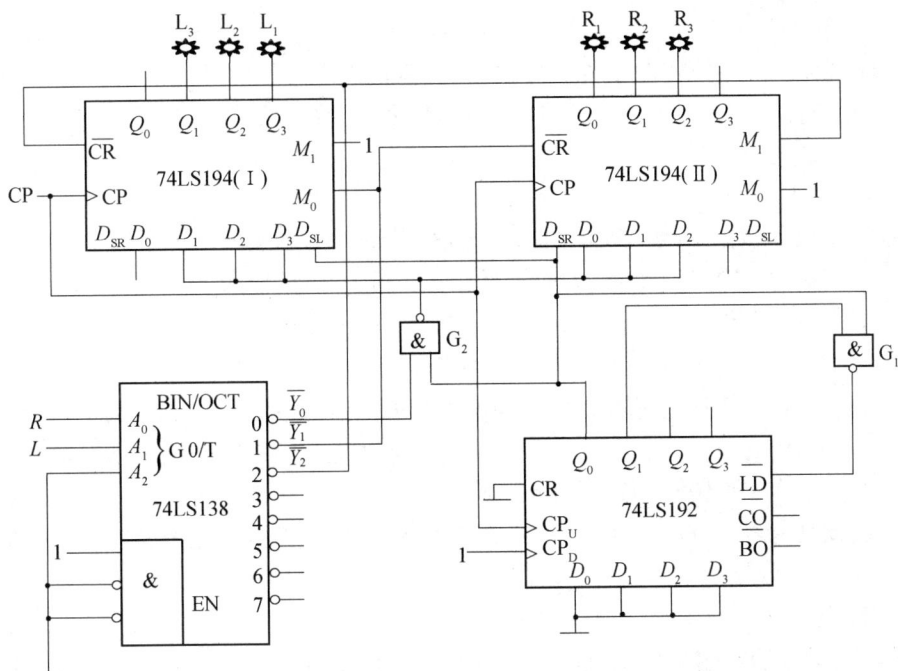

图 4.1　汽车尾灯控制电路

（1）实训目的

① 熟悉汽车尾灯控制电路的工作原理。

② 掌握汽车尾灯控制电路的制作方法。

③ 掌握中规模集成电路的逻辑功能，并能正确使用。

（2）实训设备和元器件

实训设备：直流稳压电源、万用表等。

实训元器件：如表 4.1 所示。

表 4.1　元器件明细表

序　号	名　　称	规格和型号	数　量
1	计数器	74LS192	1
2	移位寄存器	74LS194	2
3	3 线-8 线译码器	74LS138	1
4	四 2 输入与非门	74LS00	1
5	发光二极管		6
6	导线		若干

（3）实训电路与说明

① 电路组成。实训电路如图 4.1 所示，该电路由计数器 74LS192、移位寄存器 74LS194、3 线-8 线译码器 74LS138 等组成。

② 电路工作原理。

汽车在夜间正常行驶时，车后 6 个尾灯全部点亮；夜间左转弯时，左边 3 个灯依次从右向左循环闪动，右边 3 个灯熄灭；夜间右转弯时，右边 3 个灯依次从左向右循环闪动，左边 3 个灯熄灭；当夜间车辆停车时，6 个灯一明一暗同时闪动。

- 计数器 74LS192 的工作过程。图 4.1 所示是采用预置数法构成的模 3 计数器。每来 3 个 CP 脉冲，Q_1、Q_0 输出一个 1，使 $\overline{LD}$ 为 0，Q_1、Q_0 又从 00 开始计数。Q_0 同时为移位寄存器 74LS194 的串行输入。

- 汽车正常行驶时。$L=0$，$R=0$，由 74LS138 构成的数据选择器输出 $\overline{Y_0}=0$，$\overline{Y_1}=\overline{Y_2}=1$，两个移位寄存器 74LS194 的 $M_1M_0=11$，进行置数，由于 G_2 输出为 1，所以取用的并行数据输入端均为 1，即 74LS194（Ⅰ）的 $Q_1Q_2Q_3=111$，74LS194（Ⅱ）的 $Q_0Q_1Q_2=111$，故 6 个尾灯全亮。

- 汽车左转弯时。$L=0$，$R=1$，这时 74LS138 的输出 $\overline{Y_1}=0$，$\overline{Y_0}=\overline{Y_2}=1$，移位寄存器 74LS194（Ⅱ）的异步清零端 $\overline{CR}=0$，$Q_0Q_1Q_2=000$，右灯 R_1、R_2 和 R_3 全部熄灭，而 74LS194（Ⅰ）的 $M_1M_0=10$，将进行左移操作，其左移串行输入端 D_{SL} 的数码来自计数器 74LS192 的 Q_1 端的"001001001…"序列信号。故 $Q_3Q_2Q_1$ 的变化规律为：100→010→001→100→…（假设初始状态为 100），所以汽车左转时其尾灯亮灯将这样变化：L_1→L_2→L_3→L_1→…。

- 汽车右转弯时。$L=1$，$R=0$，这时 74LS138 的输出 $\overline{Y_2}=0$，$\overline{Y_0}=\overline{Y_1}=1$，移位寄存器 74LS194（Ⅰ）的异步清零端 $\overline{CR}=0$，$Q_1Q_2Q_3=000$，左灯 L_1、L_2 和 L_3 全部熄灭，而 74LS194（Ⅱ）的 $M_1M_0=01$，将进行右移操作，其右移串行输入端 D_{SR} 的数码来自计数器 74LS192 的 Q_1 端的"001001001…"序列信号。故 $Q_0Q_1Q_2$ 的变化规律为：100→010→001→100→…（假设初始状态为 100），所以汽车右转时其尾灯亮灯将这样变化：R_1→R_2→R_3→R_1→…。

- 汽车暂停时。$L=1$，$R=1$，这时 74LS138 的输出 $\overline{Y_0}=\overline{Y_1}=\overline{Y_2}=1$，两个移位寄存器的 $M_1M_0=11$，置数操作，其并行数据输入端 74LS194（Ⅰ）的 D_1、D_2、D_3 和 74LS194（Ⅱ）的 D_0、D_1、D_2 的数值完全由 74LS192 的 Q_0 来确定。当 $Q_0=0$ 时，这 6 个输入全为 1，在时钟 CP 作用下，6 个尾灯同时点亮；而当 $Q_0=1$ 时，6 个并行输入端全为 0，在时钟 CP 作用下，6 个车灯同时熄灭。由于 Q_0 波形随 CP 以两个连续 0 和一个 1 交替变化，所以，6 个尾灯随 CP 以两个周期亮，一个周期暗的方式闪烁。

（4）实训电路的安装与功能验证

① 安装步骤。

第 1 步：检测与查阅元器件。用万用表等设备检测元器件。通过查阅集成电路手册，标出电路图中各集成电路输入、输出的引脚编号。

第 2 步：根据图 4.1 所示的汽车尾灯控制电路原理图，画出安装布线图。

第 3 步：根据安装布线图完成电路的安装。

② 功能验证方法。

接通电源，当 $L=0$，$R=0$ 时，观察车后 6 个尾灯是否全部点亮；当 $L=0$，$R=1$ 时，观察左边 3 个灯是否依次从右向左循环闪动，而右边 3 个灯是否熄灭；当 $L=1$，$R=0$ 时，观察右边 3 个灯是否依次从左向右循环闪动，左边 3 个灯是否熄灭；当 $L=1$，$R=1$ 时，观察 6 个灯是否一明一暗同时闪动。

（5）完成电路的详细分析及编写项目实训报告

整理相关资料，完成电路的详细分析及编写项目实训报告。

（6）实训考核（见表 4.2）

表 4.2　实训考核表

项　目	内　容	配　分	得　分
工作态度	1. 工作的主动性、积极性 2. 操作的安全性、规范性 3. 遵守纪律情况	20 分	
电路安装	1. 安装图的绘制情况 2. 电路图的搭接情况	40 分	
功能测试	1. 电路功能验证 2. 设计表格，正确记录测试结果	30 分	
5S 规范	整理工作台，离场	10 分	
合计		100 分	

知识链接

4.1　概述

1. 时序逻辑电路的组成

时序逻辑电路又称时序电路，它主要由存储电路和组合逻辑电路两部分组成，如图 4.2 所示。与组合逻辑电路不同，时序逻辑电路在任何时刻的输出状态不仅取决于当时的输入信号，而且还取决于电路原来的状态。时序逻辑电路的状态是由存储电路（由触发器组成）来记忆和表示的。因此，在时序逻辑电路中，触发器是必不可少的，而组合逻辑电路在有些时序逻辑电路中则可以没有。没有触发器的电路不是时序逻辑电路。

时序逻辑电路的现态和次态是由组成该时序逻辑电路的触发器的现态和次态来表示的，其时序波形也是根据各个触发器的状态变化情况来描绘的。

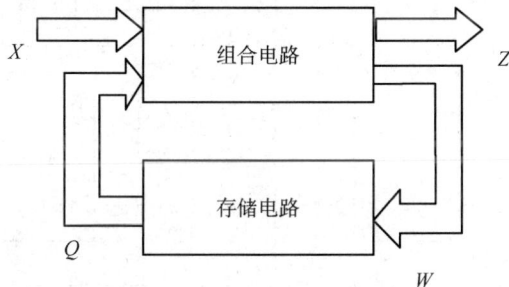

图 4.2　时序逻辑电路

2. 时序逻辑电路的分类

按触发脉冲输入方式的不同，时序逻辑电路分为同步时序逻辑电路和异步时序逻辑电路两大类。在同步时序逻辑电路中，所有触发器的时钟脉冲输入端 CP 都连在一起，在同一个时钟脉冲 CP 的作用下凡具有翻转条件的触发器在同一时刻翻转，也就是说触发器状态的更新和时钟脉冲 CP 是同步的。而在异步时序逻辑电路中，时钟脉冲 CP 只触发部分触发器，其余触发器则是由电路内部信号触发的。因此，凡具有翻转条件的触发器状态的翻转有先有后，并不都与时钟脉冲 CP 同步。

思考题 4-1

（1）时序逻辑电路有什么特点？它和组合逻辑电路的区别是什么？
（2）什么是同步时序逻辑电路？什么是异步时序逻辑电路？它们各有哪些优缺点？

4.2　同步时序逻辑电路的分析方法

同步时序逻辑电路的分析方法讲解视频

分析时序逻辑电路就是找出该电路的逻辑功能，即找出电路的输出和它的状态在输入信号和时钟信号作用下的变化规律。分析的步骤如下：

（1）写出逻辑图中每个触发器的驱动方程（输入方程）。驱动方程就是各触发器输入端的逻辑表达。如 JK 触发器 J 和 K 的逻辑表达式，D 触发器 D 的逻辑表达式等。

（2）将驱动方程代入相应触发器的特征方程，得出每个触发器的状态方程。

（3）根据逻辑图写出电路的输出方程（并非所有电路都有输出方程）。即时序逻辑电路的输出逻辑表达式，它通常为现态和输入信号的函数。

（4）根据电路的状态方程、输出方程列出状态表。

（5）根据状态表，画出状态转换图。

（6）根据状态转换图判断电路的逻辑功能。

例 4-1　分析图 4.3 所示的时序电路逻辑功能。

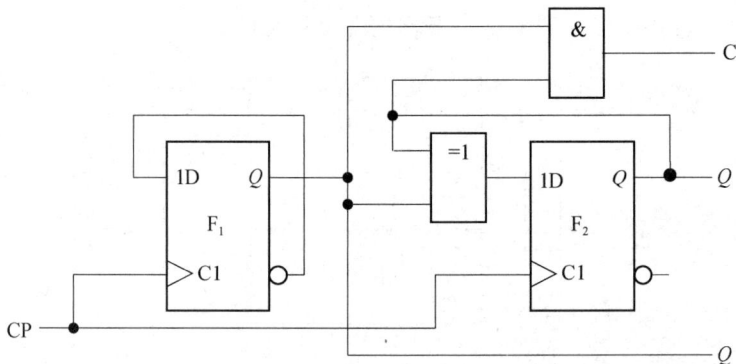

图 4.3　例 4.1 图

解：

（1）写出各个触发器的驱动方程（输入方程）

$$D_1=\overline{Q_1^n}\qquad D_2=Q_1^n\oplus Q_2^n$$

（2）根据驱动方程及 D 触发器特征方程，得出各触发器的状态方程

$$Q_1^{n+1}=D_1=\overline{Q_1^n}\qquad Q_2^{n+1}=D_2=Q_1^n\oplus Q_2^n$$

（3）写出输出方程

$$C=Q_1^nQ_2^n$$

（4）列出状态表（见表 4.3）

表 4.3　状态表

Q_2^n	Q_1^n	Q_2^{n+1}	Q_1^{n+1}	C
0	0	0	1	0
0	1	1	0	0
1	0	1	1	0
1	1	0	0	1

（5）画出状态转换图（见图 4.4）

（6）根据状态转换图，总结逻辑功能

从状态转换图可以看出：该同步时序电路是同步四进制加法计数器。

思考题 4-2

分析同步时序逻辑电路有哪些步骤？分析同步时序逻辑电路时需要注意什么？

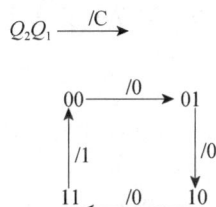

图 4.4　状态转换图

4.3　计数器及其应用

在数字系统中，经常需要计算脉冲的个数，用以统计输入计数脉冲 CP 个数的电路称为计数器，它主要由触发器组成。在计数功能的基础上，计数器还可以实现计时、定时、分频和自动控制等功能，是应用十分广泛的电路。

4.3.1　计数器类型

计数器的种类繁多，它们都是由具有记忆功能的触发器作为基本计数单元，根据各触发器连接方式不同，构成各种类型不同的计数器。

1. 按计数器中触发器翻转是否同步分

同步计数器：计数脉冲同时加到所有触发器的时钟信号输入端，使应翻转的触发器同时翻转的计数器，称为同步计数器。

异步计数器：计数脉冲只加到部分触发器的时钟脉冲输入端，而其他触发器的触发信号则由电路内部提供，应翻转的触发器状态更新有先后的计数器，称为异步计数器。它的计数速度比同步计数器慢得多。

2. 按计数进制分

二进制计数器：按二进制数运算规律进行计数的电路称为二进制计数器，即满足 $N=2^n$ 的计数器。

十进制计数器：按十进制数运算规律进行计数的电路称为十进制计数器。

任意进制计数器：二进制计数器和十进制计数器之外的其他进制计数器统称为任意进制计数器，如六进制计数器、五十进制计数器等。

3. 按计数增减分

加法计数器：对输入计数脉冲进行递增计数的计数器称为加法计数器。

减法计数器：对输入计数脉冲进行递减计数的计数器称为减法计数器。

可逆计数器：若在控制信号的作用下，既可以进行加法计数又可以进行减法计数的计数器，称为可逆计数器。

4. 按计数集成度分

小规模集成计数器：由若干个集成触发器和门电路经外部连接而成的计数器为小规模集成计数器。

中规模集成计数器：将整个计数器集成在一块硅片上，具有完善的计数功能，并能扩展使用的计数器为中规模集成计数器。

4.3.2　二进制计数器

二进制计数器讲解视频

二进制计数器就是按二进制计数进位规律进行计数的计数器。由 n 个触发器组成的二进制计数器称为 n 位二进制计数器，它可以累计 $2^n =M$ 个有效状态。M 称为计数器的模或计数容量。计算器的模实际上为计数电路的有效状态数。若 $n=1$、2、3、4、…，则计数器的模 $M=2$、4、8、16、…，相应的计数器称为 1 位二进制计数器、2 位二进制计数器、3 位二进制计数器、4 位二进制计数器、…

1. 工作原理

以 3 位二进制加法计数器为例，计数器清零后，输出状态从 000 开始，即 $Q_2 Q_1 Q_0 =000$；第 1 个脉冲出现时，$Q_2 Q_1 Q_0 =001$；第 2 个脉冲出现时，$Q_2 Q_1 Q_0 =010$；…；第 8 个脉冲出现时，$Q_2 Q_1 Q_0 =111$，完成计数过程。二进制加法计数器波形图如图 4.5 所示，其状态转换图如图 4.6 所示。二进制减法计数器波形图如图 4.7 所示，其状态转换图如图 4.8 所示。

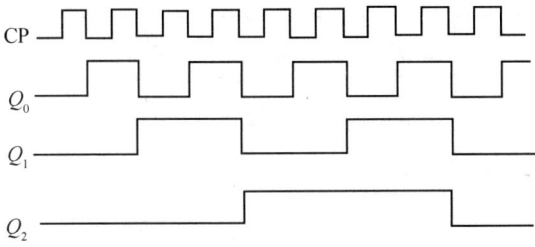

图 4.5　二进制加法计数器波形图

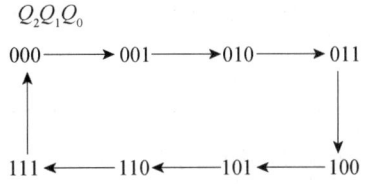

图 4.6　二进制加法计数器状态转换图

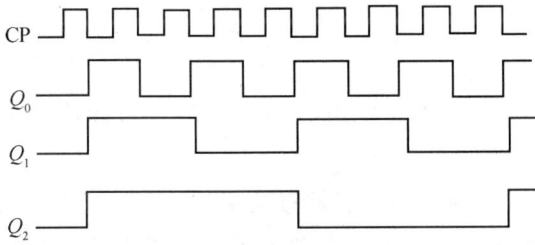

图 4.7　二进制减法计数器波形图

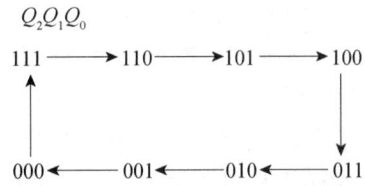

图 4.8　二进制减法计数器状态转换图

2. 集成二进制计数器

集成二进制计数器芯片有许多品种。74LS161 是 4 位二进制同步计数器，具有计数、保持、预置、清零功能。其引脚排列如图 4.9 所示，逻辑符号如图 4.10 所示，逻辑功能如表 4.4 所示。

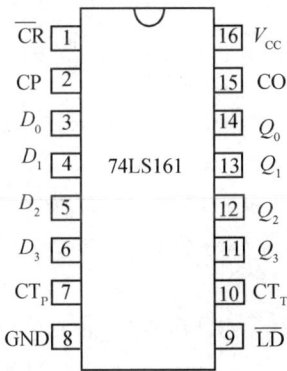

图 4.9　引脚排列图

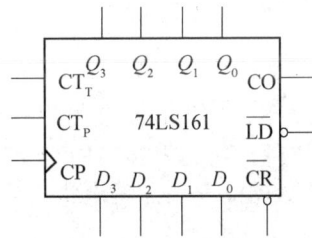

图 4.10　逻辑符号

表 4.4　74LS161 逻辑功能表

CP	$\overline{CR}$	$\overline{LD}$	CT_T	CT_P	Q_3^{n+1}	Q_2^{n+1}	Q_1^{n+1}	Q_0^{n+1}
×	0	×	×	×	0	0	0	0
↑	1	0	×	×	D_3	D_2	D_1	D_0
×	1	1	0	×	Q_3	Q_2	Q_1	Q_0

续表

CP	$\overline{CR}$	$\overline{LD}$	CT_T	CT_P	Q_3^{n+1}	Q_2^{n+1}	Q_1^{n+1}	Q_0^{n+1}
×	1	1	×	0	Q_3	Q_2	Q_1	Q_0
↑	1	1	1	1	加法计数			

（1）74LS161 的引脚

$D_3 \sim D_0$：并行数据输入端；$Q_3 \sim Q_0$：计数输出端；CT_T、CT_P：计数控制端；CP：时钟输入端，上升沿有效；CO：进位输出端，高电平有效；$\overline{CR}$：异步清零端，低电平有效；$\overline{LD}$：同步预置数端，低电平有效。

（2）74LS161 的功能

① 异步清零：低电平有效，为异步方式清零。即当清零控制端 $\overline{CR}$=0 时，输出端全为零，与 CP 无关。

② 同步预置数：低电平有效。即在 $\overline{CR}$=1 的前提下，当预置数端 $\overline{LD}$=0 时，在输入端 $D_3D_2D_1D_0$ 预置某个数据，则在 CP 脉冲上升沿的作用下，将 $D_3D_2D_1D_0$ 端的数据置入到输出端 $Q_3\,Q_2\,Q_1\,Q_0$。

③ 保持：当 $\overline{CR}$=1、$\overline{LD}$=1 时，只要 CT_P 和 CT_T 中有一个为低电平，就使计数器处于保持状态。在保持状态下，CP 不起作用。

④ 计数：当 $\overline{CR}$=1、$\overline{LD}$=1、$CT_P=CT_T=1$ 时，电路为 4 位二进制加法计数器。在 CP 脉冲的作用下，电路按自然二进制数递加，即由 0000→0001→…→1111。当计到 1111 时，进位输出端 CO=1。

4.3.3　十进制计数器

十进制计数器讲解视频

1. 工作原理

用二进制数码表示十进制的方法，称为二-十进制编码，简称 BCD 码。8421BCD 码是最常用也是最简单的一种十进制编码。常用的集成十进制计数器多数按 8421BCD 编码。

十进制加法计数器清零后，输出状态从 0000 开始，即 $Q_3\,Q_2\,Q_1\,Q_0$=0000；第 1 个脉冲出现时，$Q_3\,Q_2\,Q_1\,Q_0$=0001；第 2 个脉冲出现时，$Q_3\,Q_2\,Q_1\,Q_0$=0010；…；第 8 个脉冲出现时，$Q_3\,Q_2\,Q_1\,Q_0$=1000；第 9 个脉冲出现时，$Q_3\,Q_2\,Q_1\,Q_0$=1001；第 10 个脉冲出现时，$Q_3\,Q_2\,Q_1\,Q_0$=0000，完成计数过程。状态转换如图 4.11 所示。

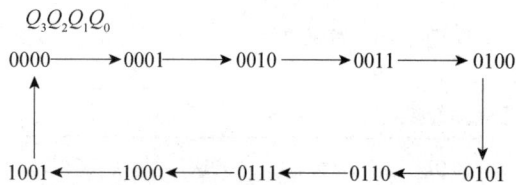

$Q_3Q_2Q_1Q_0$

0000 → 0001 → 0010 → 0011 → 0100
↑　　　　　　　　　　　　　　　　↓
1001 ← 1000 ← 0111 ← 0110 ← 0101

图 4.11　十进制加法计数器状态转换图

2. 集成十进制计数器

集成十进制计数器应用较多，以下介绍两种比较常用的计数器。

（1）集成同步十进制加法计数器 CD4518

CD4518 内含两个功能完全相同的同步十进制加法计数器，每一个计数器均有两个时钟输入端 CP 和 EN，若用时钟上升沿触发，则信号由 CP 端输入，同时将 EN 端设置为高电平；若用时钟下降沿触发，则信号由 EN 端输入，同时将 CP 端设置为低电平。CD4518 的 CR 为清零信号输入端，当在该端加高电平或正脉冲时，计数器各输出端均为零电平。CD4518 的引脚排列如图 4.12 所示，逻辑功能如表 4.5 所示。

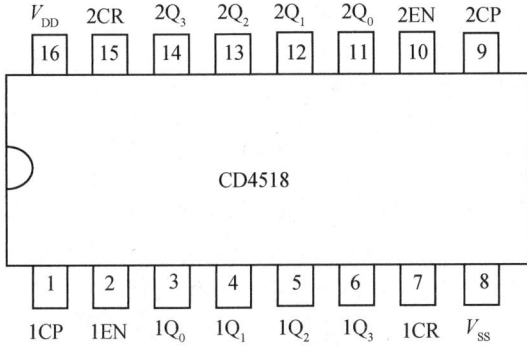

图 4.12　CD4518 引脚排列图

表 4.5　CD4518 逻辑功能表

输 入			输 出
CR	CP	EN	
1	×	×	全部为 0
0	↑	1	加法计数
0	0	↓	加法计数
0	↓	×	保持
0	×	↑	
0	↑	0	
0	1	↓	

（2）集成异步计数器 74LS390

74LS390 为双二-五-十进制异步计数器，在一片 74LS390 集成芯片中封装了两个二-五-十进制异步计数器。CLR 为异步清零端，高电平有效；CP_0、CP_1 为时钟输入端，下降沿有效。其中 CP_0 为二进制计数器时钟输入端，CP_1 为五进制计数器时钟输入端；Q_0、Q_1、Q_2、Q_3 为计数器输出端，其中 Q_0 为二进制计数器的输出端，Q_3、Q_2、Q_1 为五进制计数器的输出端。如需实现十进制计数器功能，应将外部时钟接 CP_0，Q_0 与 CP_1 相连或将外部时钟接 CP_1，Q_3 与 CP_0 相连，这两种连接方式均可构成十进制计数器，但其编码结果不同，前者为 8421BCD 码，后者为 5421BCD 码。74LS390 逻辑功能如表 4.6 所示，引脚排列图如图 4.13 所示，逻辑符号如图 4.14 所示。

表 4.6　74LS390 逻辑功能表

输 入			输 出				功能
CLR	CP_0	CP_1	Q_3	Q_2	Q_1	Q_0	
1	×	×	0	0	0	0	异步清零
0	↓	×	—	—	—	0-1	二进制计数
0	×	↓	000～100			—	五进制计数
0	↓	Q_0	0000～1001				十进制计数器（8421 码）
0	Q_3	↓	0000～1100				十进制计数器（5421 码）

（3）集成异步十进制计数器 74LS290

74LS290 是由一个二进制计数器和一个五进制计数器组合而成的，另外还有异步清零端和异步置数端。其引脚排列如图 4.15 所示。其中，CP_0、CP_1 分别为二进制计数器和五进制计数器的时钟输入端，下降沿有效，$S_{9(1)}$、$S_{9(2)}$ 称为置"9"端，$R_{0(1)}$、$R_{0(2)}$ 称为置"0"端，Q_D、Q_C、Q_B、Q_A 为输出端，NC 表示空脚。

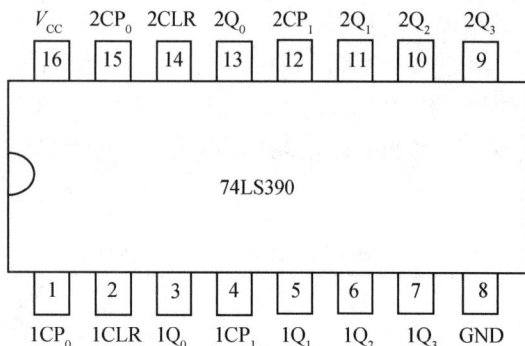

图 4.13　74LS390 引脚排列图

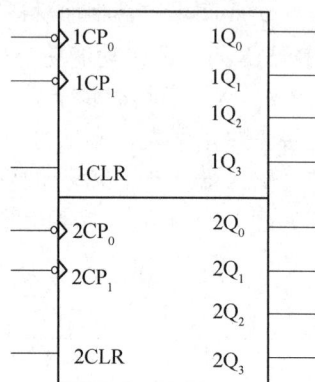

图 4.14　逻辑符号

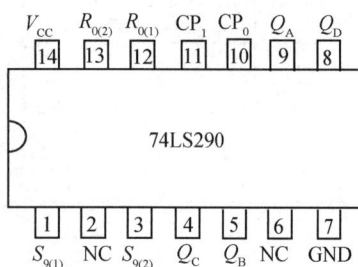

图 4.15　74LS290 引脚排列图

74LS290 逻辑功能如表 4.7 所示。其功能介绍如下。

① 置 "9" 功能：当 $S_{9(1)}$＝$S_{9(2)}$＝1 时，不论其他输入端状态如何，计数器输出 $Q_D Q_C Q_B Q_A$＝1001，而（1001）$_2$＝（9）$_{10}$，故又称为异步置数功能。

② 置 "0" 功能：当 $S_{9(1)}$ 和 $S_{9(2)}$ 不全为 1 时，即 $S_{9(1)} \cdot S_{9(2)}$＝0，并且 $R_{0(1)}$＝$R_{0(2)}$＝1 时，不论其他输入端状态如何，计数器输出 $Q_D Q_C Q_B Q_A$＝0000，故又称为异步清零功能或复位功能。

③ 计数功能：当 $S_{9(1)}$ 和 $S_{9(2)}$ 不全为 1，并且 $R_{0(1)}$ 和 $R_{0(2)}$ 不全为 1，输入计数脉冲 CP 时，计数器开始计数。

表 4.7　74LS290 逻辑功能表

$S_{9(1)}$	$S_{9(2)}$	$R_{0(1)}$	$R_{0(2)}$	CP_0	CP_1	Q_D	Q_C	Q_B	Q_A
1	1	×	×	×	×	1	0	0	1
0	×	1	1	×	×	0	0	0	0
×	0	1	1	×	×	0	0	0	0
$S_{9(1)} \cdot S_{9(2)}$＝0 $R_{0(1)} \cdot R_{0(2)}$＝0				CP↓	0	二进制			
				0	CP↓	五进制			
				CP↓	Q_A	8421 十进制			
				Q_D	CP↓	5421 十进制			

4.3.4　任意进制计数器

任意进制计数器
讲解视频

在集成计数器产品中，只有二进制计数器和十进制计数器两大系列，但在实际应用中，常要用其他进制计数器，例如，七进制计数器、十二进制计数器、二十四进制计数器、六十进制计数器等。一般将二进制和十进制以外的进制统称为任意进制。要实现任意进制计数器，必须选择使用一些集成二进制或十进制计数器的芯片。

1. 用 74LS161 构成任意进制计数器

设已有中规模集成计数器的模为 M，而需要得到一个 N 进制计数器。通常有小容量法（$N<M$）和大容量法（$N>M$）两种。利用 MSI 计数器芯片的外部不同方式的连接或片间组合，可以很方便地构成 N 进制计数器。

（1）$N<M$ 的情况

采用直接清零法、预置数法、进位输出置最小数法来实现所需的任意进制计数器。实现 N 进制计数，所选用的集成计数器的模必须大于 N。

① 直接清零法。

直接清零法是利用芯片的复位端 $\overline{CR}$ 和与非门，将 N 所对应的输出二进制代码中等于"1"的输出端，通过与非门反馈到集成芯片的复位端 $\overline{CR}$，使输出回零。

例如，用 74LS161 芯片构成十进制计数器，令 $\overline{LD}$ =CT$_P$=CT$_T$= "1"，因为 N=10，其对应的二进制代码为 1010，将输出端 Q_3 和 Q_1 通过与非门接至 74LS161 的复位端 $\overline{CR}$ 端，电路如图 4.16 所示，实现 N 值反馈清零法。

当 $\overline{CR}$ = "0" 时，计数器输出端 Q_3 Q_2 Q_1 Q_0 复位清零。因 $\overline{CR}$ = $\overline{Q_3 Q_1}$，故 $\overline{CR}$ 由 "0" 变为 "1"，计数器开始对输入 CP 脉冲进行加法计数。当第 10 个 CP 脉冲输入时，Q_3 Q_2 Q_1 Q_0 =1010，与非门的输入 Q_3 和 Q_1 同时为 1，则与非门的输出为 "0"，即 $\overline{CR}$ = "0"，使计数器复位清零，与非门的输出又变为 "1"，即 $\overline{CR}$ = "1" 时，计数器又开始重新计数。

按照此方法，可用 74LS161 方便地构成任何十六进制以内的计数器。

因为这种构成任意进制计数器的方法简单易行，所以应用广泛，但是它存在两个问题：一是存在过渡状态，在图 4.16 所示的十进制计数器中输出 1010 就是过渡状态，其出现时间很短暂；二是可靠性问题，因为信号在通过门电路或触发器时会有时间延迟，使计数器不能可靠清零。

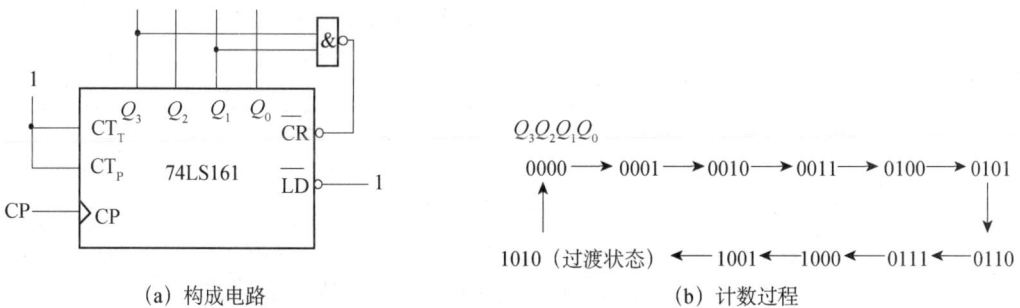

(a) 构成电路   (b) 计数过程

图 4.16　直接清零法构成十进制计数器

② 预置数法。

预置数法是利用芯片的预置控制端 $\overline{LD}$ 和预置输入端 $D_3 D_2 D_1 D_0$ 来构成任意进制计数器的方法。因 74LS161 芯片的 $\overline{LD}$ 是同步预置数端，所以只能采用 $N-1$ 值反馈法，其计数过程中不会出现过渡状态。

例如，图 4.17(a)所示的七进制计数器，先令 $\overline{CR}$ =CT$_P$=CT$_T$= "1"，再令预置输入端 $D_3 D_2 D_1 D_0$=0000（即预置数为 "0"），以此为初态进行计数，从 "0" 到 "6" 共有 7 种状态，"6"对应的二进制代码为 0110，将输出端 Q_2、Q_1 通过与非门接至 74LS161 的预置控制端 $\overline{LD}$，

电路如图 4.17(a)所示。若 $\overline{LD}$ =0，当 CP 脉冲上升沿到来时，计数器输出状态进行同步预置，使 $Q_3\,Q_2\,Q_1\,Q_0$ =$D_3D_2D_1D_0$=0000，随即 $\overline{LD}=\overline{Q_2Q_1}$ =1，计数器又开始随外部输入的 CP 脉冲重新计数，计数过程如图 4.17(b)所示。

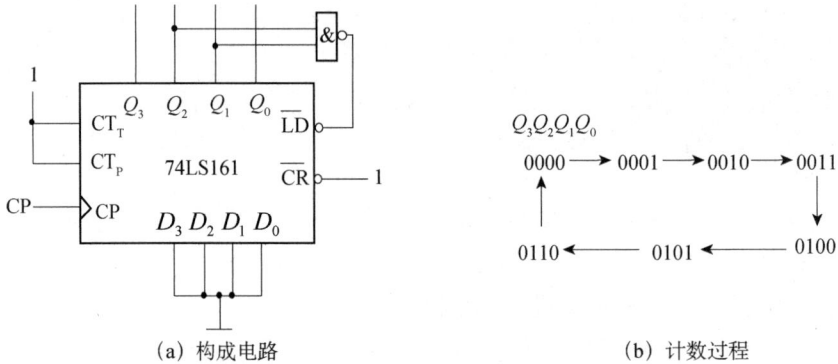

(a) 构成电路　　　　　　　　　　(b) 计数过程

图 4.17　预置数法构成七进制计数器

③ 进位输出置最小数法。

进位输出置最小数法是利用芯片的预置控制端 $\overline{LD}$ 和进位输出端 CO，将 CO 端输出经非门送到 $\overline{LD}$ 端，令预置输入端 $D_3D_2D_1D_0$ 输入最小数 M' 对应的二进制数，最小数 $M'=2^4-N$。

例如，九进制计数器 N=9，对应的最小数 $M'=2^4-9=7$，$(7)_{10}=(0111)_2$，相应的预置输入端 $D_3D_2D_1D_0$=0111，并且令 $\overline{CR}$ =CT_P=CT_T= "1"，电路如图 4.18(a)所示，对应状态转换图如图 4.18(b)所示，从 0111～1111 共 9 个有效状态，其计数过程中不会出现过渡状态。

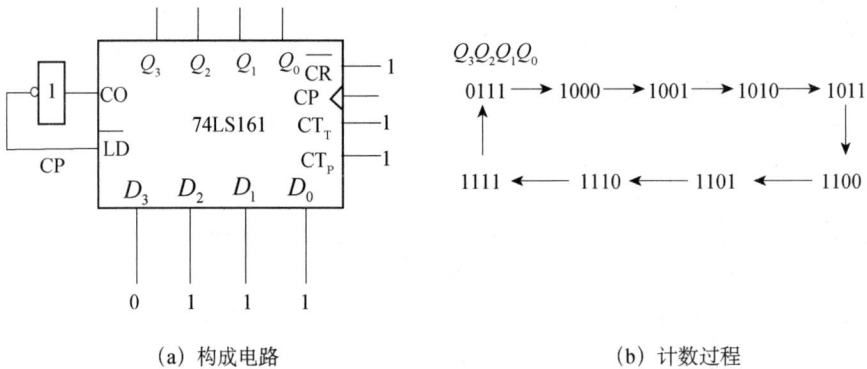

(a) 构成电路　　　　　　　　　　(b) 计数过程

图 4.18　进位输出置最小数法构成九进制计数器（同步预置）

（2）N>M 的情况

这时必须用多片 M 进制计数器组合起来，才能构成 N 进制计数器。具体方法如下：先决定哪块芯片为高位，哪块芯片为低位，将低位芯片的进位输出端 CO 端与高位芯片的计数控制端 CT_P 或 CT_T 直接连接，外部计数脉冲同时从每片芯片的 CP 端输入，再根据要求选取上述三种实现任意进制的方法之一，完成对应电路。

例如，用 74LS161 芯片构成二十四进制计数器，因 N=24（大于十六进制），故需要两片 74LS161。每块芯片的计数时钟输入端 CP 端均接同一个 CP 信号，利用芯片的计数控制端 CT_P、CT_T 和进位输出端 CO，采用直接清零法实现二十四进制计数，即将低位芯片的 CO 与

高位芯片的 CT_P 相连，将 $24 \div 16 = 1 \cdots\cdots 8$，把商作为高位输出，余数作为低位输出，对应产生的清零信号同时送到每块芯片的复位端 $\overline{CR}$，从而完成二十四进制计数。对应电路如图 4.19 所示。

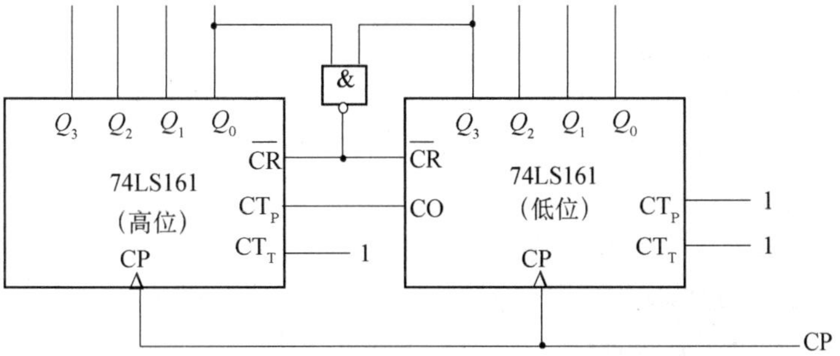

图 4.19　用 74LS161 芯片构成二十四进制计数器

2. 用 74LS290 构成任意进制计数器

（1）构成十进制以内任意进制计数器

二进制计数器：CP 由 CP_0 端输入，Q_A 端输出，如图 4.20(a) 所示。

五进制计数器：CP 由 CP_1 端输入，$Q_D Q_C Q_B$ 端输出，如图 4.20(b) 所示。

十进制计数器（8421 码）：Q_A 和 CP_1 相连，以 CP_0 为计数脉冲输入端，$Q_D Q_C Q_B Q_A$ 端输出，如图 4.20(c) 所示。

十进制计数器（5421 码）：Q_D 和 CP_0 相连，以 CP_1 为计数脉冲输入端，$Q_D Q_C Q_B Q_A$ 端输出，如图 4.20(d) 所示。

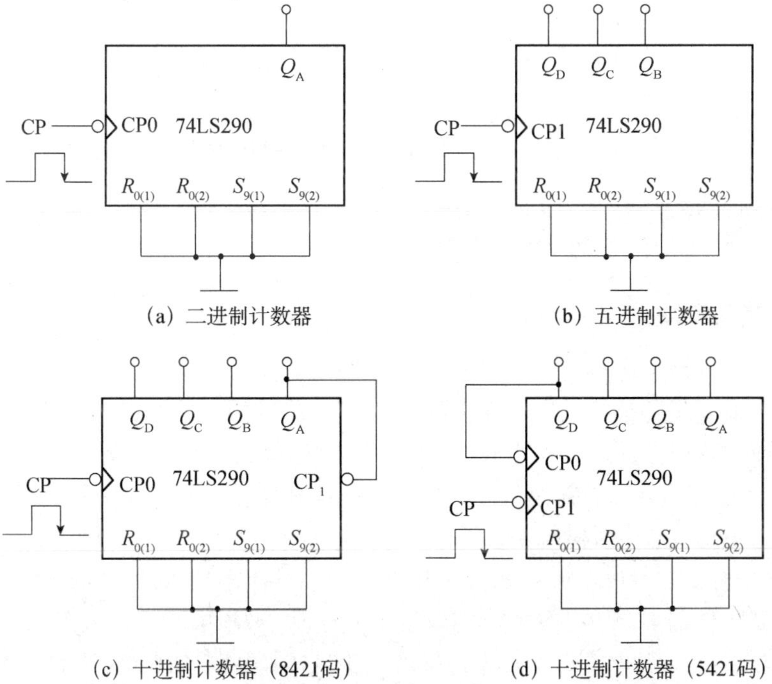

（a）二进制计数器　　　　　　　　（b）五进制计数器

（c）十进制计数器（8421码）　　　　（d）十进制计数器（5421码）

图 4.20　74LS290 构成二进制、五进制和十进制计数器

利用一片 74LS290 集成计数器芯片，可构成从二进制到十进制之间任意进制的计数器。74LS290 构成二进制、五进制和十进制计数器如图 4.20 所示。若构成十进制以内其他进制，可以采用直接清零法构成六进制计数器，电路如图 4.21 所示。其余进制计数器请读者自行分析。

直接清零法是利用芯片的置 "0" 端和与门，将 N 值所对应的二进制代码中等于 "1" 的输出反馈到置 "0" 端 $R_{0(1)}$ 和 $R_{0(2)}$ 来实现 N 进制计数的，其计数过程中会出现过渡状态。

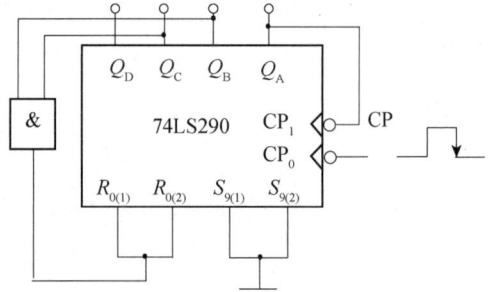

图 4.21　直接清零法 74LS290 构成的六进制计数器电路

（2）构成多位任意进制计数器

构成计数器的进制数与需要使用芯片的片数要相适应。例如，用 74LS290 芯片构成二十四进制计数器，$N=24$，需要两块 74LS290 都连接成 8421 码十进制计数器，再决定哪块芯片计高位（十位）$(2)_{10}=(0010)_{8421}$，哪块芯片计低位（个位）$(4)_{10}=(0100)_{8421}$，将低位芯片的输出端 Q_D 和高位芯片输入端 CP_0 相连，采用直接清零法实现二十四进制计数。需要注意的是其中与门的输出要同时送到每块芯片的置 "0" 端 $R_{0(1)}$、$R_{0(2)}$，实现电路如图 4.22 所示。

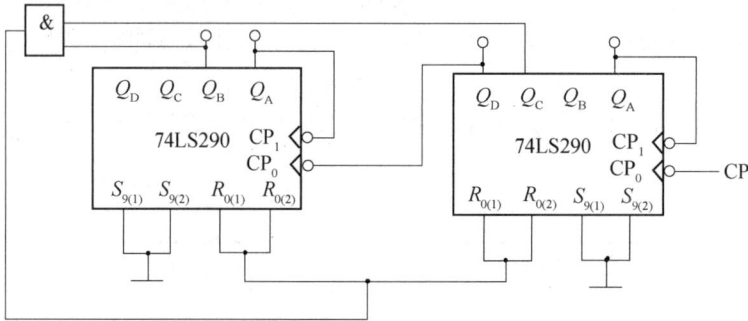

图 4.22　8421 BCD 码二十四进制计数器

4.3.5　集成计数器应用举例

1. 序列信号发生器

能产生特定串行数字序列信号的逻辑电路称为序列信号发生器。在数字电路中，序列信号发生器常用于控制某些设备按照一定的顺序进行运算或操作。构成序列信号发生器的常用方法，一是用计数器和数据选择器组成，二是用数据选择器和移位寄存器组成。

图 4.23 所示是由同步二进制加法计数器 74LS161 和数据选择器 74LS151 构成的循环序列信号发生器。二进制加法计数器 74LS161 的输出端 $Q_2Q_1Q_0$ 构成八进制加法计数器，输出 3 位循环二进制代码 $000\sim111$，接到 8 选 1 数据选择器 74LS151 的地址端 $A_2A_1A_0$，作为地址控制信号，8 位序列信号从 74LS151 的数据输入端 $D_0\sim D_7$ 输入。图 4.23 中，在时钟脉冲信号 CP 的作用下，电路的信号输出端 Y 将产生 00110101 顺序排列、周期循环的串行序列信号。

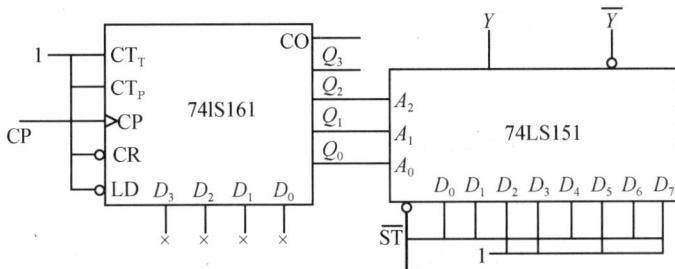

图 4.23　由 74LS161 和 74LS151 构成的循环序列信号发生器

2.顺序脉冲发生器

顺序脉冲是指在每个循环周期内，在时间上按一定先后顺序排列的脉冲信号。产生顺序脉冲信号的电路称为顺序脉冲发生器。在数字系统中，顺序脉冲发生器也被用于控制设备按照事先规定的顺序进行运算或操作中。

图 4.24 所示的是由同步二进制加法计数器 74LS161 和 3 线-8 线译码器 74LS138 构成的顺序脉冲发生器。自然二进制加法计数器 74LS161 的输出端 $Q_2Q_1Q_0$ 构成八进制加法计数器，输出 3 位循环二进制代码 000～111，接到 3 线-8 线译码器 74LS138 的二进制代码输入端 $A_2A_1A_0$，作为译码输入信号，在时钟脉冲信号 CP 的作用下，译码器依次输出低电平顺序循环脉冲信号。

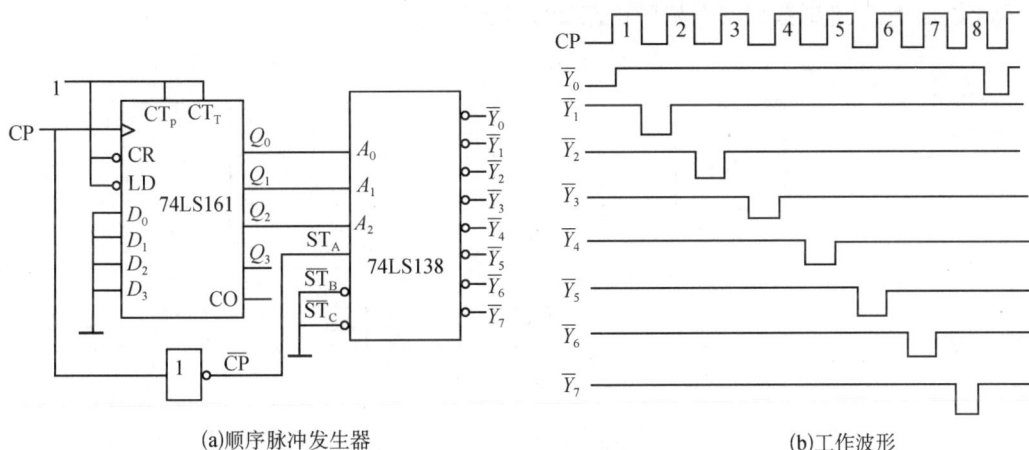

(a)顺序脉冲发生器　　　　　　　　　　　　　(b)工作波形

图 4.24　由 74LS161 和 74LS138 构成的顺序脉冲发生器

为防止出现竞争冒险现象，将时钟脉冲 CP 经非门反相后的信号 $\overline{CP}$ 作为选通信号接到 74LS138 的使能端 ST_A 上来控制译码器的工作。当时钟脉冲 CP 的上升沿到来时，计数器进行计数，与此同时，$\overline{CP}$ 使 ST_A 为低电平 0，译码器被封锁而停止工作。当时钟脉冲 CP 的下降沿到来后，$\overline{CP}$ 转为高电平 1，$ST_A=1$，译码器工作，相应输出端输出有效低电平。这样，$\overline{CP}$ 使译码器的译码工作时间和计数器中触发器状态的变化时间错开，从而有效地消除了竞争冒险现象。

思考题 4-3

（1）什么叫计数？什么叫分频？

（2）用集成计数器的直接清零法和预置数法构成任意进制计数器时，有哪些异同点？

（3）举例集成计数器的其他应用。

4.4　寄存器

寄存器常用于接收、暂存、传递数据和指令等信息，主要由触发器和控制门组成。一个触发器有两个稳定状态，可以存放一位二进制数码，存放 n 位二进制数码需要 n 个触发器。寄存器按功能分为数据寄存器和移位寄存器。

4.4.1　数据寄存器

数据寄存器又称数据缓冲储存器或数据锁存器，其功能是接受、存储和输出数据。数据寄存器按其接受数据的方式又分为双拍式和单拍式两种。

1. 双拍式数据寄存器

（1）电路组成

双拍式 4 位二进制数据寄存器的电路如图 4.25 所示。

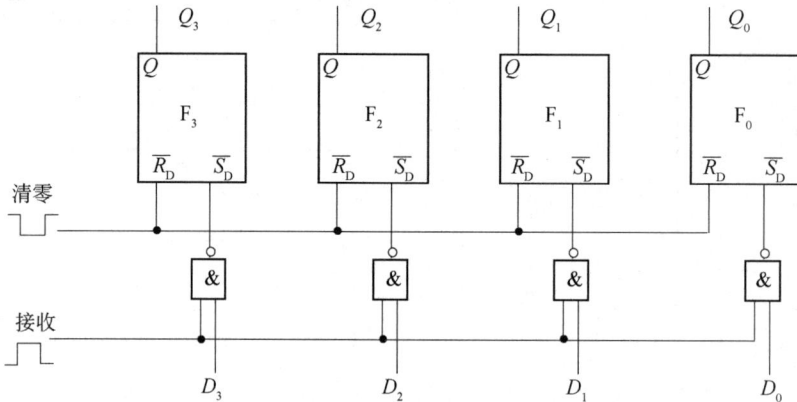

图 4.25　双拍式 4 位二进制数据寄存器

（2）工作原理

在接收存放输入数据时，需要两拍才能完成。

第一拍，在接收数据前，送入清零负脉冲至触发器的置零端 $\overline{R_D}$ 端，使触发器输出为 0，完成输出清零功能。

第二拍，触发器清零之后，当接收脉冲为高电平"1"时，输入数据 $D_3D_2D_1D_0$，经与非门送至对应触发器而寄存下来，在第二拍完成接收数据任务。

此类寄存器如果在接收寄存数据前不清零，就会出现接收存放数据错误。

2. 单拍式数据寄存器

（1）电路组成

单拍式 4 位二进制数据寄存器的电路如图 4.26 所示。

（2）工作原理

接收寄存数据只需一拍即可，无须先进行清零，当接收脉冲 CP 有效时，输入数据直接存入触发器，故称为单拍式数据寄存器。

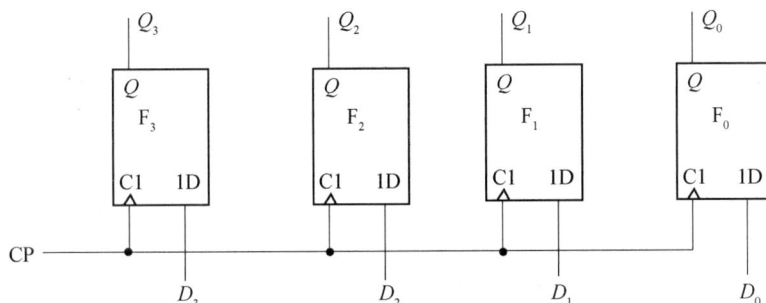

图 4.26　单拍式 4 位二进制数据寄存器

4.4.2　移位寄存器

移位寄存器除了接受、存储、输出数据，同时还能将其中寄存的数据按一定方向移动。移位寄存器有单向移位寄存器和双向移位寄存器之分。

1. 单向移位寄存器

单向移位寄存器只能将寄存的数据在相邻位之间单方向移动，按移动方向分为左移移位寄存器和右移移位寄存器两种类型。

右移移位寄存器电路如图 4.27 所示，功能分析如下。

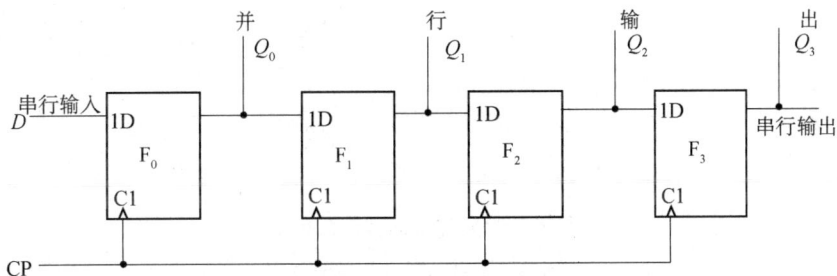

图 4.27　右移移位寄存器

① 写相关方程式。

时钟方程：$CP_0=CP_1=CP_2=CP_3=CP\uparrow$

驱动方程：$D_0=D$，$D_1=Q_0^n$，$D_2=Q_1^n$，$D_3=Q_2^n$

② 求状态方程。将对应的驱动方程式分别代入 D 触发器的特征方程中，进行化简变换可得到状态方程：

$$Q_0^{n+1}=D（CP\uparrow）\qquad Q_1^{n+1}=Q_0^n（CP\uparrow）$$

$$Q_2^{n+1}=Q_1^n（CP\uparrow）\qquad Q_3^{n+1}=Q_2^n（CP\uparrow）$$

③ 假定电路初态为零，而此电路输入数据 D 在第一、第二、第三、第四个 CP 脉冲时依次为 1、0、1、1，根据状态方程可得对应的电路输出 $Q_3Q_2Q_1Q_0$ 的变化情况，如表 4.8 所示。

表 4.8　右移移位寄存器输出变化

CP	输入数据 D	右移移位寄存器输出			
		Q_0	Q_1	Q_2	Q_3
0	0	0	0	0	0
1	1	1	0	0	0
2	0	0	1	0	0
3	1	1	0	1	0
4	1	1	1	0	1

从表 4.8 可知，在图 4.27 所示的右移移位寄存器电路中，随着 CP 脉冲的递增，触发器输入端依次输入数据 D，称为串行输入，输入一个 CP 脉冲，数据向右移动一位。输出有两种方式：数据从最右端 Q_3 依次输出，称为串行输出；由 $Q_3Q_2Q_1Q_0$ 端同时输出，称为并行输出。串行输出要经过 8 个 CP 脉冲才能将输入的 4 个数据全部输出，而并行输出只需 4 个 CP 脉冲。

2. 双向移位寄存器

既可将数据左移又可右移的寄存器称为双向移位寄存器。图 4.28 所示为 4 位双向移位寄存器。

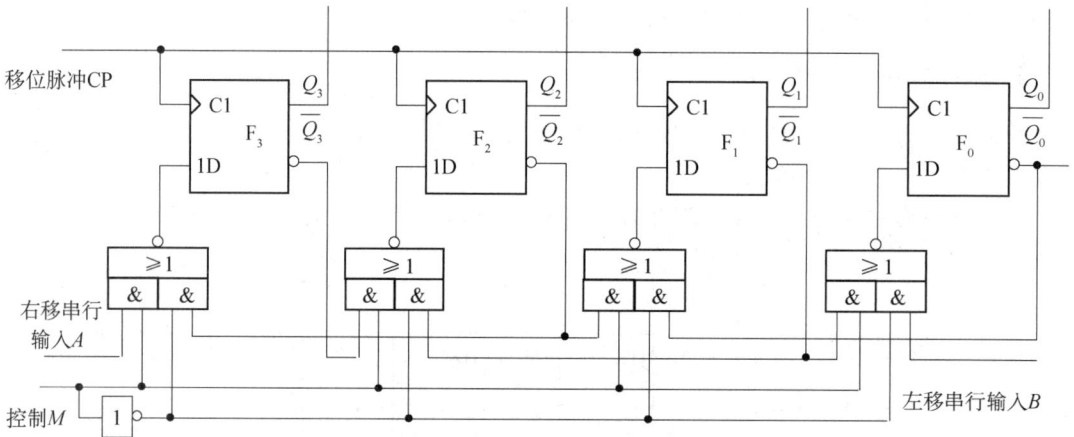

图 4.28　4 位双向移位寄存器

在图 4.28 中，M 是工作方式控制端。当 $M=0$ 时，实现数据左移寄存功能；当 $M=1$ 时，实现数据右移寄存功能；B 是左移串行输入端，而 A 是右移串行输入端。

3. 移位寄存器的应用

（1）实现数据传输方式的转换

在数字电路中，数据的传递方式有串行和并行两种，而移位寄存器可实现数据传递方式的转换。如图 4.28 所示，既可将串行输入转换为并行输出，也可将串行输入转换为串行输出。

（2）构成移位型计数器

① 环形计数器。环形计数器是将单向移位寄存器的串行输入端和串行输出端相连构成一个闭合的环，如图 4.29(a)所示。

- 126 -

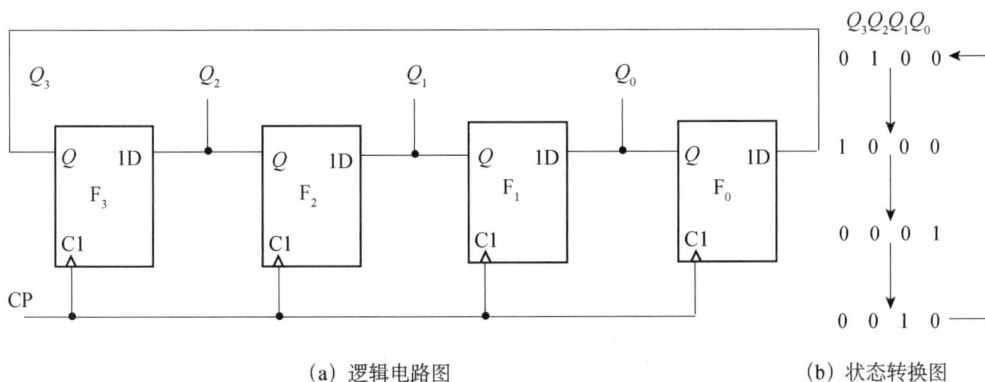

(a) 逻辑电路图　　　　　　　　　　　(b) 状态转换图

图 4.29　环形计数器

实现环形计数器时，电路必须预先设置适当的初态，且输出端初始状态不能完全一致（即不能全为"1"或"0"），这样电路才能实现计数，环形计数器的进制数 N 与寄存器内的触发器个数 n 相等，即 $N=n$，状态变化如图 4.29(b)所示（电路中初态为 0100）。

② 扭环形计数器。扭环形计数器是将单向移位寄存器的串行输入端和串行反相输出端相连，构成一个闭合的环，如图 4.30(a)所示。

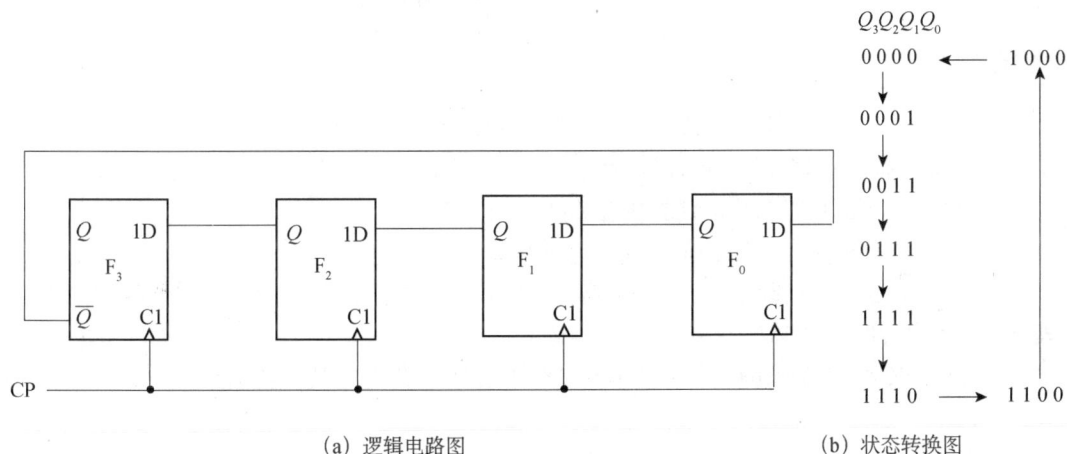

(a) 逻辑电路图　　　　　　　　　　　(b) 状态转换图

图 4.30　扭环形计数器

实现扭环形计数器时，电路不必设置初态。扭环形计数器进制数 N 与寄存器内的触发器个数 n 满足 $N=2n$ 的关系。图 4.30(a)所示电路包括 4 个触发器，设初态为 0000，电路状态循环变化，循环过程包括 8 个状态，可实现八进制计数。状态变化如图 4.30(b)所示。

4. 集成移位寄存器

集成移位寄存器从结构上可分为 TTL 型和 CMOS 型；按寄存数据位数，可分为 4 位、8 位、16 位等；按移位方向，可分为单向和双向两种。

74LS194 是双向 4 位 TTL 型集成移位寄存器，除具有清零、保持、实现数据左移、右移功能，还可实现数码并行输入或串行输入、并行输出或串行输出的功能。其引脚排列如图 4.31 所示。其中 $\overline{CR}$ 端为异步清零端，M_0、M_1 为控制寄存器的功能，D_{SL} 为左移串数据输入端，D_{SR} 为右移数据输入端，D_0、D_1、D_2、D_3 为并行数据输入端，$Q_0 \sim Q_3$ 为并行数据输出端，

CP 为时钟脉冲输入端。表 4.9 是 74LS194 的功能表。

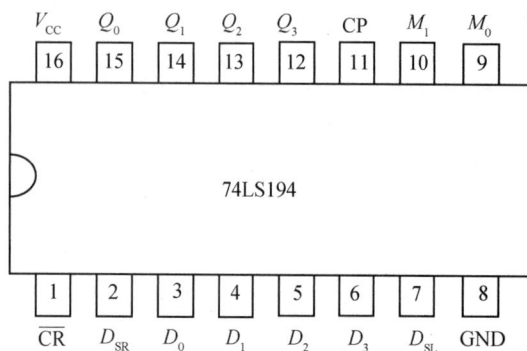

图 4.31　74LS194 引脚排列图

表 4.9　74LS194 的功能表

$\overline{CR}$	M_1	M_0	CP	功能
0	×	×	×	清零
1	0	0	×	保持
1	0	1	↑	右移
1	1	0	↑	左移
1	1	1	↑	并行输入

当清零端 $\overline{CR}$ 为低电平时，输出端 $Q_0 \sim Q_3$ 均为低电平；当 $M_1M_0=00$ 时，移位寄存器保持原来状态；当 $M_1M_0=01$ 时，移位寄存器在 CP 脉冲的作用下进行右移位，数据从 D_{SR} 端输入；当 $M_1M_0=10$ 时，移位寄存器在 CP 脉冲的作用下进行左移位，数据从 D_{SL} 端输入；当 $M_1M_0=11$ 时，在 CP 脉冲的配合下，并行输入端的数据存入寄存器中。

思考题 4-4

（1）什么叫寄存器？什么叫移位寄存器？它们有哪些异同点？

（2）单向移位寄存器和双向移位寄存器有哪些异同点？

（3）环形计数器和扭环形计数器各有哪些优缺点？

（4）指出下列各触发器中哪些可用来构成移位寄存器？

① 基本 RS 触发器；②同步 RS 触发器；③同步 D 触发器；④同步 JK 触发器；⑤边沿 D 触发器；⑥边沿 JK 触发器

（5）试用 JK 触发器构成一个 4 位单向移位寄存器，并说明其工作原理。

任务训练

训练 4-1　同步计数器设计及逻辑功能测试

1. 训练要求

完成集成计数器 74LS161 逻辑功能测试，并用 74LS161 设计六进制计数器。

2. 测试设备与器件

设备：数字电路实验箱 1 台。

器件：74LS161、74LS00 各 1 块。

3. 集成电路外引脚排列图

74LS161、74LS00 集成电路外引脚排列图如图 4.32 所示。

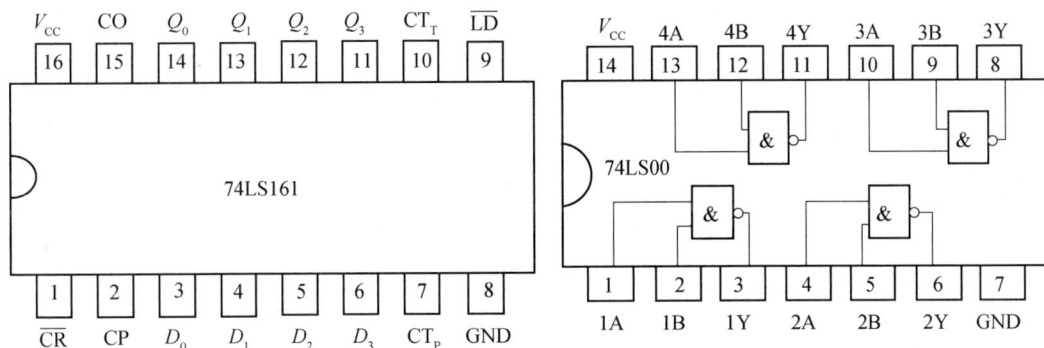

图 4.32　集成电路外引脚排列图

4. 测试内容及步骤

（1）74LS161 逻辑功能测试

① 将 74LS161 的 16 脚接+5V，8 脚接地，CP 接点脉冲源，CT_T、CT_P、$\overline{LD}$、$\overline{CR}$、D_3、D_2、D_1、D_0 接逻辑电平开关，Q_3、Q_2、Q_1、Q_0 接逻辑电平指示。

② 接通电源。将 $\overline{CR}$ 置低电平，改变 CT_T、CT_P、$\overline{LD}$ 和 CP 的状态，观察 Q_3、Q_2、Q_1、Q_0 的变化，将结果记入表 4.10 中。

③ 将 $\overline{CR}$ 置高电平，$\overline{LD}$ 置低电平，改变输入 D_3、D_2、D_1、D_0 的状态，改变 CP 变化 1 个周期（由高电平变为低电平，再由低电平变为高电平），观察 Q_3、Q_2、Q_1、Q_0 的变化，将结果记入表 4.10 中（状态保持时填写 $Q^{n+1}=Q^n$；置数时填写 $Q^{n+1}=D$）。

④ 将 $\overline{CR}$ 置高电平，$\overline{LD}$ 置高电平，分别将 CT_T、CT_P 置 00、01、10、11，观察随着 CP 脉冲的变化，输出 Q_3、Q_2、Q_1、Q_0 的状态变化。

表 4.10　逻辑功能测试表

CP	$\overline{CR}$	$\overline{LD}$	CT_T	CT_P	Q_3^{n+1}	Q_2^{n+1}	Q_1^{n+1}	Q_0^{n+1}
×	0	×	×	×				
↑	1	0	×	×				
↓	1	0	×	×				
↑	1	1	0	0				
↑	1	1	0	1				
↑	1	1	1	0				
↑	1	1	1	1				
↑	1	1	1	1				
↑	1	1	1	1				
↑	1	1	1	1				

续表

CP	$\overline{CR}$	$\overline{LD}$	CT_T	CT_P	Q_3^{n+1}	Q_2^{n+1}	Q_1^{n+1}	Q_0^{n+1}
↑	1	1	1	1				
↑	1	1	1	1				
↑	1	1	1	1				
↑	1	1	1	1				
↑	1	1	1	1				
↑	1	1	1	1				
↑	1	1	1	1				
↑	1	1	1	1				
↑	1	1	1	1				
↑	1	1	1	1				
↑	1	1	1	1				
↑	1	1	1	1				

（2）用 74LS161 设计六进制计数器并测试其功能（用预置数法设计）

① 画出电路图。

② 按所画出的图连接电路，输出 Q_3、Q_2、Q_1、Q_0 接逻辑电平指示，CP 接点脉冲源。

③ 输入 CP 脉冲，观察并记录输出结果于表 4.11 中。

表 4.11　测试表 1

CP	Q_3	Q_2	Q_1	Q_0
0 ↑				
1 ↑				
2 ↑				
3 ↑				
4 ↑				
5 ↑				
6 ↑				

（3）用 74LS161 设计六进制计数器并测试其功能（用直接清零法设计）

① 画出电路图。

② 按所画出的图连接电路，输出 Q_3、Q_2、Q_1、Q_0 接逻辑电平指示，CP 接点脉冲源。

③ 输入 CP 脉冲，观察并记录输出结果于表 4.12 中。

表 4.12　测试表 2

CP	Q_3	Q_2	Q_1	Q_0
0 ↑				
1 ↑				
2 ↑				
3 ↑				
4 ↑				
5 ↑				
6 ↑				

思考题 4-5

（1）画出用 74LS161 芯片采用进位输出置最小数法设计六进制计数器的电路图。

（2）说明训练出现的故障和排除方法。

训练 4-2　异步计数器设计及逻辑功能测试

1. 训练要求

完成集成计数器 74LS290 逻辑功能测试，并用 74LS290 设计七进制计数器。

2. 测试设备与器件

设备：数字电路实验箱 1 台。

器件：74LS290、74LS00 各 1 块。

3. 集成电路外引脚排列图

74LS290、74LS00 集成电路外引脚排列图如图 4.33 所示。

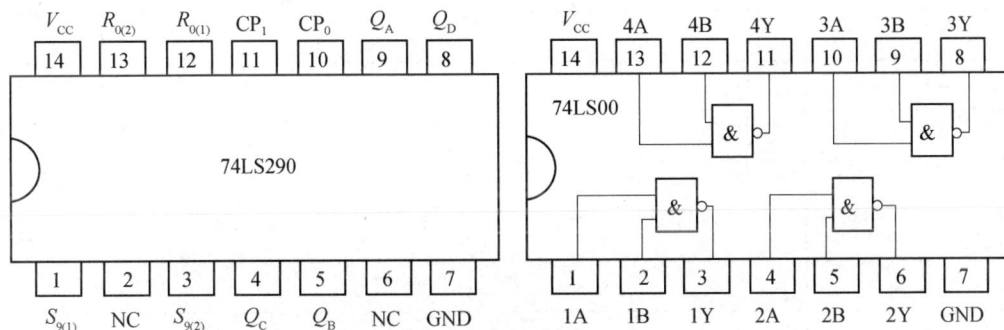

图 4.33　74LS290、74LS00 集成电路外引脚排列图

4. 测试内容及步骤

（1）74LS290 逻辑功能测试

① 将 74LS290 的 14 脚接+5V，7 脚接地，CP_0、CP_1 接点脉冲源，$S_{9(1)}$、$S_{9(2)}$、$R_{0(1)}$、$R_{0(2)}$ 接逻辑电平开关，Q_A、Q_B、Q_C、Q_D 接逻辑电平指示。

② 接通电源，将 $S_{9(1)}$、$S_{9(2)}$ 置高电平，$R_{0(1)}$、$R_{0(2)}$、CP_0、CP_1 为任意，观察 Q_D、Q_C、Q_B、Q_A 的变化，将结果记入表 4.13 中。

③ 将 $R_{0(1)}$、$R_{0(2)}$ 置高电平，$S_{9(1)}$ 或 $S_{9(2)}$ 置低电平，CP_0、CP_1 为任意，观察 Q_D、Q_C、Q_B、Q_A 的变化，将结果记入表 4.13 中。

表 4.13 测试表 1

$S_{9(1)}$	$S_{9(2)}$	$R_{0(1)}$	$R_{0(2)}$	CP_0	CP_1	Q_D	Q_C	Q_B	Q_A
1	1	×	×	×	×				
0	×	1	1	×	×				
×	0	1	1	×	×				

④ 按图 4.34 连接线路，Q_D、Q_C、Q_B、Q_A 接逻辑电平指示，CP 接点脉冲源，改变 CP，观察 Q_D、Q_C、Q_B、Q_A 的变化，将结果记入表 4.14 中。

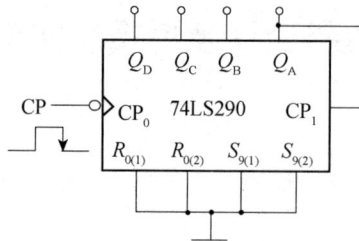

图 4.34 电路图

表 4.14 测试表 2

CP	Q_D	Q_C	Q_B	Q_A
0↓				
1↓				
2↓				
3↓				
4↓				
5↓				
6↓				
7↓				
8↓				

（2）用 74LS290 设计七进制计数器并测试其功能

① 画出电路图。

② 按所画出的图连接电路，输出 Q_D、Q_C、Q_B、Q_A 接逻辑电平指示，CP 接点脉冲源。

③ 输入 CP 脉冲，观察并记录输出结果于表 4.15 中。

表 4.15 测试表 3

CP	Q_D	Q_C	Q_B	Q_A
0↓				
1↓				
2↓				
3↓				
4↓				
5↓				
6↓				
7↓				
8↓				

思考题 4-6

（1）简述 74LS290 各引脚的功能。

（2）如何用 74LS290 构成九进制计数器，画出它的电路图。

训练 4-3 汽车尾灯控制电路仿真

1. 训练要求

（1）按图 4.1 创建仿真电路，CP 时钟脉冲用单刀双掷开关在高低电平之间转换获得。

（2）仿真当汽车在夜间正常行驶时，车后 6 个尾灯全部点亮；夜间左转弯时，左边 3 个灯依次从右向左循环闪动，右边 3 个灯熄灭；夜间右转弯时，右边 3 个灯依次从左向右循环闪动，左边 3 个灯熄灭；当夜间车辆停车时，6 个灯一明一暗同时闪动。

2. 实训设备

安装有 Multisim 软件的计算机。

3. 电路仿真

（1）创建仿真电路

① 3线-8线译码器 74LS138 的选取。

在 Multisim14 软件的基础界面上，单击元器件工具栏中"Place Component"按钮，弹出元器件选择对话框，选择"Group"栏中的"TTL"，"Family"中的"74LS"系列，如图 4.35 所示。

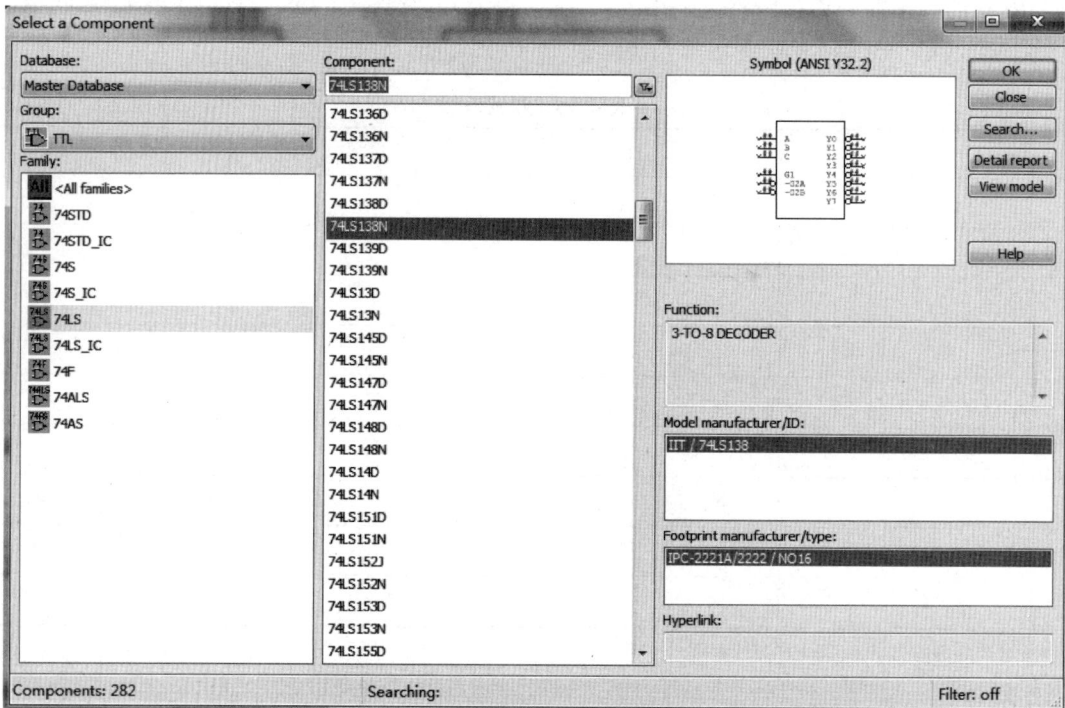

图 4.35　74LS138 的选取

② 其他元器件的选取。

电源 VCC：Place Source→POWER_SOURCES→V_REF4。

接地：Place Source→POWER_SOURCES→GROUND_REF3。

门电路：Place TTL→74LS→74LS00N。

发光二极管：Place Diode→LED→LED_red。

指示灯：Place Indicators→PROBE→PROBE_BLUE。

计数器 74LS192：Place　TTL→74LS→74LS192N。

移位寄存器 74LS194：Place　TTL→74LS→74LS194N。

③ 电路连接。将各个元器件放置好以后进行连接，就构成了汽车尾灯控制电路，如图 4.36 所示。

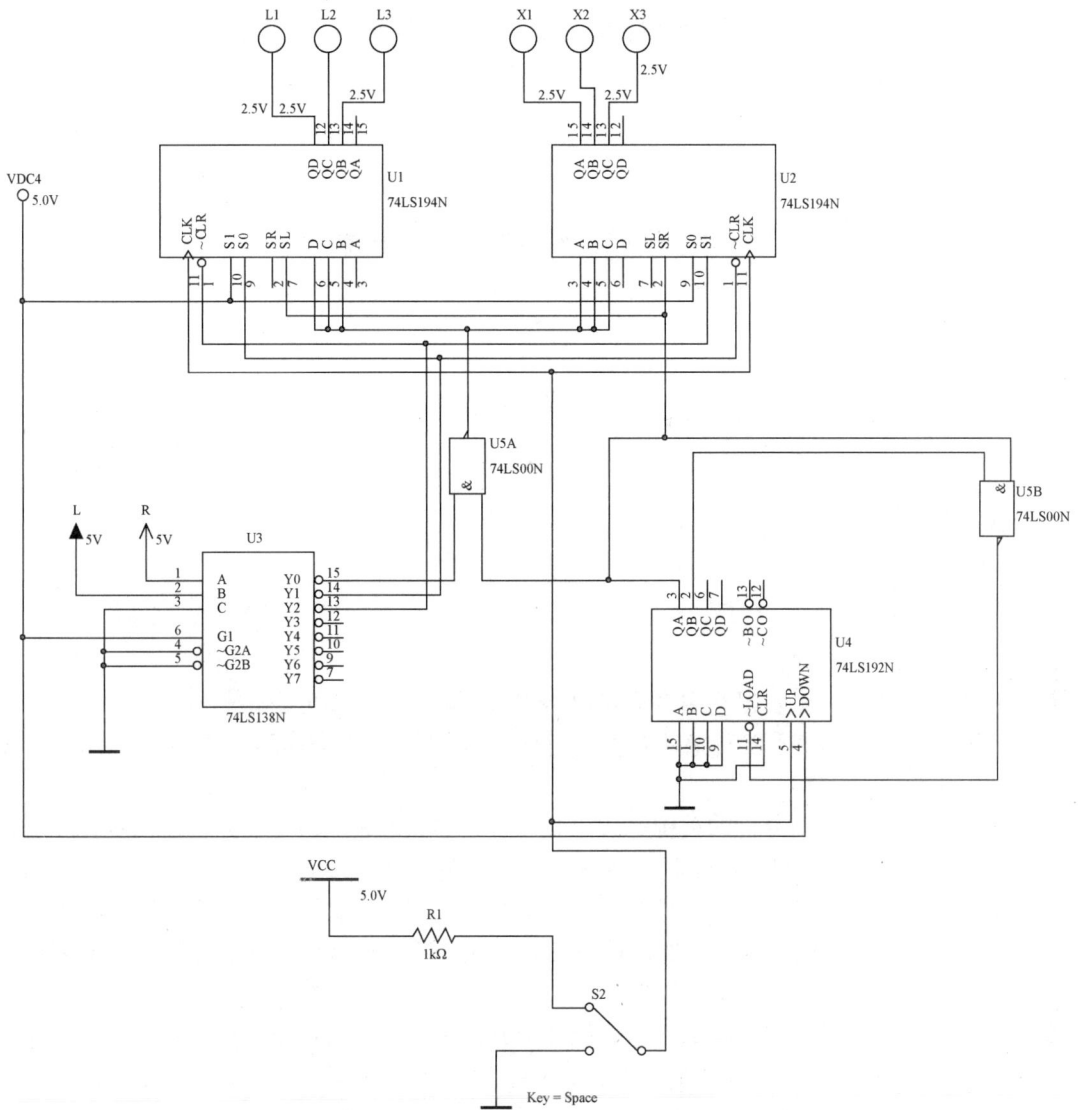

图 4.36　汽车尾灯控制仿真电路

（2）仿真测试

打开仿真开关，进行以下测试。

① 使 $L=0$，$R=0$，按键盘上的空格键，观察现象，记录结果。

② 使 $L=0$，$R=1$，按键盘上的空格键，观察现象，记录结果。

③ 使 $L=1$，$R=0$，按键盘上的空格键，观察现象，记录结果。

④ 使 $L=1$，$R=1$，按键盘上的空格键，观察现象，记录结果。

项目总结

1. 时序逻辑电路由触发器和组合逻辑电路组成，触发器必不可少。

时序逻辑电路的输出不仅和输入有关，而且还与电路原来状态有关，电路的状态由触发器记忆和表示出来。

2. 同步时序逻辑电路分析的关键是求出状态方程和状态表，由此可分析出同步时序逻辑电路的功能。根据状态表可以画出状态转换图和时序图。

3. 计数器是记录脉冲个数的部件。按计数进制分有：二进制计数器、十进制计数器和任意进制计数器。按计数增减分有：加法计数器、减法计数器和可逆计数器。按触发器翻转是否同步分有：同步计数器和异步计数器。

4. 用中规模集成计数器可构成任意进制计数器，主要方法有以下三种。

（1）直接清零法：利用芯片的复位端 $\overline{CR}$ 和与非门，将 N 所对应的输出二进制代码中等于"1"的输出端，通过与非门反馈到集成芯片的复位端 $\overline{CR}$，使输出回零。

（2）预置数法：利用芯片的预置控制端 $\overline{LD}$ 和预置输入端 $D_3D_2D_1D_0$，将 $N\sim1$ 所对应的输出二进制代码中等于"1"的输出接到与非门的输入端，与非门的输出接到 $\overline{LD}$ 端，$D_0\sim D_3$ 接地，$\overline{CR}$ 接 1。

（3）进位输出置最小数法：利用芯片的预置控制端 $\overline{LD}$ 和进位输出端 CO，将 CO 端输出经非门送到 $\overline{LD}$ 端，令预置输入端 $D_3D_2D_1D_0$ 输入最小数 M' 对应的二进制数，最小数 $M'=2^4-N$。

当需扩大计数器的计数容量时，可用多片集成计数器进行级联，构成 N 进制计数器的方法和前面介绍的相同。

5. 寄存器主要用以存放数码。移位寄存器不但可存放数码，而且还能对数据进行移位。

移位寄存器有单向移位寄存器和双向移位寄存器。集成移位寄存器使用方便、功能全、输入和输出方式灵活，功能表是其正确使用的依据。用移位寄存器可方便地组成环形计数器、扭环形计数器和顺序脉冲发生器。

练习题

一、填空题

4-1　时序逻辑电路由_____电路和_____电路两部分组成，_____电路必不可少。

4-2　计数器按计数进制分：_____进制计数器、_____进制计数器和_____进制计数器。

4-3　构成一个六进制计数器最少要用_____个触发器，这时构成的电路有_____个有效状态，_____个无效状态。

4-4　4 位二进制加法计数器现态为 1000，当下一个脉冲到来时，计数器的状态变为_____。

4-5　4 个触发器构成的计数器最多有_____个有效状态。

4-6　时序逻辑电路按照其触发器是否有统一的时钟控制分为_____时序电路和_____时序电路。

4-7　集成计数器的清零方式分为_____和_____；置数方式分为_____和_____。

4-8　计数器中各触发器的时钟脉冲是同一个，触发器状态的更新是同时的，这种计数器称为_____。

二、选择题

4-9　构成计数器的主要电路是_____。

A. 与非门　　　　　　　　　　　　B. 或非门

C. 触发器　　　　　　　　　　　　D. 组合逻辑电路

4-10　可逆计数器的功能是_____。

A. 既能进行加法计数又能进行减法计数

B. 加法计数和减法计数同时进行

C. 既能进行二进制计数又能进行十进制计数

D. 既能进行同步计数又能进行异步计数

4-11　下列逻辑电路中为时序逻辑电路的是_____。

A. 变量译码器　　　　　　　　　　B. 加法器

C. 数据寄存器　　　　　　　　　　D. 数据选择器

4-12　利用集成计数器直接清零法构成 N 进制计数器时，写二进制代码的数是_____。

A. N　　　　　　B. $N-1$　　　　　　C. $2N$　　　　　　D. 2^N

4-13　利用集成计数器预置数法构成 N 进制计数器时，写二进制代码的数是_____。

A. N　　　　　　B. $N-1$　　　　　　C. $2N$　　　　　　D. 2^N

4-14　输入时钟脉冲频率为 100kHz，则十进制计数器最后一级输出脉冲的频率为_____。

A. 10kHz　　　　　　B. 20kHz　　　　　　C. 50kHz　　　　　　D. 100kHz

4-15 组成移位寄存器的主要电路是_____。

A. 与非门　　　　　　B. 锁存器　　　　　C.组合逻辑电路　　　D.边沿触发器

4-16 N 个触发器可以构成最大计数长度（进制数）为_____的计数器。

A. $N-1$　　　　　　B. $2N$　　　　　　C. N^2　　　　　　D. 2^N

4-17 N 个触发器可以构成能寄存_____位二进制数码的寄存器。

A. $N-1$　　　　　　B. N　　　　　　　C. $N+1$　　　　　D. $2N$

4-18 5 个 D 触发器构成环形计数器，其计数长度为_____。

A. 5　　　　　　　　B. 10　　　　　　　C. 25　　　　　　　D. 32

4-19 同步计数器和异步计数器比较，同步计数器的显著优点是_____。

A. 工作速度高　　　　　　　　　　　B. 触发器利用率高

C. 电路简单　　　　　　　　　　　　D. 不受时钟 CP 控制

4-20 8 位移位寄存器，串行输入时经_____个脉冲后，8 位数码全部移入寄存器中。

A. 1　　　　　　　　B. 2　　　　　　　　C. 4　　　　　　　　D. 8

三、判断题（正确的打√，错误的打×）

4-21 由触发器组成的电路是时序逻辑电路。（　　　）

4-22 把一个 5 进制计数器与一个 10 进制计数器串联可得到 15 进制计数器。（　　　）

4-23 时序逻辑电路不含有记忆功能的器件。（　　　）

4-24 同步时序逻辑电路由组合电路和存储器两部分组成。（　　　）

4-25 计数器的模是指输入的计数脉冲的个数。（　　　）

4-26 同步时序逻辑电路具有统一的时钟 CP 控制。（　　　）

4-27 异步时序逻辑电路的各级触发器类型不同。（　　　）

4-28 环形计数器在每个时钟脉冲 CP 作用时，仅有一位触发器发生状态更新。（　　　）

4-29 计数器的模是指构成计数器的触发器的个数。（　　　）

4-30 N 进制计数器可以实现 N 分频。（　　　）

4-31 组合逻辑电路是不含记忆功能的器件。（　　　）

四、分析题

4-32 采用直接清零法，用集成计数器 74LS161 设计一个十三进制计数器，画出逻辑电路图。

4-33 采用预置数法，用集成计数器 74LS161 设计一个七进制计数器，画出逻辑电路图。

4-34 采用进位输出置最小数法，用集成计数器 74LS161 设计一个十二进制计数器，画出逻辑电路图。

4-35 采用级联法，用集成计数器 74LS161 设计一个一百零八进制计数器，画出逻辑电路图。

4-36 采用直接清零法，用集成计数器 74LS290 设计一个三进制计数器和九进制计数器，画出逻辑电路图。

4-37 环形计数器电路如图 4.29(a)所示，若电路初态 $Q_3Q_2Q_1Q_0$ 预置为 1001，随着 CP 脉冲的输入，试分析其输出状态的变化，并画出对应的状态转换图。

4-38　扭环形计数器电路如图 4.30(a)所示，若电路初态 $Q_3Q_2Q_1Q_0$ 预置为 0110，随着 CP 脉冲的输入，试分析其输出状态的变化，并画出对应的状态转换图。

4-39　利用双向 4 位 TTL 型集成移位寄存器 74LS194 构成环形计数器和扭环形计数器，画出逻辑电路图。

项目 5　电子门铃电路设计与制作

在数字电路系统中，常需要各种不同频率、不同幅度的脉冲信号，如 CP 时钟脉冲信号、工业生产过程中起控制作用的定时信号等。555 定时器为数字—模拟混合集成电路，可产生精确的时间延迟和振荡，是一种功能强、使用方便、适用范围广的集成电路，常用于波形产生、计数和定时，在工业控制、家用电器、电子玩具等许多方面都得到了广泛的应用。本项目在介绍 555 定时器电路结构及其构成的施密特触发器、单稳态触发器和多谐振荡器的基础上，完成 555 定时器应用电路功能测试和由 555 定时器构成的电子门铃电路的制作与仿真。

工作任务

电子门铃电路的制作

1. 工作任务单

（1）明确由 555 定时器构成的电子门铃电路的工作原理。

（2）画出布线图。

（3）完成电路所需元器件的购买和检测。

（4）根据布线图完成电子门铃电路制作。

（5）完成电子门铃电路功能检测和故障排除。

（6）编写项目实训报告。

2. 电路制作

由 555 定时器构成的电子门铃电路如图 5.1 所示。

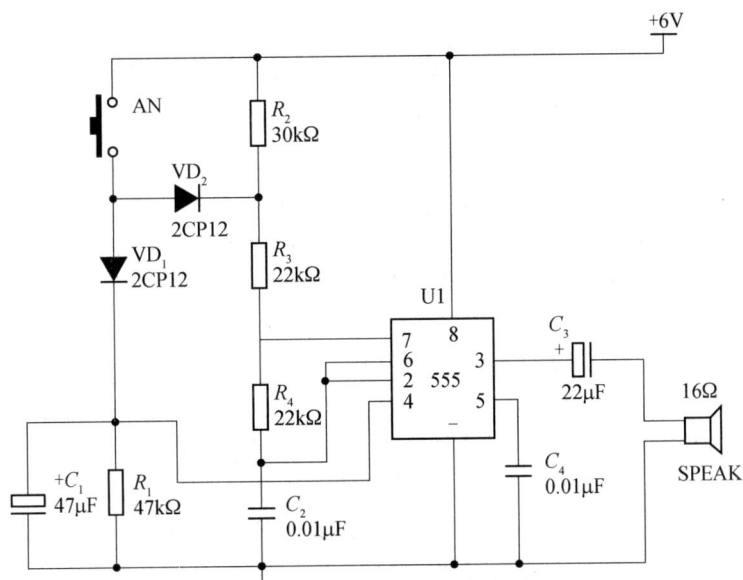

图 5.1　简易电子门铃电路

（1）实训目的

① 通过简易电子门铃电路的制作熟悉用 555 定时器构成的多谐振荡器电路。

② 熟悉由 555 定时器构成的简易电子门铃电路的工作原理。

③ 掌握简易电子门铃电路的安装技能和调试技能。

（2）实训设备与元器件

① 实训设备：直流稳压电源、万用表等。

② 实训元器件：如表 5.1 所示。

表 5.1　元器件明细表

序　号	代　号	名　称	规格和型号	数　量
1	U1	555 定时器	NE555N	1
2	SPEAK	扬声器	16Ω	1
3	AN	按钮开关		1
4	VD_1、VD_2	二极管	2CP12	2
5	R_1	电阻器	47kΩ	1
6	R_2	电阻器	30kΩ	1
7	R_3、R_4	电阻器	22kΩ	2
8	C_1	电解电容	47μF	1
9	C_2、C_4	电容器	0.01μF	2
10	C_3	电解电容	22μF	1
11		集成块插座	DIP8	1
12		导线		若干

（3）实训电路与说明

① 电路组成。实训电路如图 5.1 所示。

② 电路工作过程。

555 定时器和外围元件构成无稳态多谐振荡器。按钮 AN 装在门上，未按下时，555 电路的复位端（4 脚）通过 R_1 接地，因而 555 定时器处于复位状态，扬声器不发声。

按下按钮 AN，电源通过二极管 VD_1 使得 555 电路的复位端为高电平，振荡器振荡。因为 R_2 被短路，故振荡频率较高，约 700Hz，扬声器发出"叮"的声音。与此同时，电源通过二极管 VD_1 给 C_1 充电。放开按钮时，C_1 便通过电阻 R_1 放电，维持振荡。但由于 AN 的断开，电阻 R_2 被串入电路，使振荡频率有所改变，大约为 500Hz 左右，此时扬声器发出"咚"的声音。直到 C_1 上电压放到不能维持 555 定时器振荡为止。"咚"声的余音的长短可通过改变 C_1 的数值来改变。

（4）实训电路的安装、功能检测与排除故障

① 安装。

第 1 步：查阅元器件。通过查阅集成电路手册，标出电路图中集成电路输入、输出的引脚编号。

第 2 步：根据如图 5.1 所示的由 555 定时器构成的电子门铃原理图，画出安装布线图。

第 3 步：根据安装布线图完成电路的安装。

② 功能检测。

接通电源，按下按钮，试听扬声器是否发声。若不发声，查找并排除故障。

③ 排除故障。

● 检查扬声器是否正常，用 1～2V 的直流电瞬时接通扬声器，正常的扬声器应有响声。

● 检查 555 定时器及其外围电路组成的多谐振荡器电路。检查 555 定时器的方法是：取出 555 电路，置于面包板上，接上电源和地。若把 2、6 脚接地时，输出端 3 脚应为高电平；若 2、6 脚接+5V 时，输出端 3 脚应为低电平，则 555 定时器功能正常。但若 555 定时器芯片内（7 脚）的放电管损坏，则电路也不能振荡。

● 再有可能是电路中电容损坏。可用万用表进行检测，直至排除故障，扬声器有声响。

● 当扬声器发出的声音失真时，可改变 R_1、R_2、R_3、R_4、C_1、C_2 的参数，一直调试到扬声器发出清脆的声音为止。

（5）完成电路的详细分析及编写项目实训报告

整理相关资料，完成电路的详细分析及编写项目实训报告。

（6）实训考核（见表 5.2）

表 5.2 实训考核表

项 目	内 容	配 分	得 分
工作态度	1. 实训的主动性、积极性 2. 操作的安全性、规范性 3. 遵守纪律情况	20 分	
元器件的检测	用万用表检测元器件的质量	10 分	
电路的安装	1. 安装图的绘制情况 2. 电路的安装情况	20 分	
电路的调试和故障分析	1. 电路的调试情况 2. 按不同情况分析故障现象	40 分	
5S 规范	整理工作台，离场	10 分	
合计		100 分	

5.1 555 定时器的结构及其功能

555 定时器是一种广泛应用的中规模集成电路，其内部有 3 个 5kΩ 的电阻分压器，故称 555 定时器。根据其内部组成的不同，可分为双极型（如 NE555）和 CMOS 型（如 C7555）两类。555 定时器的产品型号繁多，根据其内部组成的不同，可分为双极型（如 NE555）和 CMOS（如 C7555）两类。但所有 TTL 集成单定时器的最后 3 位数码为 555，双定时器的为 556，电源电压工作范围为 4.5～16V；所有 CMOS 型集成单定时器的最后 4 位数码为 7555，双定时器的为 7556，电源电压工作范围为 3～18V。

1. 555 定时器的电路结构

如图 5.2(a)所示的是 555 定时器内部电路原理图，由 4 部分组成，分别是由 3 个 5kΩ 电阻组成的电阻分压器、两个电压比较器 C_1 和 C_2、基本 RS 触发器 G_1 和 G_2、由晶体管 T 和门电路 G_3 组成的放电管和输出缓冲电路。图 5.2(b)是其引脚排列图。

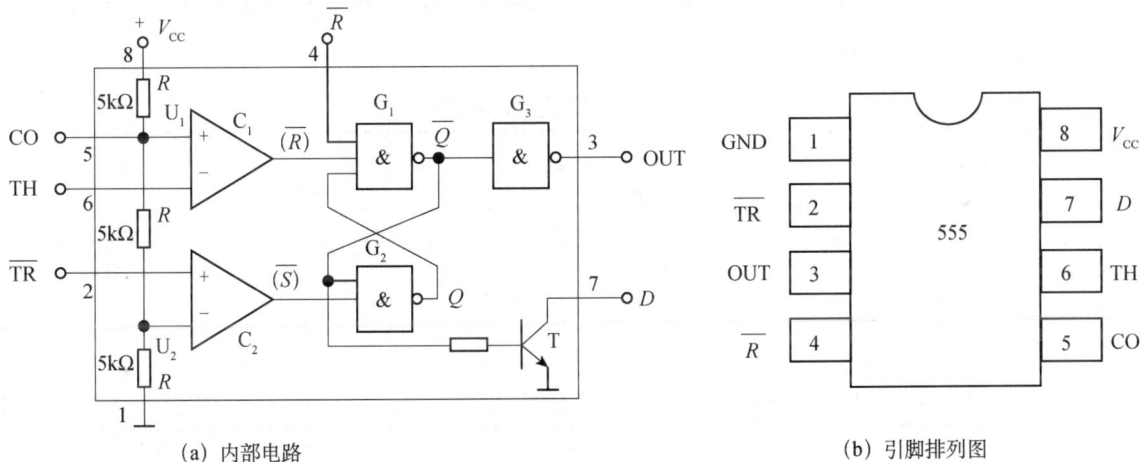

(a) 内部电路

(b) 引脚排列图

图 5.2 555 定时器

（1）电阻分压器

电阻分压器由 3 个 5kΩ 电阻串联而成（故称 555），将电源电压 V_{CC} 分为三等份，作用是为比较器 C_1、C_2 提供参考电压。

若控制端 CO 悬空或通过电容接地时，则

$$U_1 = \frac{2}{3}V_{CC} \qquad U_2 = \frac{1}{3}V_{CC}$$

若控制端 CO 外加控制电压 U_s 时，则

$$U_1 = U_s \qquad U_2 = \frac{U_s}{2}$$

（2）电压比较器

电压比较器是由两个结构相同的集成运放 C_1、C_2 构成。C_1 用来比较参考电压 U_1 和高电平触发端电压 U_{TH}：当 $U_{TH} > U_1$ 时，集成运放 C_1 输出为 0；当 $U_{TH} < U_1$ 时，集成运放 C_1 输出为 1。C_2 用来比较参考电压 U_2 和低电平触发端电压 $U_{\overline{TR}}$：当 $U_{\overline{TR}} > U_2$ 时，集成运放 C_2 输出为 1；当 $U_{\overline{TR}} < U_2$ 时，集成运放 C_2 输出为 0。

（3）基本 RS 触发器

由与非门 G_1、G_2 构成基本 RS 触发器，比较器 C_1 的输出作为基本 RS 触发器的置 0 输入端，若 C_1 输出为 0，则 $Q=0$；比较器 C_2 的输出作为基本 RS 触发器的置 1 输入端，若 C_2 输出为 0，则 $Q=1$。

$\overline{R}$ 端是定时器的复位输入端，若 $\overline{R}=0$，则定时器输出端 OUT $=0$。正常工作时应该使 $\overline{R}$ 端处于高电平。

（4）放电管 T

晶体管 T 称为放电管，工作于开关状态，其基极受基本 RS 触发器输出端 $\overline{Q}$ 的控制。当 $\overline{Q}=1$ 时，三极管饱和导通，放电端 D 通过导通的三极管为外电路提供放电的通路；当 $\overline{Q}=0$ 时，三极管截止，放电通路被截断。

2. 555 定时器的功能

在 1 脚接地，5 脚没有外接电压，两个比较器 C_1、C_2 基准电压分别为 $\frac{2}{3}V_{CC}$、$\frac{1}{3}V_{CC}$ 的情况下，555 定时器的功能如表 5.3 所示。

表 5.3　555 定时器功能表

输　入			输　出		功　能
$\overline{R}$	TH	$\overline{TR}$	OUT	放电管	
0	×	×	0	导通	复位
1	$> \frac{2}{3}V_{CC}$	$> \frac{1}{3}V_{CC}$	0	导通	置 0
1	$< \frac{2}{3}V_{CC}$	$> \frac{1}{3}V_{CC}$	不变	不变	保持
1	$< \frac{2}{3}V_{CC}$	$< \frac{1}{3}V_{CC}$	1	截止	置 1

（1）复位功能

当复位输入端 $\overline{R}=0$ 时，不管其他输入状态如何，输出 $Q=0$，$\overline{Q}=1$，放电管 T 导通。因此正常使用时，应使复位端置 1。

（2）置 0 功能

当复位端置 1，$U_{TH} > \frac{2}{3}V_{CC}$ 且 $U_{\overline{TR}} > \frac{1}{3}V_{CC}$，如图 5.2(a)所示，基本 RS 触发器的输入端 $\overline{R}\,\overline{S} = 01$，$Q=0$，$\overline{Q}=1$，此时输出端 OUT $=0$，具有置 0 功能。三极管 T 导通，放电端 D 通过三极管接地。

（3）保持功能

当复位端置 1，$U_{TH} < \frac{2}{3}V_{CC}$ 且 $U_{\overline{TR}} > \frac{1}{3}V_{CC}$，$\overline{R}\,\overline{S} = 11$，$Q$ 和 $\overline{Q}$ 均保持不变，此时输出端

OUT、三极管 T、放电端 D 均维持原来的状态，具有保持功能。

（4）置 1 功能

当复位端置 1，$U_{TH} < \frac{2}{3}V_{CC}$ 且 $U_{\overline{TR}} < \frac{1}{3}V_{CC}$，$\overline{R}\,\overline{S} = 10$，$Q = 1$，$\overline{Q} = 0$，此时输出端 OUT $= 1$，具有置 1 功能。三极管 T 截止，放电端 D 与地断路。

思考题 5-1

（1）555 定时器由哪几部分组成？各部分的作用是什么？

（2）在数字电路中，如果脉冲波形上升沿时间过长，作为时钟脉冲使用时，会给电路带来哪些问题？

5.2　555 定时器的应用

555 定时器是一种用途很广的集成电路，只要其外部配接少量阻容元件就可以构成各种各样的应用电路。因此，在波形变换与产生、测量控制、家用电器等方面有着广泛的应用。这里介绍施密特触发器、单稳态触发器和多谐振荡器三种典型应用电路。

5.2.1　555 定时器构成施密特触发器及应用

施密特触发器有 "0"、"1" 两个稳定状态，可将输入变化缓慢的电压波形变换成符合数字电路要求的矩形脉冲，由于其具有回差特性，所以具有较强的抗干扰能力，在波形变换、脉冲整形、脉冲鉴幅等方面有着广泛的应用。

555 定时器构成施密特触发器及应用讲解视频

1. 电路组成

将高电平触发端 TH 和低电平触发端 $\overline{TR}$ 连在一起，加入输入信号 u_i 就可以构成一个反相输出的施密特触发器。用 555 定时器构成的施密特触发器电路和工作波形如图 5.3 所示。5 脚对地接的电容一般为 $0.01\mu F$，用以防止高频干扰。

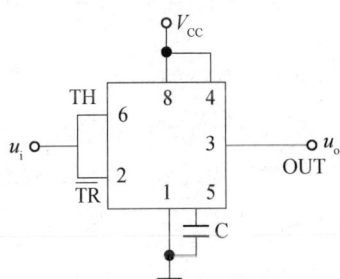

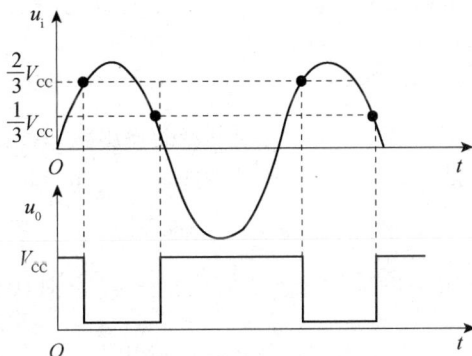

(a) 电路图　　　　　　　　(b) 输入输出波形图

图 5.3　555 定时器构成的施密特触发器

2. 工作原理

下面参照图 5.3(b)所示的电压波形讨论施密特触发器的工作原理。设输入信号 u_i 为最常见的正弦波，正弦波幅度大于 555 定时器的参考电压 U_1 ($\frac{2}{3}V_{CC}$)，电路输入和输出波形如图 5.3(b)所示。

先分析输入电压 u_i 由 0V 逐渐升高过程中电路的工作情况。

当 u_i 处于 $0 < u_i \leqslant \frac{1}{3}V_{CC}$ 上升区间时，根据 555 定时器功能表可知 $\overline{R}\,\overline{S}$ =10，$Q = 1$，OUT = 1。

当 u_i 处于 $\frac{1}{3}V_{CC} < u_i < \frac{2}{3}V_{CC}$ 上升区间时，根据 555 定时器功能表可知 $\overline{R}\,\overline{S}$ =11，Q 和 u_o 状态保持原状态不变。

当 u_i 一旦处于 $u_i \geqslant \frac{2}{3}V_{CC}$ 区间时，根据 555 定时器功能表可知 $\overline{R}\,\overline{S}$ =01，$Q = 0$，u_o=0，输出状态翻转，此刻引起输出电压跳变的输入电压值称为复位电平或上限阈值电压 U_{T+}。显然，由 555 定时器组成施密特触发器的 $U_{T+} = \frac{2}{3}V_{CC}$。

再分析输入电压 u_i 下降过程中电路的工作情况。

当 u_i 下降到 $\frac{1}{3}V_{CC} < u_i < \frac{2}{3}V_{CC}$ 区间时，根据 555 定时器功能表可知 u_o 保持原来状态"0"不变。

当 u_i 接着下降到 $u_i \leqslant \frac{1}{3}V_{CC}$ 区间时，根据 555 定时器功能表可知，u_o 又将"0"状态变为"1"状态，此时引起输出电压跳变的输入电压值称为置位电平或下限阈值电压 U_{T-}。显然，由 555 定时器组成施密特触发器的 $U_{T-} = \frac{1}{3}V_{CC}$。

施密特触发器的上限阈值电压 U_{T+} 和下限阈值电压 U_{T-} 的差值，称为回差电压，用 ΔU 表示，即 $\Delta U = U_{T+} - U_{T-}$。

根据以上分析可知，555 定时器构成的施密特触发器的上限阈值电压为 $U_{T+} = \frac{2}{3}V_{CC}$，下限阈值电压为 $U_{T-} = \frac{1}{3}V_{CC}$，回差电压 $\Delta U = \frac{1}{3}V_{CC}$。只要输入电压 u_i 上升到略大于 U_{T+} 或下降到略小于 U_{T-} 时，施密特触发器的输出状态都会发生翻转，从而输出边沿陡峭的矩形脉冲。

图 5.4 为 CO 端子悬空或通过电容接地时，施密特触发器的输出电压 u_o 随输入电压 u_i 变化的特性曲线，称为电压传输特性。由该特性可看出施密特触发器具有滞后特性，即当输入电压 u_i 由低电平上升到 $U_{T+} = \frac{2}{3}V_{CC}$ 时，输出电压 u_o 由高电平跳跃到低电平；当输入电压 u_i 由高电平下降到 $U_{T-} = \frac{1}{3}V_{CC}$ 时，输出电压由低电平跳跃到高电平。回差电压越大，施密特触发器的抗干扰能力越强，同时施密特触发器的灵敏度相应降低。

如果在 CO 端加上控制电压，则可以改变电路的 U_{T+}、U_{T-} 和 ΔU。例如：若 CO 端加的控制电压为 U_S，则 $U_{T+} = U_S$，$U_{T-} = \dfrac{1}{2}U_S$，$\Delta U = U_{T+} - U_{T-} = \dfrac{1}{2}U_S$。

3. 施密特触发器的特点

● 电平触发。当触发输入信号达到某一特定阈值时，电路输出会发生突变，施密特触发器的状态会从一个稳态翻转到另一个稳态。

● 回差特性。对于正向和负向增长的输入信号，电路有不同的阈值电压。

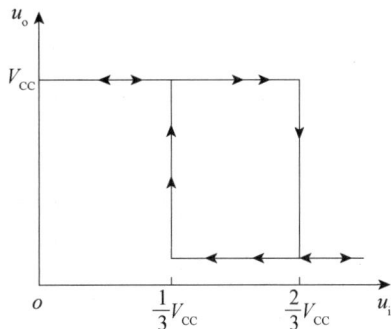
图 5.4　施密特触发器电压传输特性

● 无记忆功能。施密特触发器的稳态要靠外加信号维持，信号撤除会导致电路状态的改变。

利用以上特点不仅能将边沿变化缓慢的信号波形整形为边沿陡峭的矩形波，而且可以将叠加在矩形脉冲高、低电平上的噪声有效地加以清除。

4. 应用举例

（1）波形变换

利用施密特触发器可以将幅度变化的周期性信号变换为边沿很陡的矩形脉冲信号。如图 5.5 所示为一正弦信号和三角波信号转换为矩形脉冲信号的电路输入、输出电压波形图。只要输入信号的幅度大于上限阈值电压 U_{T+}，就可在施密特触发器的输出端得到同频率的矩形脉冲信号。

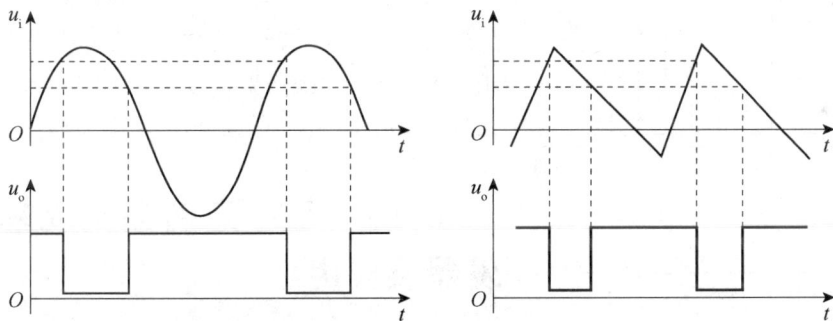

（a）正弦波变矩形波　　　　（b）三角波变矩形波
图 5.5　施密特触发器的波形变换

（2）脉冲整形

在数字系统中，矩形脉冲经传输后往往发生波形畸变，图 5.6 中给出了几种常见的情况。

当传输线上电容较大时，波形的上升沿和下降沿将明显变坏，如图 5.6(a)所示；当传输线较长，而且接收的阻抗与传输线的阻抗不匹配时，在波形的上升沿和下降沿将产生振荡现象，如图 5.6(b)所示；当其他脉冲信号通过导线间的分布电容或公共电源线叠加到矩形脉冲信号上时，信号将出现附加的噪声，如图 5.6(c)所示。无论出现上述哪种情况，都可以使用施密特触发器整形而获得比较理想的矩形脉冲信号。由图 5.6 可见，只要施密特触发器的 U_{T+} 和 U_{T-} 设置得合适，均能达到满意的整形效果。

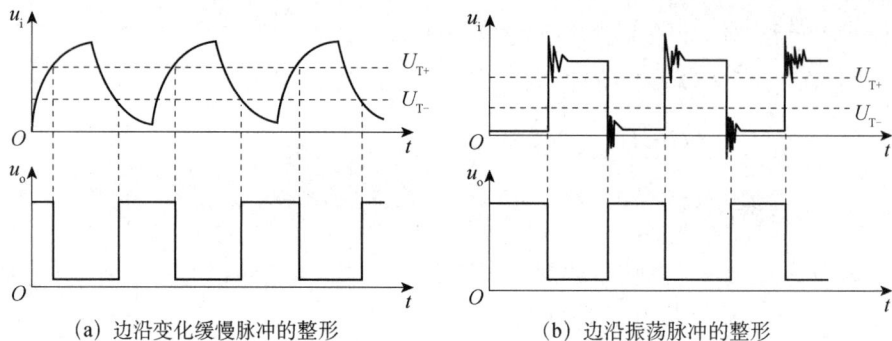

(a) 边沿变化缓慢脉冲的整形　　　　　　(b) 边沿振荡脉冲的整形

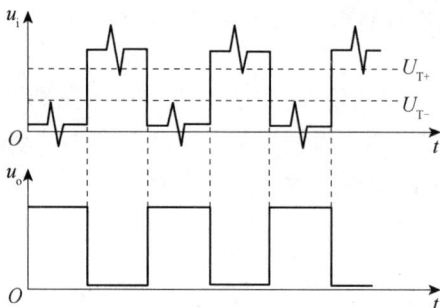

(c) 受到脉冲干扰脉冲的整形

图 5.6　施密特触发器的脉冲整形

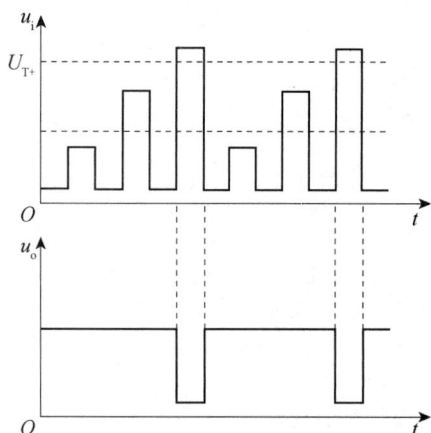

图 5.7　施密特触发器的脉冲鉴幅

555 定时器构成
单稳态触发器及
应用讲解视频

（3）脉冲鉴幅

由图 5.7 可见，若将一系列幅度各异的脉冲信号加到施密特触发器的输入端时，只有那些幅度大于 U_{T+} 的脉冲才会在输出端产生负脉冲输出。因此，施密特触发器能将幅度大于 U_{T+} 的脉冲选出，具有脉冲鉴幅的功能。

5.2.2　555 定时器构成单稳态触发器及应用

单稳态触发器在数字系统和装置中，一般用于定时、整形以及延时等。单稳态触发器有两个状态，一个为稳态"0"，另一个为暂稳态"1"。当没有外加触发脉冲作用时，电路始终处于稳态；只有在外加触发脉冲作用下，电路才从稳态翻转到暂稳态，经过一段时间后又自动返回到原来的稳态。单稳态触发器具有脉冲延时、脉冲定时等典型应用。

1. 电路组成

将低电平触发端 $\overline{TR}$ 作为输入信号端 u_i，将高电平触发端 TH 和放电端 D 接在一起，并与定时元件 R、C 相接，就可以构成一个单稳态触发器。用 555 定时器构成的单稳态触发器电路和工作波形如图 5.8 所示。

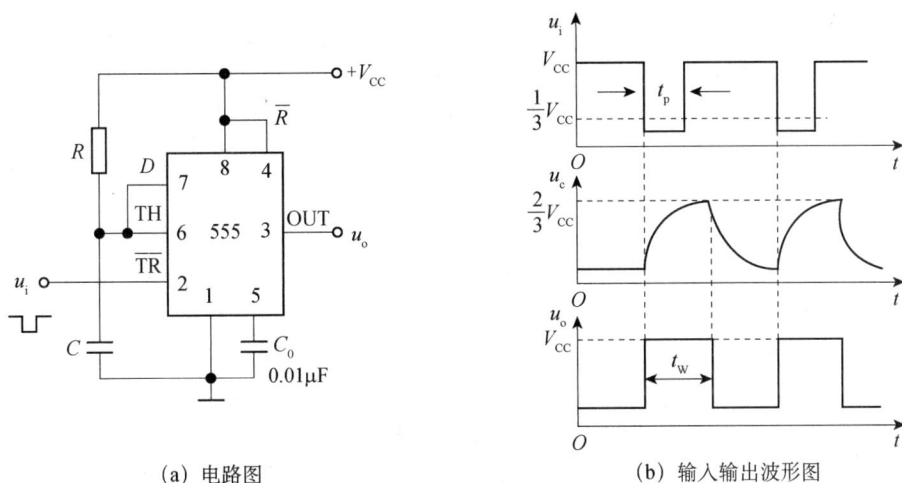

(a) 电路图　　　　　　　　　　　(b) 输入输出波形图

图 5.8　555 定时器构成的单稳态触发器

2. 工作原理

（1）稳态

接通电源且未加触发负脉冲时，输入 $u_i = U_{\overline{TR}} > \frac{1}{3}V_{CC}$，电源 V_{CC} 通过电阻 R 对电容 C 充电，U_C 上升，当电容 C 上的电压 $U_C > \frac{2}{3}V_{CC}$ 时，则 $U_{TH} > \frac{2}{3}V_{CC}$，根据 555 定时器功能可知，此时电路输出稳态"0"，同时放电管导通，电容 C 经放电管快速放电，使它两端电压为 0，电路保持稳态"0"不变。

（2）暂稳态

当负脉冲下降沿到来时，$u_i < \frac{1}{3}V_{CC}$，根据 555 定时器功能可知，此时电路输出状态由"0"变为"1"，同时放电管截止，电源通过 R 对 C 充电，U_C 上升，电路进入暂稳态。之后虽然负脉冲消失，$u_i > \frac{1}{3}V_{CC}$，但 U_C 仍未上升到 $\frac{2}{3}V_{CC}$，故暂稳态暂时维持一段时间。在暂稳态期间，输入电压 u_i 回到高平 V_{CC}。

（3）暂稳态自动返回稳态

随着电容 C 的充电，电容 C 上的电压 U_C 逐渐增大。当 $U_C \geq \frac{2}{3}V_{CC}$ 时（此时 $U_{TH} > \frac{2}{3}V_{CC}$，$U_{\overline{TR}} > \frac{1}{3}V_{CC}$），根据 555 定时器功能可知，电路输出状态自动恢复到稳态"0"，电路自动恢复到稳态。

暂稳态持续时间，即输出脉冲的宽度，它实际上为电容 C 上的电压由 $U_C \approx 0V$ 充到 $\frac{2}{3}V_{CC}$ 所需的时间，主要取决于充放电元件 R、C。脉冲宽度 $t_W = RC\ln 3 \approx 1.1RC$。由此可见，单稳态触发器输出脉冲宽度 t_W 与 R、C 大小成正比，只要合理选择 R 和 C 的数值，就可输出宽度符合要求的矩形脉冲。

3. 单稳态触发器工作特点

① 两个状态：一个是稳态，另一个是暂稳态。

② 当无触发脉冲作用时，单稳态触发器处于稳态。当有触发脉冲作用时，能从稳态翻转到暂稳态，暂稳态维持一定时间后，自动返回稳态。

③ 暂稳态维持时间的长短取决于电路本身的参数，与触发脉冲的宽度和幅度无关。

4. 应用举例

（1）脉冲延时

如果需要延迟脉冲的触发时间，可利用如图 5.9(a)所示的单稳态电路来实现。从图 5.9(b)所示的波形可以看出，经过单稳态电路的延迟，u_o 的下降沿比输入信号 u_i 的下降沿延迟了 t_W 的时间，因而可以用输出脉冲 u_o 的下降沿去触发其他电路，从而达到脉冲延时的目的。

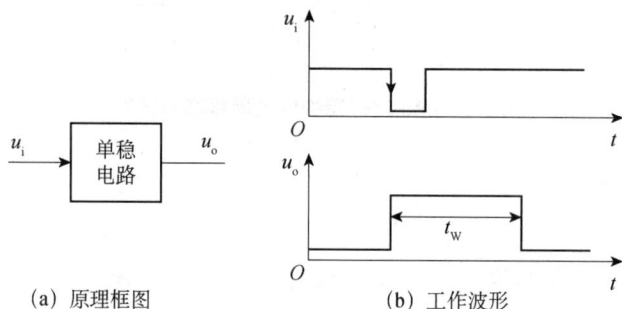

(a) 原理框图　　　　(b) 工作波形

图 5.9　单稳态电路的脉冲延时

如图 5.10 所示为延时电路原理图。开关闭合，555 定时器开始工作，一开始因电容两端电压不能突变，电容上电压为零，所以电阻上的电压接近电源电压，555 定时器输出"0"，继电器保持断开状态。同时电源向电容充电，电容两端电压不断上升，而电阻上的电压不断下降，当电容上电压上升至电源电压的 2/3，即电阻上电压下降至电源电压的 1/3 时，555 定时器输出"1"，继电器 KS 吸合。

从开关按下到继电器吸合的这阶段即延迟时间。延迟时间长短由 R、C 决定。

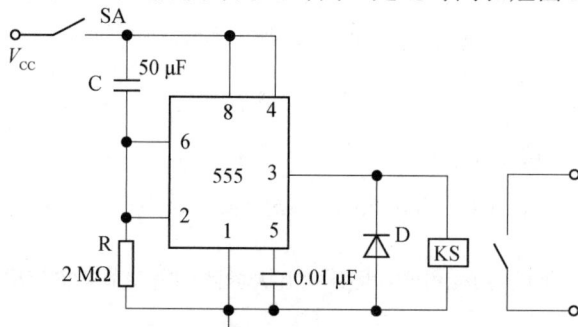

图 5.10　延时电路原理图

（2）脉冲定时

单稳态触发器能够产生一定宽度 t_W 的矩形脉冲，利用这个脉冲去控制某个电路，可使其仅在 t_W 时间内工作。例如，利用宽度为 t_W 的正矩形脉冲作为与门的一个输入信号，使得矩形脉冲为高电平 t_W 期间，与门的另一个输入信号 u_A 才能通过。脉冲定时的原理框图及工作波形如图 5.11 所示。

(a) 原理框图　　　　(b) 工作波形

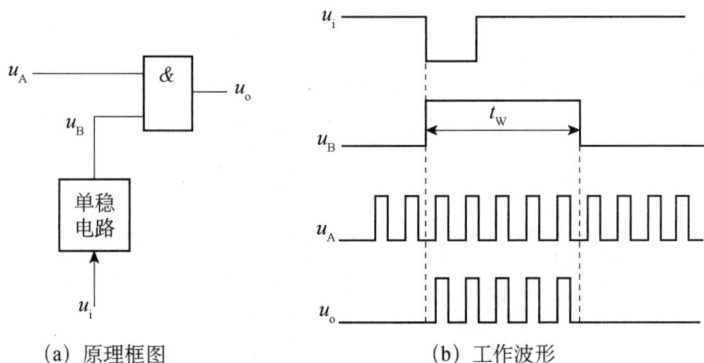

图 5.11　单稳态电路的脉冲定时电路

（3）触摸、声控双功能延时灯

图 5.12 所示为触摸、声控双功能延时灯电路。电路由电容降压整流电路、声控放大器、555 触发定时器和控制器组成，具有声控和触摸控制灯亮的双功能。

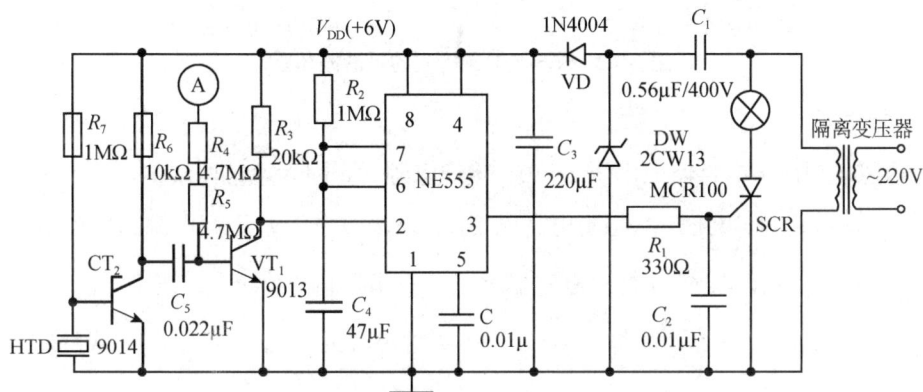

图 5.12　触摸、声控双功能延时灯电路

555 定时器和 VT$_1$、R_2、R_3、R_4 组成单稳定时电路，定时时间 $t_W = 1.1R_2C_4$。当声音传至压电陶瓷片 HTD 时，HTD 将声音信号转换成电信号，经三极管 VT$_1$、VT$_2$ 放大，触发 555 定时器，使 555 定时器的 3 脚输出端输出高电平，此高电平触发导通晶闸管 SCR，使电灯亮。若手触摸到金属片 A 时，人体感应的电信号经 R_4、R_5 加至 VT$_1$ 的基极，使 VT$_1$ 导通，触发 555 定时器，从而使电灯亮。

5.2.3　555 定时器构成多谐振荡器及应用

多谐振荡器是一种自激振荡器，其功能是产生一定频率和幅度的矩形波信号。由于矩形波中含有丰富的高次谐波分量，所以习惯上将矩形波振荡器叫做多谐振荡器。多谐振荡器一旦振荡起来后，电路没有稳态，只有两个暂稳态"0"和"1"。接通电源后，不需要外加触发信号，电路通过电容的充电和放电就可以在两个暂稳态之间相互转换，从而产生自激振荡，输出周期性的矩形脉冲信号，这两种暂稳态交替变化输出矩形脉冲信号，因此又被称为无稳态电路。多谐振荡器常用做脉冲信号源。

555 定时器构成多谐振荡器及应用讲解视频

1. 电路组成

555 定时器构成的多谐振荡器如图 5.13(a)所示，高电平触发端和低电平触发端相连，无外加输入信号，放电端接在两个电阻之间。电容电压波形和输出电压波形如图 5.13(b)所示。

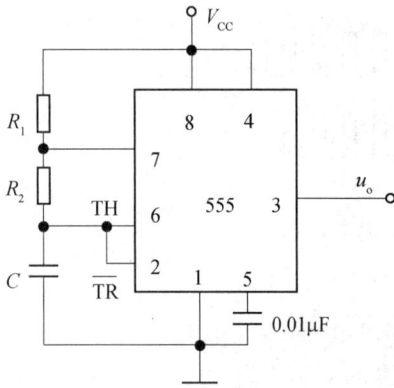

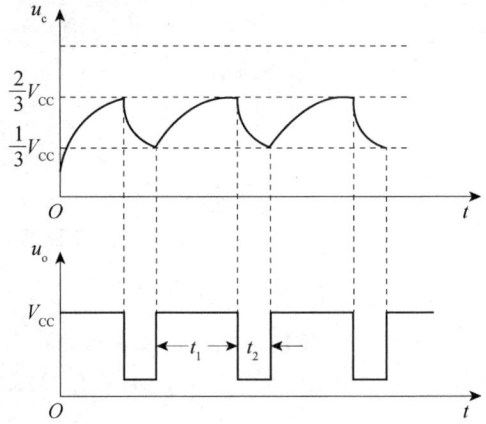

(a) 电路图　　　　　　　　(b) 电压波形图

图 5.13　555 定时器构成的多谐振荡器

2. 工作原理

假设接通电源前，电容器上电压 $U_C=0$。接通电源后，因为电容两端电压不能突变，所以有 $U_{TH} = U_{\overline{TR}} = U_C = 0 < \dfrac{1}{3}V_{CC}$，电路输出高电平 $u_o = 1$，放电管截止，电源向电容器充电。充电回路是 $V_{CC} \rightarrow R_1 \rightarrow R_2 \rightarrow C \rightarrow$ 地，电容器上电压按指数规律上升。当电容器上电压上升到电源电压的 2/3 时，$U_{TH} = U_{\overline{TR}} = U_C \geqslant \dfrac{2}{3}V_{CC}$，电路输出转为低电平 $u_o = 0$，完成从暂稳态"1"向暂稳态"0"的转变。

输出低电平时，放电管导通，电容放电，放电回路为 $C \rightarrow R_2 \rightarrow$ 放电管 $\rightarrow$ 地，电容器上电压按指数规律下降。当电容器上电压下降到电源电压的 1/3 时，$U_{TH} = U_{\overline{TR}} = U_C \leqslant \dfrac{1}{3}V_{CC}$，电路输出高电平 $u_o = 1$，完成从暂稳态"0"向暂稳态"1"的转变。同时放电管截止，电容器再次充电，如此周而复始，产生振荡，输出相应矩形波。

电路输出高电平的时间（充电时间）：$t_1 \approx 0.7(R_1 + R_2)C$

电路输出低电平的时间（放电时间）：$t_2 \approx 0.7R_2C$

振荡周期：$T = t_1 + t_2 \approx 0.7(R_1 + 2R_2)C$

振荡频率：$f = \dfrac{1}{T} = \dfrac{1}{0.7(R_1 + 2R_2)C}$

占空比：q=脉宽/周期，其中脉宽指的是一个周期内高电平所占的时间，因此有 $0 < q < 1$。图 5.13(a)电路输出的矩形波的占空比为 $q = \dfrac{t_1}{T} = \dfrac{R_1 + R_2}{R_1 + 2R_2}$。

3. 应用举例

（1）救护车变音警笛电路

如图 5.14(a)所示为模拟救护车变音警笛电路原理图。图中 I_{C1}、I_{C2} 都接成自激多谐振荡的工作方式。其中，I_{C1} 输出的方波信号通过 R_5 去控制 I_{C2} 的 5 脚电平。当 I_{C1} 输出高电平时，由 I_{C2} 组成的多谐振荡器电路输出频率较低的一种音频；当 I_{C1} 输出低电平时，由 I_{C2} 组成的多谐振荡器电路输出频率较高的另一种音频。因此 I_{C2} 的振荡频率被 I_{C1} 的输出电压调制为两种音频频率，使喇叭发出"嘀、嘟、嘀、嘟"的与救护车鸣笛声相似的变音警笛声，其波形见图 5.14(b)。改变 R_2、C_1 的参数，可改变"嘀、嘟"声的间隔时间；改变 R_4、R_3 的参数，可改变"嘀、嘟"声的音调。

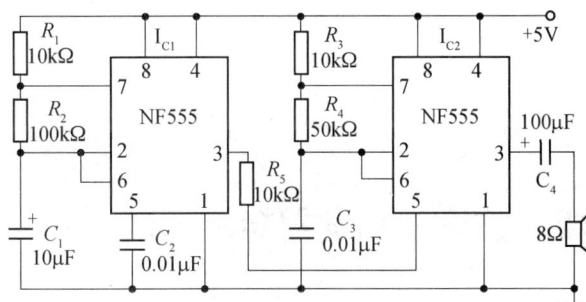

（a）救护车变音警笛电路图　　　（b）救护车变音警笛声波形图

图 5.14　救护车变音警笛电路及波形图

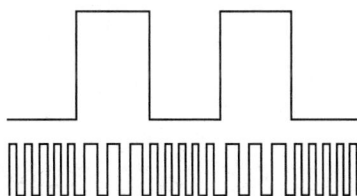

（2）简易催眠器

如图 5.15 所示为简易催眠器的电路原理图，图中 555 定时器构成一个极低频振荡器，输出一个个短的脉冲，使扬声器发出类似雨滴的声音。扬声器采用 2 英寸、8 欧姆小型动圈式。雨滴声的速度可以通过 100kΩ 电位器来调节到合适的程度。如果在电源端增加一简单的定时开关，则可以在使用者进入梦乡后及时切断电源。

（3）防盗报警器

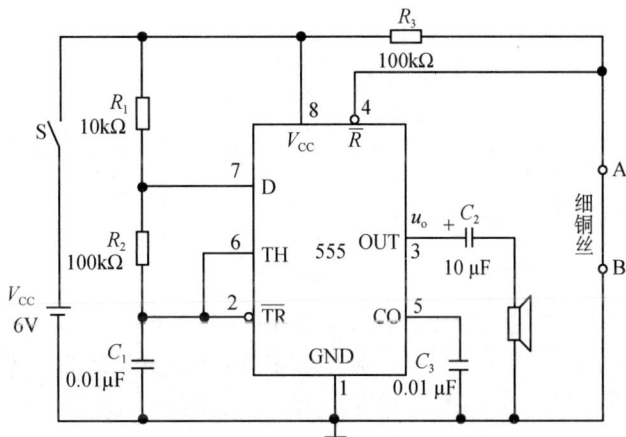

图 5.16 所示是防盗报警器电路，555 定时器组成音频多谐振荡器。在 A、B 间连接的细铜丝为控制元件，隐蔽安装在盗贼可能经过的地方。正常情况下，直接置零端 $\overline{R}$ 通过细铜丝接低电平或地，多谐振荡器不振荡。一旦盗贼入室将细铜丝碰断时，多谐振荡器振荡，通过扬声器发出声响，从而起到报警作用。

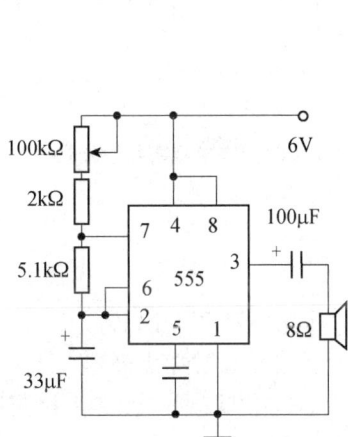

图 5.15　简易催眠器电路　　　图 5.16　防盗报警器电路

思考题 5-2

（1）施密特触发器的特点是什么？主要有哪些用途？

（2）用 555 定时器组成的单稳态触发器对输入触发脉冲有什么要求？

（3）555 定时器组成多谐振荡器的振荡频率主要取决于哪些元件的参数？

训练 5-1　555 定时器构成的施密特触发器功能测试

1. 训练要求

完成由 555 集成电路构成的施密特触发器逻辑功能测试。

2. 测试设备与元器件

设备：数字电路实验箱 1 台、直流稳压电源 1 台，信号发生器 1 台，示波器 1 台。

元器件：555 集成电路 1 块，0.01μF 电容 1 只，连接导线若干。

3. 集成电路外引脚排列图

555 集成电路外引脚排列图如图 5.17 所示，555 定时器构成施密特触发器如图 5.18 所示。

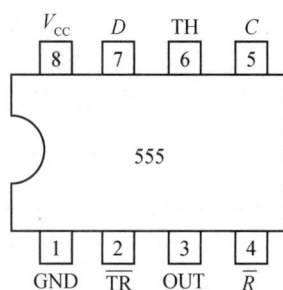

图 5.17　555 集成电路外引脚排列图

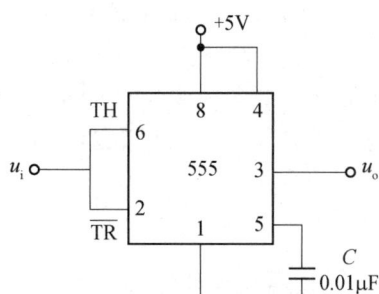

图 5.18　555 定时器构成施密特触发器

4. 测试内容及步骤

（1）按图 5.18 所示接好电路。

（2）在输入端加上峰值大于 4V，频率 500Hz 的正弦波，用示波器观察输出波形。

（3）在输入端加上峰值大于 4V，频率 500Hz 的三角波，用示波器观察输出波形。

（4）改变输入信号的频率分别为 100Hz、1kHz，用示波器观察输出波形的变化。将测试结果填入表 5.4 中。

表 5.4　施密特触发器逻辑功能测试表

输入信号			输出信号		
波形	频率	峰值	波形	频率	峰值
正弦波	500Hz	4V			
	100Hz	4V			
	1kHz	4V			
三角波	500Hz	4V			
	100Hz	4V			
	1kHz	4V			

思考题 5-3

（1）简述 555 定时器组成施密特触发器的方法。

（2）由 555 定时器组成的施密特触发器在输入控制端 CO 外接 8V 电压时回差电压是多大？

训练 5-2　555 定时器构成的单稳态触发器功能测试

1. 训练要求

完成由 555 集成电路构成的单稳态触发器逻辑功能测试。

2. 测试设备与元器件

设备：数字电路实验箱 1 台、示波器 1 台。

元器件：555 集成电路 1 块，2kΩ 电阻 1 只，4.7kΩ 电位器 1 只，0.1μF 电容 1 只，0.01μF 电容 1 只，连接导线若干。

3. 集成电路外引脚排列图

555 定时器构成单稳态触发器如图 5.19 所示。555 集成电路外引脚排列图可参见图 5.17。

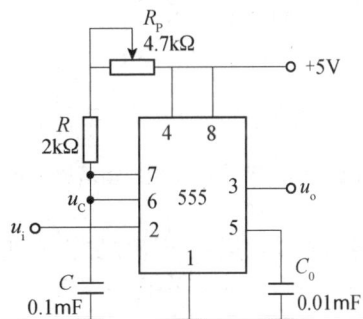

图 5.19　555 定时器构成单稳态触发器

4. 测试内容及步骤

（1）按图 5.19 所示接好电路。

（2）将 R_P 旋转到中间位置，输入负脉冲，用示波器同时观察 u_i 和 u_C 及 u_i 和 u_o 的波形，测出暂稳态的维持时间 t_W，并与理论计算值 $t_W = 1.1(R + R_P)C$ 比较。测量输出电压值，将结果填入表 5.5 中。

（3）其他条件不变，将 R_P 分别旋转到两端，观察输出端发光二极管发光时间的长短。

表 5.5　单稳态触发器逻辑功能测试表

R_P 位置 ╲ u_o	高电平时间	低电平时间	周　期	幅　值
中间				
逆时针到底				
顺时针到底				

思考题 5-4

（1）用 555 定时器组成的单稳态触发器，当输入触发脉冲的频率为 10kHz 时，则输出脉冲的频率为多少？

（2）对于 555 定时器组成的单稳态触发器来说，如果输入脉冲的宽度大于输出脉冲宽度时，对电路工作状态是否有影响？为什么？

训练 5-3　555 定时器构成的多谐振荡器功能测试

1. 训练要求

完成 555 集成电路构成的多谐振荡器逻辑功能测试。

2. 测试设备与元器件

设备：数字电路实验箱 1 台、示波器 1 台。

元器件：555 集成电路 1 块，4.7kΩ 电位器 2 只，0.1μF 电容 1 只，0.01μF 电容 1 只，连接导线若干。

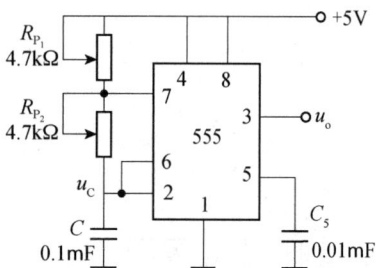

图 5.20　555 定时器构成多谐振荡器

3. 集成电路外引脚排列图

555 集成电路外引脚排列图可参见图 5.17，555 定时器构成多谐振荡器如图 5.20 所示。

4. 测试内容及步骤

（1）按图 5.20 所示接好电路，输出端接电平显示板。

（2）用示波器观察输出波形。

（3）将电位器 R_{P_1}、R_{P_2} 调到中间位置，接通电源，观察电平显示板上发光二极管 L_1 的闪烁情况，并分析闪烁原理填入表 5.6 中。

（4）单独调节电位器 R_{P_1}，观察 L_1 闪烁情况的变化，说明 R_{P_1} 的主要作用。

（5）单独调节电位器 R_{P_2}，观察 L_1 闪烁情况的变化，说明 R_{P_2} 的主要作用。

表 5.6　多谐振荡器逻辑功能测试表

电位器输出	闪烁频率（增大、减小）	说　明
R_{P_1} 增大		
R_{P_1} 减小		
R_{P_2} 增大		
R_{P_2} 减小		

思考题 5-5

（1）555 定时器组成多谐振荡器的振荡周期和振荡频率如何计算？

（2）555 定时器组成的多谐振荡器在振荡周期不变的情况下，如何改变输出脉冲的宽度？

训练 5-4　电子门铃电路仿真

1. 训练要求

（1）按图 5.1 创建一个叮咚门铃仿真电路，按下按钮时发出门铃的较高频率的"叮"声，松开按钮，发出较低频率的"咚"声。门铃叮咚声的声音频率和声音持续时间可调。

（2）通过按键开关，分别对应按键按下和断开的两种状态，控制两条不同的充电线路，产生两种不同的发声频率，从而实现"叮咚"的发声要求。

2. 实训设备

安装有 Multisim 软件的计算机。

3. 电路仿真

（1）创建仿真电路

① 555 定时器芯片的选取。在 Multisim14 软件的基础界面上，单击元器件工具栏中"Place Component"按钮，弹出元器件选择对话框，选择"Group"栏中的"Mixed"，"Family"栏中的"TIMER"系列，如图 5.21 所示。

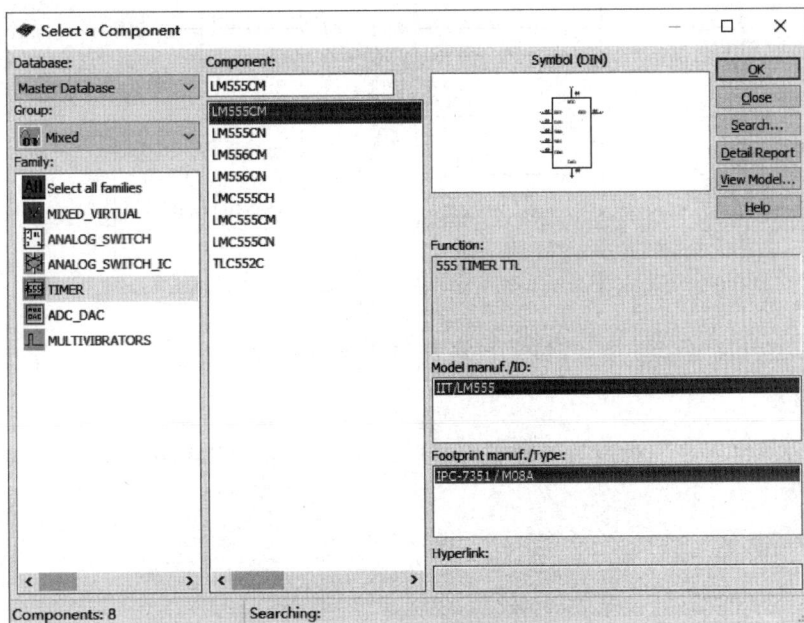

图 5.21　555 定时器芯片的选取

在"Component"列表中选"LM555CM"，单击"OK"按钮，则在电路编辑区中弹出选定器件 LM555CM，单击鼠标左键，将器件放在电路编辑区中合适的位置。在器件跟随光标移动时右击，可取消放置器件。

② 其他器件的选取

电源 VCC：Place Source→POWER_SOURCES→VCC。

接地：Place Source→POWER_SOURCES→GROUND。

电解电容：Place Basic→CAP_ELECTROLIT，选择 47μF、22μF。

瓷介电容：Place Basic→CAPACITOR，选择 0.01μF。

电阻：Place Basic→RESISTOR，选择 47kΩ、30kΩ、22kΩ。

二极管：Place DIODES→DIODES_VIRTUAL→DIODES_VIRTUAL。

开关：Place Electeo_mechanical→SUPPLEMENTARY_SWITCHES→PB_NC。

③ 虚拟示波器的放置。

单击菜单"Simulate"→"Instruments"→"Four Channel Oscilloscope"。

④ 电路连接。将各个元器件放置好（可适当旋转）以后进行连接，由于实验室计算机没有音箱，因此 Multisim 软件无法仿真声音，可用虚拟示波器代替扬声器的位置，观察输出波形，如图 5.22 所示。

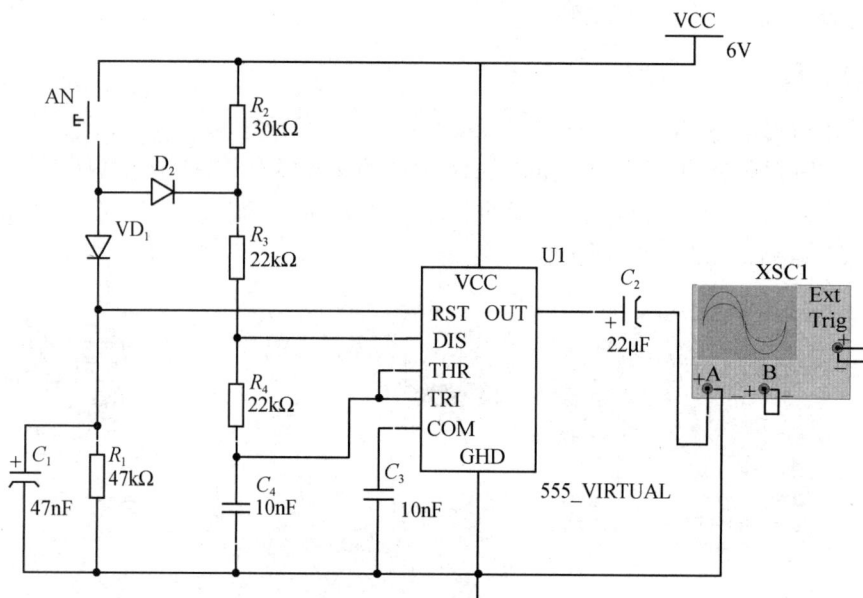

图 5.22　电子门铃电路仿真电路

（2）仿真测试

① 打开仿真开关，双击仿真示波器面板，分别观察按下按键和断开按键时的输出波形，将观察到的波形绘制下来。

② 接着将 R_3、R_4 的阻值更改为 2.2kΩ，双击仿真示波器面板，分别观察按下按键和断开按键时的输出波形，与更改前的输出波形进行比较，观察有何不同。

思考题 5-6

1. 将 R_3、R_4 的阻值更改为 2.2kΩ 后，波形的频率增大还是减小了？为什么？
2. "叮"声和"咚"声的频率如何计算？

项目总结

1. 555 定时器是一种应用广泛的集成器件，只需外接少量的阻容元件便可构成施密特触发器、单稳态触发器和多谐振荡器。555 定时器使用方便、灵活，有较高的触发灵敏度和较强的负载能力，在自动控制、仪器仪表、家用电器等许多领域都有着广泛的应用。

2. 施密特触发器是脉冲波形变换中经常使用的一种电路，不仅能将边沿变化缓慢的信号波形整形为边沿陡峭的矩形波，还可以将叠加在矩形脉冲上的噪声有效清除。施密特触发器有两个稳定状态。当输入信号上升到上限阈值电压 U_{T+} 时，电路从一个稳定状态翻转到另一个稳定状态；当输入信号下降到下限阈值电压 U_{T-} 时，电路又返回到原来的稳定状态。施密特触发器的回差电压 $\Delta U_T = U_{T+} - U_{T-}$。

3. 单稳态触发器一般用于定时、整形延时等。单稳态触发器有两个状态，一个为稳态"0"，另一个为暂稳态"1"。当没有外加触发脉冲作用时，电路始终处于稳态；只有在外加触发脉冲作用下，电路才从稳态翻转到暂稳态，经过一段时间后又自动返回到原来的稳态。暂稳态维持的时间为输出脉冲宽度，它由电路的 R、C 定时元件决定，与输入的触发信号没有关系。

4. 施密特触发器和单稳态触发器是两种常用的整形电路，可将输入的周期信号整形成符合要求的同频率矩形脉冲。

5. 多谐振荡器是一种自激振荡器，其功能是产生一定频率和一定幅度的矩形波信号。多谐振荡器没有稳定状态，只有两个暂稳态。暂稳态间的相互转换完全靠电路中电容的充电和放电自动完成，改变 R、C 定时元件数值的大小，即可调节振荡频率。

练习题

一、填空题

5-1　555 定时器型号的最后几位为 555 的是_____产品，7555 的是_____产品。

5-2　施密特触发器可将输入变化缓慢的信号变换成_____信号输出，它的典型应用有_____、_____和_____。

5-3　555 定时器的应用十分广泛，主要可以用它构成_____、_____和_____。

5-4　555 定时器构成的施密特触发器，电源电压为 V_{CC}，CO 端子悬空，则回差电压为_____。它可以将三角波变换成_____波。

5-5　555 定时器构成的单稳态电路如图 5.8（a）所示，输出暂稳态时间 t_w 为_____，单稳态电路的应用场合有_____、_____。

5-6　单稳态触发器输出脉冲的宽度与_____成正比。

5-7　555 定时器构成的多谐振荡器如图 5.13（a）所示，其输出信号的振荡周期公式为_____，占空比公式为_____。

5-8　由 555 定时器组成的多谐振荡器中，电路工作于振荡状态时 $\overline{R_D}$ 端应接_____，停止振荡时 $\overline{R_D}$ 端应接_____。

5-9　_____触发器有一个稳态和一个暂稳态。_____触发器具有回差特性，有两个稳态。_____没有稳态，只有两个暂稳态。

二、选择题

5-10　当施密特触发器用于波形整形时，输入信号的最大值应_____。
A. 大于上限阈值电压　　　　　　　　　B. 小于上限阈值电压
C. 大于下限阈值电压　　　　　　　　　D. 小于下限阈值电压

5-11　555 定时器构成的施密特触发器不能实现的功能是_____。
A. 波形变换　　　　B. 波形整形　　　　C. 脉冲鉴幅　　　　D. 脉冲定时

5-12　555 定时器构成的施密特触发器，当输入控制端 CO 外接电压 9V 时，回差电压为_____。
A. 3V　　　　　　B. 4.5V　　　　　　C. 6V　　　　　　D. 9V

5-13　多谐振荡器可以产生_____。
A. 正弦波　　　　B. 三角波
C. 矩形脉冲　　　D. 锯齿波

5-14　滞回特性是_____的基本特性。
A. 多谐振荡器　　　B. 施密特触发器
C. 单稳态触发器　　D. JK 触发器

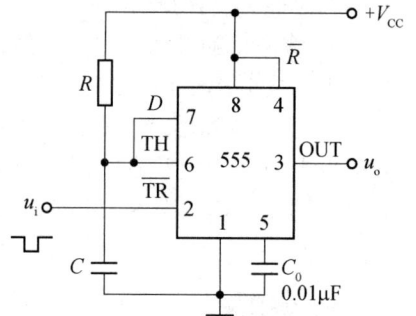

图 5.23　题 5-15 图

5-15　555 定时器构成的单稳态触发器如图 5.23 所示，图中 $R=20k\Omega$，$C=0.5\mu F$。则触发器的暂稳态持续时间为_____。
A. 10ms　　　　B. 11 ms
C. 20 ms　　　　D. 5 ms

5-16　555 定时器属于_____。
A. 时序逻辑电路　　　B. 组合逻辑电路
C. 模拟电子电路

5-17　脉冲整形电路有_____。
A. 多谐振荡器　　B. 单稳态触发器　　C. 施密特触发器　　D. 555 定时器

5-18　以下各电路中，_____可以产生脉冲定时。
A. 多谐振荡器　　B. 单稳态触发器　　C. 施密特触发器

5-19　单稳态触发器可用来_____。
A. 产生矩形波　　　　　　　　　B. 产生延迟作用

C. 存储信号　　　　　　　　　　　　D. 把缓慢变化的信号变成矩形波

5-20　为把 50Hz 的正弦波变成周期性矩形波，应当选用_____。

A. 施密特触发器　　　B. 单稳态电路　　　C. 多谐振荡器　　　　D. 译码器

5-21　555 定时器复位输入端不用时，应当_____。

A. 接高电平　　　　　　　　　　　　B. 接低电平

C. 通过 0.01μF 的电容接地　　　　　　D. 通过小于 500Ω 的电阻接地

5-22　为提高 555 定时器组成的多谐振荡器的频率，外接的 R、C 应_____。

A. 同时增大 R、C 值　　　　　　　B. 同时减小 R、C 值

C. 增大 R 值、减小 C 值　　　　　　D. 减小 R 值、增大 C 值

5-23　用来鉴别脉冲信号幅度时，应采用_____。

A. 稳态触发器　　　　　　　　　　　B. 双稳态触发器

C. 多谐振荡器　　　　　　　　　　　D. 施密特触发器

三、判断题

5-24　在应用中，555 定时器的 4 号引脚都是直接接地的。（　　　）

5-25　施密特触发器可用于将三角波变换成正弦波。（　　　）

5-26　多谐振荡器的输出信号的周期与阻容元件的参数成正比。（　　　）

5-27　单稳态触发器的暂稳态时间与输入触发脉冲宽度成正比。（　　　）

5-28　施密特触发器有两个稳态。（　　　）

5-29　施密特触发器的上限阈值电压一定大于下限阈值电压。（　　　）

5-30　多谐振荡器能产生具有两个稳定状态的矩形波信号。（　　　）

四、分析题

5-31　555 定时器构成的鉴幅电路，其输入输出波形如图 5.24 所示。已知 U_{T+}=3.6V，U_{T-}=1.8V。试画出能实现该鉴幅功能的电路图，并标明电路中相关的参数值。

5-32　已知施密特触发器的输入波形如图 5.25 所示。输入波形峰值为 U_T=10V，电源电压 V_{CC}=9V，（1）若输入控制端 CO 通过电容接地，试画出施密特触发器的输出波形；（2）若输入控制端 CO 外接电压 U_{CO}=8V，试画出施密特触发器的输出波形。

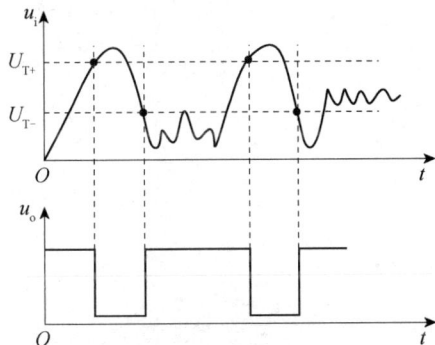

图 5.24　题 5-31 图

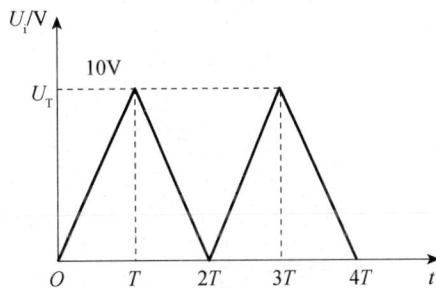

图 5.25　题 5-32 图

5-33 试用 555 定时器构成一个振荡周期为 2s、输出脉冲占空比 $q=2/3$ 的多谐振荡器。设电容 $C=10\mu F$。画出电路图。

5-34 图 5.26 所示是由 555 定时器构成的什么电路？图中控制扬声器是否鸣响的是哪个电位器？控制音调高低的又是哪个电位器？若原来无声，如何调节才能鸣响？欲提高音调，又该如何调节？

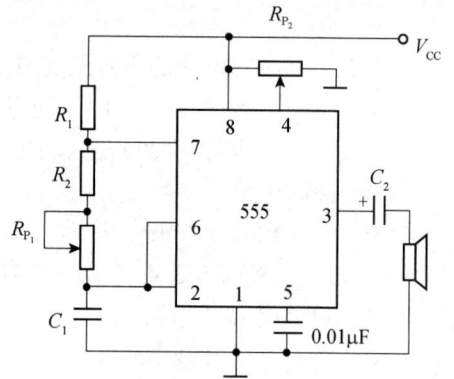

图 5.26 题 5-34 图

项目6　数字电压表的设计与制作

随着现代电子技术的发展，在工业生产过程控制、通信、信号检测等领域，广泛采用计算机对信号进行运算和处理。计算机处理的都是数字信号，而在日常生活中，绝大多数的物理量都是连续变化的模拟量，例如温度、压力等，它们的值都是随时间连续变化的，而这些模拟量经传感器转换后所产生的电信号仍然是模拟信号，如果用数字系统对这些信号进行处理时，必须将电信号转换为数字信号，即模数转换；同样，经过处理的数字信号还需要转换为模拟信号才能被外界所接收，这个过程即数模转换。因此，模数转换和数模转换是数字电子技术中的重要组成部分。本项目在介绍数模转换器和模数转换器工作原理的基础上，完成集成转换芯片的功能测试及数字电压表的制作。

工作任务

数字电压表的制作

1. 工作任务单

（1）熟悉由 ADC0809 构成的简易数字电压表的原理。

（2）画出布线图。

（3）完成电路所需元器件的购买和检测。

（4）根据布线图完成数字电压表电路的制作。

（5）完成数字电压表电路的功能检测和故障排除。

（6）编写项目实训报告。

2. 电路制作

由 ADC0809 构成的简易数字电压表原理图如图 6.1 所示。

（1）实训目的

① 熟悉 ADC0809 芯片的逻辑功能。

② 熟悉由 ADC0809 芯片构成的 0～5V 简易数字电压表的工作原理和特点。

③ 掌握 ADC0809 芯片的正确使用。

（2）实训设备与元器件

① 实训设备：直流稳压电源、万用表等。

② 实训元器件：如表 6.1 所示。

表 6.1　元器件明细表

序号	代号	名称	规格和型号	数量
1	U1	单片机	AT89C51	1
2	X1	晶振	12MHz	1
3	C_1、C_2	电容	30pF	2
4	SMG1、SMG2	数码管	共阳	2
5	R_1、R_2	电阻	1kΩ	2
6	RV1	变阻器	0～10kΩ 可调	1
7	U2	A/D 转换器	ADC0809	1
8		导线		若干

（3）实训项目功能

用 ADC0809 单片机设计一个 0～5V 的数字电压表，调节电阻器得到不同的被测电压，将此模拟电压值输入到 ADC0809 的 IN0 通道，进行 A/D 转换，单片机（程序已经固化）得到实际的电压值，通过数码管显示出来。

（4）实训电路与说明

① 电路组成。

实训电路如图 6.1 所示，在单片机的最小系统基础上，单片机的 P0 口与 ADC0809 的数据输出口 D_0～D_7 相连，用于接收 A/D 转换后的数据，单片机的 ALE 引脚直接给 ADC0809 的 CLK 引脚提供采样脉冲，ADC0809 的 3 个地址选择端接地以选择 IN0 通道，ADC0809 的 OE 脚接单片机的 P2.5 脚，ADC0809 的 ALE 和 START 脚接单片机的 P2.6 脚，ADC0809 的 EOC 脚接单片机的 P2.7 脚，单片机接数码管显示 2 位十六进制数来反映 A/D 转换后的数字量。

② 电路工作过程。

启动 A/D 转换及获得数据的过程为：单片机的 P2.6 用上升沿锁存通道地址（这里是 000，IN0）和清除 ADC0809 内部寄存器的内容，用下降沿启动 A/D 转换。当 A/D 转换结束时，ADC0809 芯片的 EOC 脚信号变为高电平，单片机通过 P2.0 脚读到此信号为高电平时，用 P2.5 向 ADC0809 的 OE 脚发送"1"电平，命令 ADC 芯片送出 A/D 转换数据，单片机通过 P0 口读取该数据（可用万用表测量出八位数字量）。

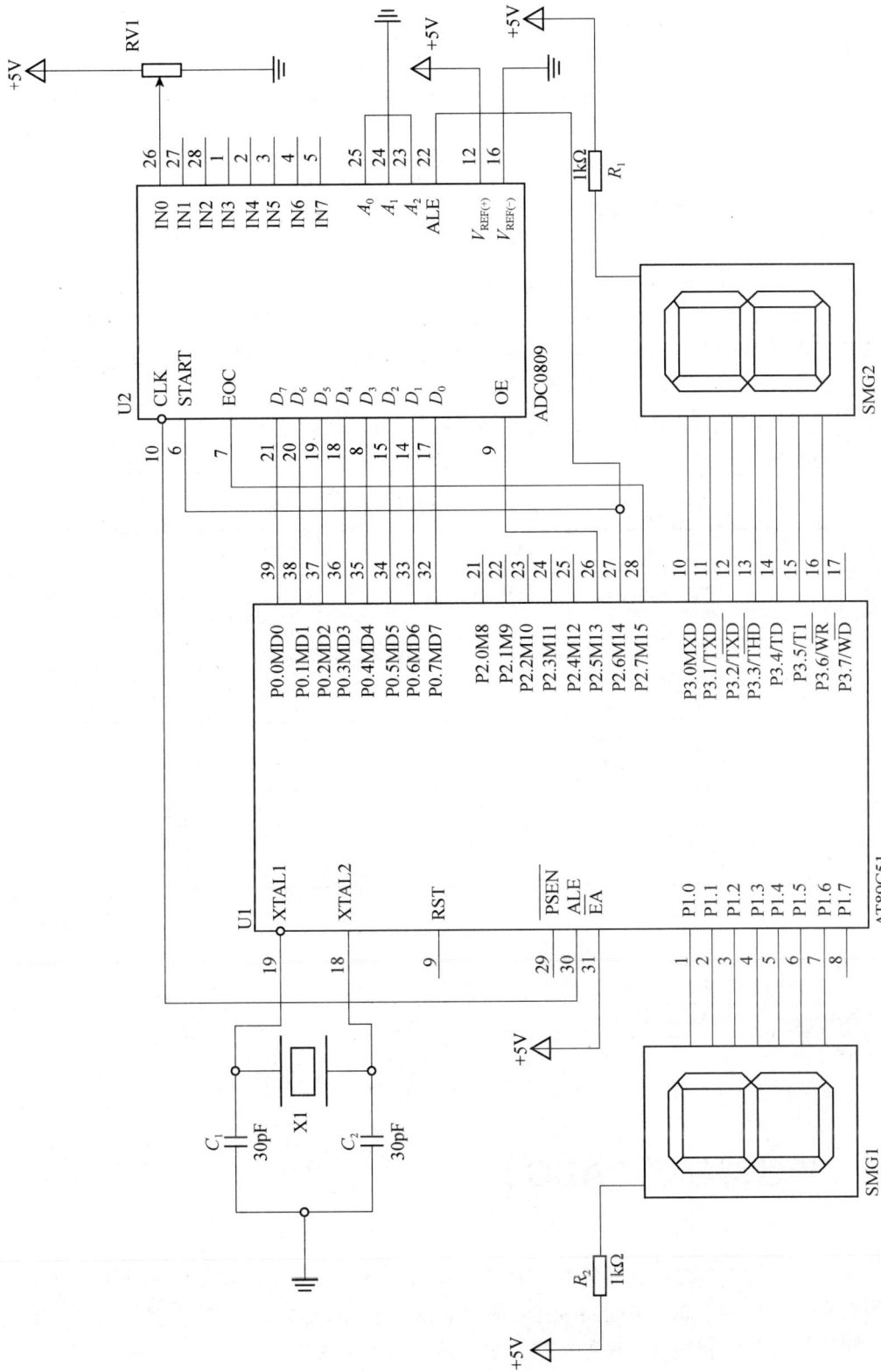

图 6.1　由 ADC0809 构成的简易数字电压表

（5）实训电路的安装与功能验证

① 安装。

第1步：检测与查阅元器件。通过查阅集成电路手册，标出电路图中各集成电路输入、输出的引脚编号。

第2步：根据如图 6.1 所示的数字电压表原理图，画出安装布线图。

第3步：根据安装布线图完成电路的安装。

② 功能验证。

第1步：用万用表测量被测直流信号的电压值。

第2步：将被测直流电压送入 ADC0809 的 IN0 通道，启动本装置，读数码管的值。

第3步：改变被测信号的电压值，重复测量，算一下 ADC0809 的转换误差。

（6）完成电路的详细分析及编写项目实训报告

整理相关资料，完成电路的详细分析及编写项目实训报告。

（7）实训考核（见表 6.2）

表 6.2　实训考核表

项　目	内　容	配　分	得　分
工作态度	1. 工作的主动性、积极性 2. 操作的安全性、规范性 3. 遵守纪律情况	20 分	
电路安装	1. 安装图的绘制情况 2. 数字电压表电路安装	40 分	
功能测试	1. 单片机 ALE 脚脉冲测试 2. 数码管显示电路测试 3. ADC0809 转换电路测试	30 分	
5S 规范	整理工作台，离场	10 分	
合计		100 分	

知识链接

6.1　模数转换器（ADC）

模数转换是将模拟量转换为数字量，使输出的数字量与输入的模拟量成正比。完成模数转换的电路称为模数转换器（Analog to Digital Converter，ADC）。模数转换器（ADC）的基本功能是将模拟信号 A 转换成 n 位的数字量 D（数字电流或数字电压）。

6.1.1　A/D 转换器的基本工作原理

A/D 转换是将时间和数值上连续变化的模拟量转换成时间和数值上都是离散的数字量。A/D 转换需经过采样、保持、量化、编码这 4 个过程，图 6.2 为 A/D 转换器的原理框图。

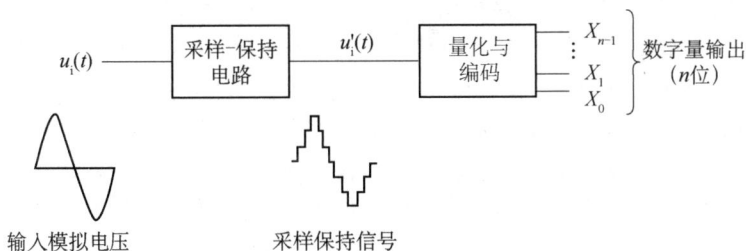

A/D 转换器的基本工作原理讲解视频

图 6.2　A/D 转换器原理框图

1. 采样与保持

所谓采样，就是在一个微小的时间内对模拟信号进行取样。图 6.3 是常见的采样-保持电路和采样波形。当采样信号 u_S 为高电平，使 T 导通的时间为采样时间，此时输入模拟量 u_i 对电容 C 充电，这个过程是采样过程；采样信号 u_S 为低电平，使 T 截止时，电容 C 上的电压保持不变，这是保持过程。

2. 量化与编码

采样和保持后的信号仍然是时间上离散的模拟信号，它的取样信号的取值是任意的，而数字信号的取值是有限的或离散的。例如，用 3 位二进制数来表示，则只有 8 种状态，也就是只有 000～111 共 8 个离散的取值。因此要实现幅度的离散化，就要用具体的数字量来近似地表示对应的模拟值。任意一个数字量的大小都是以某个最小数量单位的整数倍来表示的，这个最小的数量单位称为量化单位，用 Δ 表示，采样信号和量化单位比较而转换为量化单位整数倍的过程称为量化。量化一般有以下两种方法。

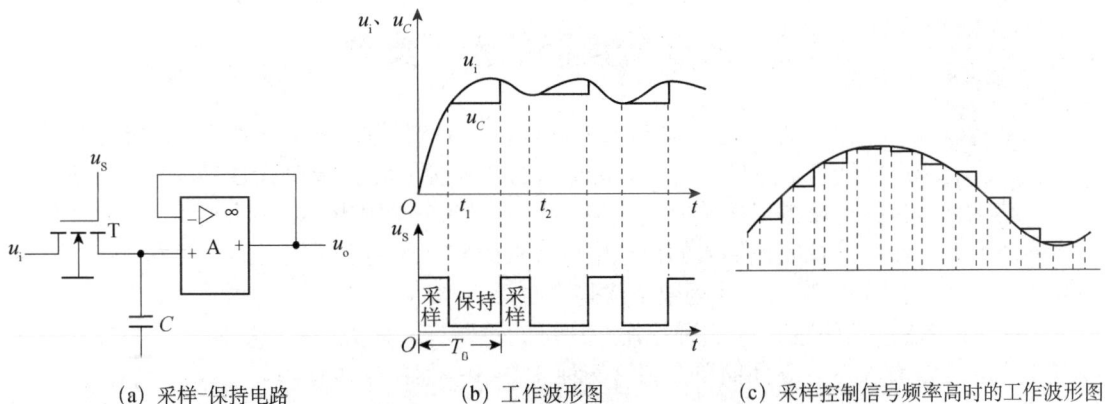

(a) 采样-保持电路　　(b) 工作波形图　　(c) 采样控制信号频率高时的工作波形图

图 6.3　采样-保持电路和采样波形

（1）四舍五入法
把小于 Δ/2 的电压作为"0Δ"处理，把大于等于 Δ/2 且小于 3Δ/2 的电压作为"1Δ"处理。

（2）舍去小数法

把小于 Δ 的电压作为"0Δ"处理，把大于等于 Δ 而小于 2Δ 的电压作为"1Δ"处理。

例如：设 Δ=1，采样值分别为：2V、4.4V、4.5V 和 5.7V，如果采用四舍五入法，则量化结果为：$2V = 2\Delta$，$4.4V = 4\Delta$，$4.5V = 5\Delta$，$5.7V = 6\Delta$；如果采用舍去小数法，则量化结果为：$2V = 2\Delta$，$4.4V = 4\Delta$，$4.5V = 4\Delta$，$5.7V = 5\Delta$。显然，采用不同量化方式其结果存在差异，而且上述量化结果与采样值之间存在误差，这种误差称为量化误差。

把上述量化结果用数字代码表示称为编码。3 位代码可表示 0Δ～7Δ；4 位代码可表示 0Δ～15Δ；8 位代码可表示 0Δ～127Δ；n 位代码可表示 0Δ～$(2^n-1)\Delta$。0～1V 模拟信号转换为 3 位二进制代码，划分量化电平的两种方法如图 6.4 所示。

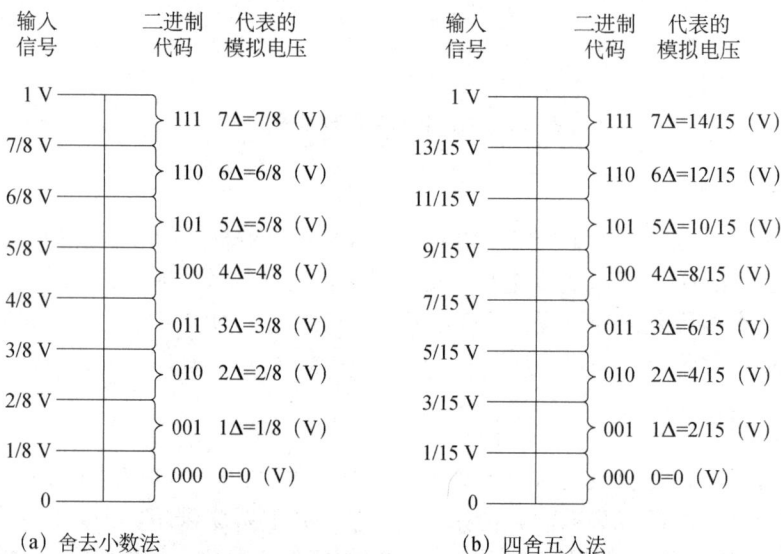

图 6.4 划分量化电平的两种方法

用数字代码表示量化结果的过程，就是编码。这些二进制代码就是 A/D 转换的输出结果。编码位数越多，量化误差越小，准确度越高。

A/D 转换器常用类型和主要技术指标讲解视频

6.1.2 A/D 转换器的常用类型

根据 A/D 转换器的原理可以将 A/D 转换器分为两大类：一类是直接型 A/D 转换器，另一类是间接型 A/D 转换器。在直接型 A/D 转换器中，输入的模拟电压被直接转换成数字代码，不经任何中间变量。而在间接型 A/D 转换器中，首先把输入的模拟电压转换成某种中间变量（时间、频率、脉冲宽度等），然后再将这些中间变量转换为数字代码输出。

A/D 转换器的类型很多，但目前应用较广泛的主要有两种类型：逐次逼近型 A/D 转换器和双积分型 A/D 转换器。下面简单介绍这两种 A/D 转换器的基本原理。

1. 逐次逼近型 A/D 转换器（ADC）

逐次逼近型 ADC 的结构框图如图 6.5 所示，包括 4 个部分：比较器、DAC、寄存器和控制逻辑。

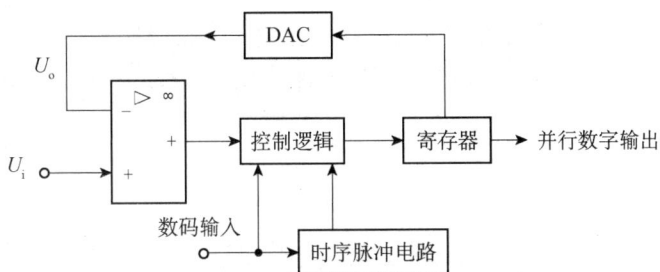

图 6.5　三位逐次逼近型 ADC 的结构框图

逐次逼近型 ADC 是将大小不同的参考电压与输入模拟电压逐步进行比较，比较结果以相应的二进制代码表示。转换前先将寄存器清零。转换开始后，控制逻辑将寄存器的最高位置为 1，使其输出为 100…0，这个数码被 D/A 转换器转换成相应的模拟电压 U_o，送到比较器与输入电压 U_i 进行比较。若 $U_o > U_i$，说明寄存器输出数码过大，故将最高位的 1 变成 0，同时将次高位置 1；若 $U_o \leq U_i$，说明寄存器输出数码还不够大，则应将这一位的 1 保留，依次类推将下一位置 1 进行比较，直到最低位为止。

比较结束，寄存器中的状态就是转化后的数字输出，此比较过程与天平称量一个物体重量时的操作一样，只不过使用的砝码重量依次减半。

例 6-1　一个 4 位逐次逼近型 ADC 电路，输入满量程电压为 5V，现加入的模拟电压 U_i=4.58V，求：（1）ADC 输出的数字是多少？（2）误差是多少？

解：（1）第一步：使寄存器的状态为 1000，送入 DAC，由 DAC 转换为输出模拟电压

$$U_o = \frac{U_m}{2} = \frac{5}{2} = 2.5\,\text{V}$$

因为 $U_o < U_i$，所以寄存器最高位的 1 保留。

第二步：寄存器的状态为 1100，由 DAC 转换输出的电压

$$U_o = (\frac{1}{2} + \frac{1}{4})U_m = 3.75\,\text{V}$$

因为 $U_o < U_i$，所以寄存器次高位的 1 也保留。

第三步：寄存器的状态为 1110，由 DAC 转换输出的电压

$$U_o = (\frac{1}{2} + \frac{1}{4} + \frac{1}{8})U_m = 4.38\,\text{V}$$

因为 $U_o < U_i$，所以寄存器第三位的 1 也保留。

第四步：寄存器的状态为 1111，由 DAC 转换输出的电压

$$U_o = (\frac{1}{2} + \frac{1}{4} + \frac{1}{8} + \frac{1}{16})U_m = 4.69\,\text{V}$$

因为 $U_o > U_i$，所以寄存器最低位的 1 去掉，只能为 0。

所以，ADC 输出数字量为 1110。

（2）转换误差为　4.58-4.38 =0.2V

逐次逼近型 ADC 的数码位数越多，转换结果越精确，但转换时间也越长。这种电路完成一次转换所需时间为 $(n+2)T_{CP}$。式中，n 为 ADC 的位数，T_{CP} 为时钟脉冲周期。

2. 双积分型 A/D 转换器

双积分型 A/D 转换器属于间接型 A/D 转换器，它是把待转换的输入模拟电压先转换为一

个中间变量，例如时间 T，然后再对中间变量量化编码，得出转换结果，这种 A/D 转换器多采用电压—时间变换型（简称 VT 型）。图 6.6 给出的是双积分型 A/D 转换器原理图。

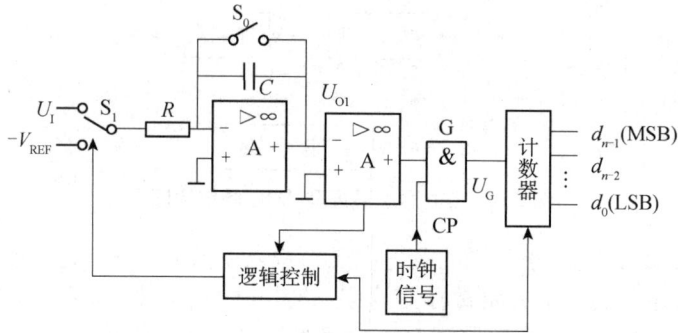

图 6.6 双积分型 AD 转换器原理图

转换开始前，先将计数器清零，并接通 S_0 使电容 C 完全放电。转换开始，断开 S_0。整个转换过程分两阶段进行。

第一阶段，令开关 S_1 置于输入信号 U_I 一侧，积分器对 U_I 进行固定时间 T_1 的积分。积分结束时积分器的输出电压为：

$$U_{O1} = \frac{1}{C}\int_0^{T_1}(-\frac{U_I}{R})\mathrm{d}t = -\frac{T_1}{RC}U_I$$

可见积分器的输出 U_{O1} 与 U_I 成正比。这一过程称为转换电路对输入模拟电压的采样过程。在采样开始时，逻辑控制电路将计数门打开，计数器计数。当计数器达到满量程 n 时，计数器由全"1"复"0"，这个时间正好等于固定的积分时间 T_1。计数器复"0"时，同时给出一个溢出脉冲（即进位脉冲）使控制逻辑电路发出信号，令开关 S_1 转换至参考电压 $-V_{REF}$ 一侧，采样阶段结束。

第二阶段称为定速率积分过程，将 U_{O1} 转换为成比例的时间间隔。采样阶段结束时，一方面因参考电压 $-V_{REF}$ 的极性与 U_I 相反，积分器向相反方向积分。计数器由 0 开始计数，经过 T_2 时间，积分器输出电压回升为零，过零比较器输出低电平，关闭计数门，计数器停止计数，同时通过逻辑控制电路使开关 S_1 与 U_I 相接，重复第一步，如图 6.6 所示。因此得到：

$$\frac{T_2}{RC}V_{REF} = \frac{T_1}{RC}U_I$$

即

$$T_2 = \frac{T_1}{V_{REF}}U_I$$

可见，反向积分时间 T_2 与输入模拟电压成正比。

在 T_2 期间计数门 G 打开，标准频率为 f_{CP} 的时钟通过 G，计数器对 U_G 计数，计数结果为 D，则计数的脉冲数为

$$D = \frac{T_1}{T_{CP}V_{REF}}U_I = \frac{n_1}{V_{REF}}U_I$$

计数器中的数值就是 A/D 转换器转换后数字量，至此即完成了 VT 转换。若输入电压 $U_{I1}<U_I$、$U'_{O1}<U_{O1}$，则 $T_2'<T_2$，它们之间也都满足固定的比例关系，如图 6.7 所示。

双积分型 A/D 转换器若与逐次逼近型 A/D 转换器相比较，因有积分器的存在，积分器的输出只对输入信号的平均值有所响应，所以，它突出的优点是工作性能比较稳定且抗干扰能力强。由以上分析可以看出，只要两次积分过程中积分器的时间常数相等，计数器的计数结

果与 *RC* 无关，所以，该电路对 *RC* 精度的要求不高，而且电路的结构也比较简单。双积分型 A/D 转换器属于低速型 A/D 转换器，一次转换时间在 $1\sim2\text{ms}$，而逐次逼近型 A/D 转换器可达到 $1\mu\text{s}$。不过在工业控制系统中的许多场合，毫秒级的转换时间已经足足有余，双积分型 A/D 转换器的优点正好有了用武之地。

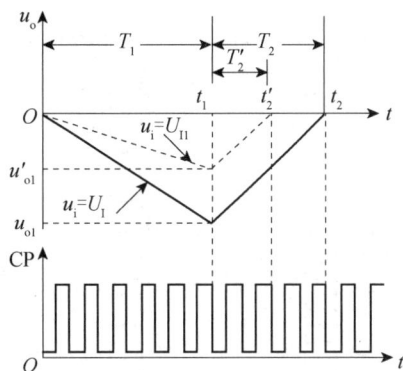

图 6.7　双积分型 A/D 转换器波形图

6.1.3　A/D 转换器的主要技术指标

1. 分辨率

分辨率是指当输出数字量的最低位变化一个单位时，输入模拟量的必须变化量，即

$$\text{分辨率} = \frac{\text{模拟输入量满度值}}{2^n - 1}$$

式中，n 为转换器的位数。位数越多，其量化误差越小，转换精度越高，分辨率也就越高。

2. 转换误差

转换误差表示转换器输出的数字量和理想输出数字量之间的差别，并用最低有效位的倍数来表示。

A/D 转换器的位数应满足所要求的转换误差。例如，A/D 转换器的模拟输入电压的范围是 $0\sim5\text{V}$，要求其转换误差为 0.05%，则其允许最大误差为 2.5mV，在此条件下，如果系统不考虑其他误差，则选用 12 位的 A/D 转换芯片就能满足要求。如果考虑到系统还有其他的误差，则应相应地增加 A/D 转换的位数，才能使转换误差不会超出所要求的范围。

3. 转换速度

转换速度指完成一次转换所需的时间。转换时间是指从接到转换控制信号开始到输出端得到稳定的数字输出信号所经过的这段时间。转换时间越短，则转换速度越快。双积分型 ADC 的转换时间在几十毫秒至几百毫秒之间；逐次逼近型 ADC 的转换时间大都在 $10\sim50\mu\text{s}$，并行比较型 ADC 的转换时间可达 10ns。

4. 电源抑制比

输出电压的变化与对应的电源电压的变化之比，称为电源抑制比。在输入模拟信号不变的情况下，当转换电路的供电电源发生变化时，对输出也会产生影响。这种影响可用输出数字量的绝对变化量来表示。

此外，还有一些参数，如：输入模拟电压范围及输入电阻、输出数字信号的逻辑电平与带负载能力，温度系数、电源功率消耗等技术指标。

6.1.4　集成 A/D 转换器的功能及应用

8 位逐次逼近型 A/D 转换器 ADC0809 是一种单片 CMOS 器件，它内部包含 8 位数模转换器、8 通道多路转换器和与微处理器兼容的控制逻辑。8 通道多路转换器直接连接 8 个单端模拟信号中的任意一个。芯片引脚排列图如图 6.8 所示。

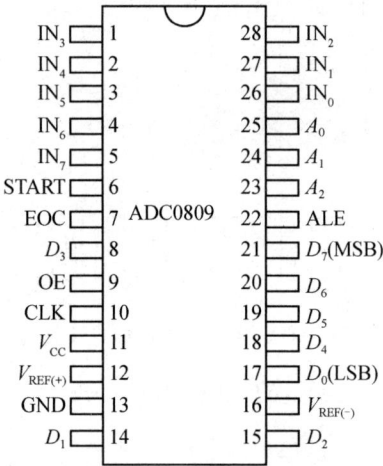

图 6.8 ADC0809 的芯片引脚排列图

ADC0809 各引脚功能介绍如下。

（1）$IN_0 \sim IN_7$：8 路输入通道的模拟量输入端口。

（2）$D_0 \sim D_7$：8 位数字量输出端口。

（3）START、ALE：START 为启动控制输入端口，ALE 为地址锁存控制信号端口。这两个信号连接在一起，当给一个正脉冲时，便立刻启动提取转换。

（4）EOC、OE：EOC 为转换结束信号脉冲输出端口，OE 为输出允许控制端口。这两个信号也可以连接在一起，表示转换结束。OE 端的电平由低变高，打开三态输出锁存器，将转换结果的数字量输出到数据总线上。

（5）$V_{REF(+)}$、$V_{REF(-)}$、V_{CC}、GND：$V_{REF(+)}$、$V_{REF(-)}$ 为参考电源输入端，V_{CC} 为主电源输入端，GND 为接地端。一般 $V_{REF(+)}$ 与 V_{CC} 连接在一起，$V_{REF(-)}$ 和 GND 连接在一起。

（6）CLK：时钟输入端。

（7）A_0、A_1、A_2：8 路模拟开关 3 位地址选通输入端，以选择对应的输入通道，其对应关系见表 6.3。

表 6.3 地址输入与模拟输入通道的选通关系

选通模拟通道		IN_0	IN_1	IN_2	IN_3	IN_4	IN_5	IN_6	IN_7
地址	A_2	0	0	0	0	1	1	1	1
	A_1	0	0	1	1	0	0	1	1
	A_0	0	1	0	1	0	1	0	1

如图 6.9 所示为 ADC0809 的内部框图。

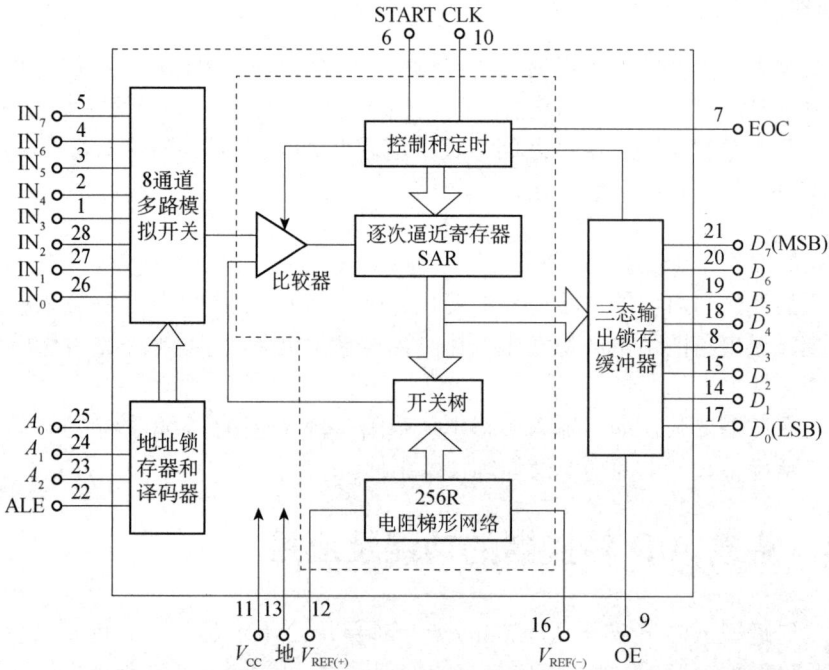

图 6.9 ADC0809 内部框图

　　ADC0809 常常用于单片机的外围芯片，将需要送入单片机的 0～5V 的模拟电压转换成 8 位数字信号，送入单片机处理。它和单片机的接口通常有 3 种方式：查询方式、中断方式和等待延时方式。这里不再赘述，具体应用可查阅相关资料。图 6.10 所示为 ADC0809 工作时序图。

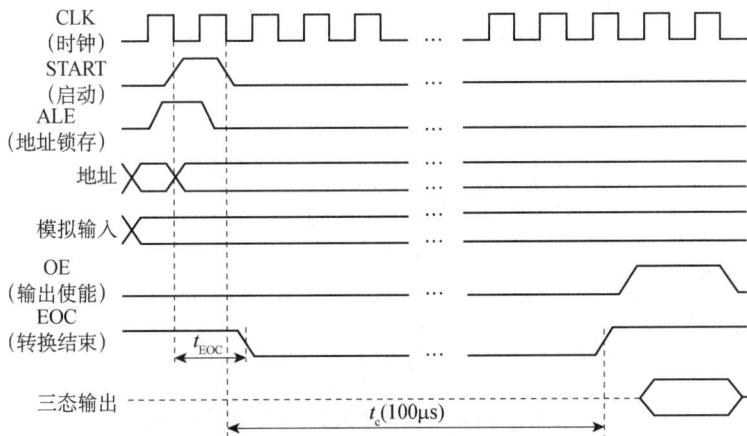

图 6.10　ADC0809 工作时序图

思考题 6-1

（1）A/D 转换包括哪些过程？

（2）什么是量化误差？可以采用哪些措施来减小量化误差？

6.2　数模转换器（DAC）

　　完成数模转换的电路称为数模转换器（Digital to Analog Converter，DAC）。数模转换器（DAC）的基本功能是将 N 位的数字量 D 转换成与相对应的模拟信号 A 输出（模拟电流或模拟电压）。

D/A 转换器基本工作原理、类型和主要技术指标讲解视频

6.2.1　D/A 转换器的基本工作原理

　　数模转换电路接收的是数字信息，而输出的是与输入数字量成正比的电压或电流。输入数字信息可以用任何一种编码形式，代表正、负或正负都有的输入值。如图 6.11 所示，表示一个双极性输出型有 4 位数字输入的 DAC 转换特性。

　　由图 6.11 可知，输入数字信息的最高位为符号位，1 表示负值，0 表示正值。输入的数字信息是以原码表示的。

　　DAC 的分辨率取决于数字输入的位数，通常不超过 16 位，则分辨率为满刻度的 $\dfrac{1}{2^{16}-1}$。

而 DAC 的精度则与转换器的所有元器件的精度和稳定度、电路中的噪声和漏电等因素有关。例如，一个 16 位的 DAC 转换器，它的最大输出电压为 10V，则对应于最低位的电压为 152μV

（分辨率），即为总电压的 0.00152%。由此可见，为了达到 16 位 DAC 的分辨率，要求所有元器件有极精密的配合，并且严格地屏蔽干扰，彻底地杜绝漏电。

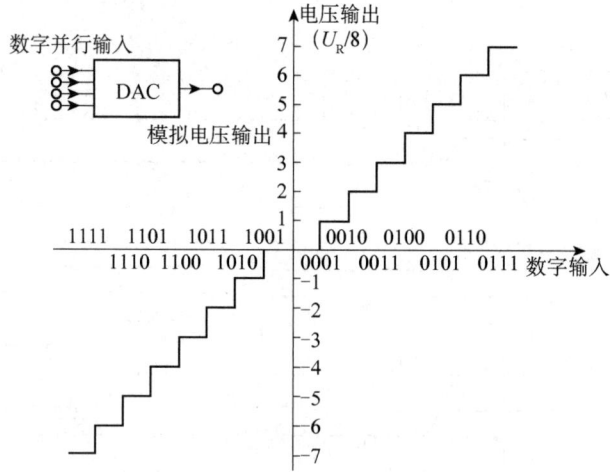

图 6.11　有 4 位数字输入的 DAC 转换特性

如图 6.12 所示为 n 位 DAC 的组成框图。

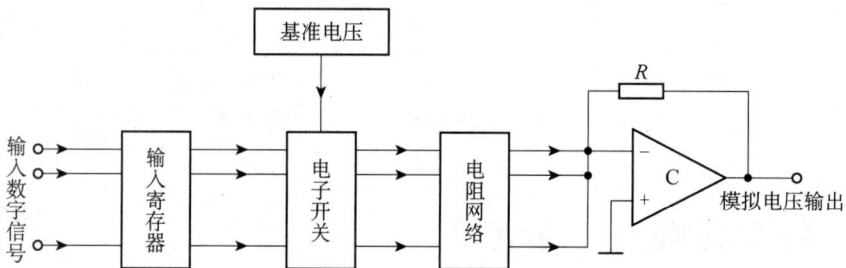

图 6.12　n 位 DAC 的组成框图

6.2.2　D/A 转换器的常用类型

D/A 转换器种类很多，根据工作方式的不同，D/A 转换器可分为电压相加型和电流相加型。根据译码网络的不同，可分为权电阻网络型 D/A 转换器、倒 T 电阻网络型 D/A 转换器等形式。在单片集成 D/A 转换芯片中采用最多的是倒 T 电阻网络型 D/A 转换器。下面以 n 位倒 T 电阻网络型 D/A 转换器为例阐述 D/A 转换的原理。如图 6.13 为倒 T 电阻网络型 D/A 转换器的电路结构。

由图 6.13 可知，电阻网络中只有 R 和 $2R$ 两种阻值的电阻。

当输入数字信号的任何一位是"1"时，对应开关便将 $2R$ 电阻接到运放反相输入端，而当其为"0"时，则将电阻 $2R$ 接地。按照虚短、虚断的近似计算方法，求和放大器反相输入端的电位为虚地，所以无论开关合到哪一边，都相当于接到了"地"电位上。在图示开关状态下，从最左侧将电阻折算到最右侧，先是 $2R//2R$ 并联，电阻值为 R，再和 R 串联，电阻值又是 $2R$，一直折算到最右侧，电阻仍为 R，则可写出电流 I 的表达式为

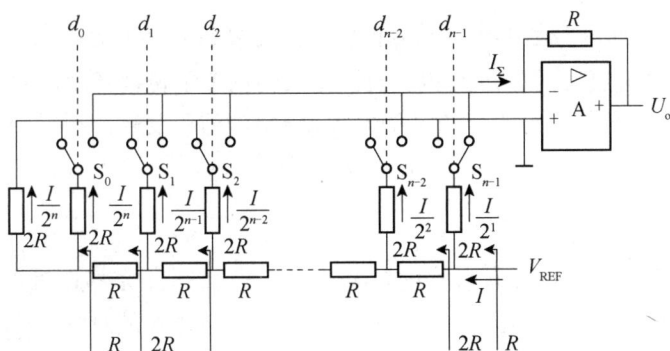

图 6.13 倒 T 型电阻网络型 D/A 转换器的电路结构

$$I = \frac{V_{REF}}{R}$$

只要 V_{REF} 选定，电流 I 为常数。流过每个支路的电流从右向左，分别为 $\frac{I}{2^1}$、$\frac{I}{2^2}$、$\frac{I}{2^3}$…。

当输入的数字信号为"1"时，电流流向运放的反相输入端，当输入的数字信号为"0"时，电流流向地，可写出 I_Σ 的表达式：

$$I_\Sigma = \frac{I}{2}d_{n-1} + \frac{I}{4}d_{n-2} + ... + \frac{I}{2^{n-1}}d_1 + \frac{I}{2^n}d_0$$

在求和放大器的反馈电阻等于 R 的条件下，输出模拟电压为：

$$U_O = -RI_\Sigma = -R(\frac{I}{2}d_{n-1} + \frac{I}{4}d_{n-2} + ... + \frac{I}{2^{n-1}}d_1 + \frac{I}{2^n}d_0)$$

$$= -\frac{V_{REF}}{2^n}(d_{n-1}2^{n-1} + d_{n-2}2^{n-2} + ... + d_1 2^1 + d_0 2^0)$$

倒 T 电阻网络型是目前集成 D/A 芯片中使用最多的一种，它有如下特点：

- 电路中电阻的种类很少，便于集成和提高精度。
- 无论模拟开关如何变换，各支路中的电流保持不变，因此不需要电流建立时间，提高了转换速度。

6.2.3 D/A 转换器的主要技术指标

1. 分辨率

分辨率是用以说明 D/A 转换器在理论上可达到的精度，用于表征 D/A 转换器对输入微小量变化的敏感程度，显然输入数字量位数越多，输出电压可分离的等级越多，即分辨率越高。D/A 转换器的分辨率指电路所能分辨的最小输出电压与最大输出电压之比：

$$分辨率 = \frac{1}{2^n - 1}$$

式中，n 表示输入数字量的位数。可见，n 越大，分辨最小输出电压的能力也越强。

2. 转换误差

D/A 转换误差是指它在稳定工作时，实际模拟输出值和理论值之间的最大偏差，其值等于 DAC 实际输出模拟电压与理论输出模拟电压值之差。

DAC 误差产生的原因有基准电压 V_{REF} 的波动、运算放大器中的零点漂移、电阻网络中电阻值的偏差及非线性失真等。分辨率和转换误差共同决定了转换精度，它们是相关的，对应转换误差大的 DAC 其分辨率是没有意义的。要使 DAC 的精度高，不仅要选位数多的 DAC，还要选稳定度高的基准电压源和低温漂的运放与其配合。

3. 转换速度

通常以建立时间 t_s 表征 D/A 转换器的转换速度。建立时间 t_s 是指在输入数字量各位由全 0 变为全 1，或由全 1 变为全 0，输出电压达到某一规定值所需要的时间。建立时间又称为转换时间。目前，在内部只含有解码网络和模拟开关的单片集成 D/A 转换器中，$t_s \leqslant 0.1\mu s$；在内部还包含有基准电源和求和运算放大器的集成 D/A 转换器中，最短的建立时间在 $1.5\mu s$ 左右。DAC0832 的转换时间 t_s 小于 500ns。

4. 电源抑制比

在高质量的转换器中，要求模拟开关电路和运算放大器的电源电压发生变化时，对输出电压的影响非常小。输出电压的变化与对应的电源电压的变化之比，称为电源抑制比。此外，还有功率功耗、温度系数以及高低输入电平的数值、输入电阻、输入电容等指标，在此不再一一介绍。

6.2.4 集成 D/A 转换器的功能及应用

集成 A/D 和 D/A 转换器的功能及使用讲解视频

目前，根据分辨率、转换速度、兼容性及接口特性等性能的不同，市场上的单片集成 D/A 转换器有很多种不同类型和不同系列的产品，常用的集成 DAC 有 DAC0832、DAC0808、DAC1230、MC1408 等，DAC0832 是 DAC0830 系列中的一款采用 CMOS 工艺制成的单片电流输出型 8 位数/模转换器，是 8 位倒 T 电阻网络型转换器。DAC0832 是 8 位数据输入，它与单片机、CPLD、FPGA 可直接连接，且接口电路简单，转换控制容易且使用方便，在单片机及数字系统中得到广泛应用。DAC0832 的结构框图和引脚排列图分别如图 6.14 和图 6.15 所示。

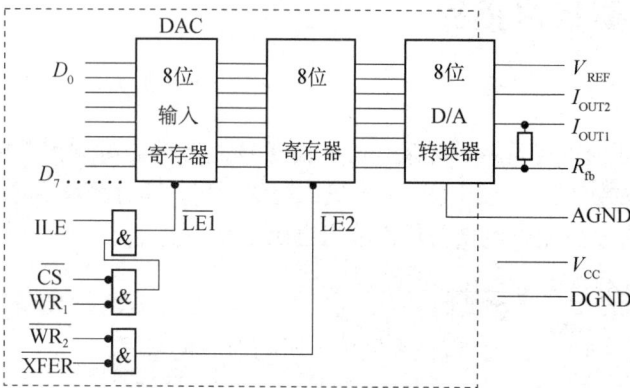

图 6.14 DAC0832 结构框图

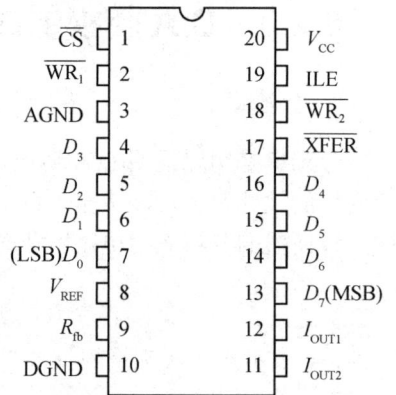

图 6.15 DAC0832 引脚排列图

1. DAC0832 的引脚功能

DAC0832 由 8 位输入寄存器、8 位寄存器和 8 位 D/A 转换器三大部分组成。它有两个分别控制的数据寄存器，可以实现两次缓冲，所以使用时有较大的灵活性，可根据需要接成不同的工作方式。DAC0832 中采用的是倒 T 型 $R\text{-}2R$ 电阻网络，无运算放大器，是电流输出，使用时需外接运放。DAC0832 的引脚含义说明如下。

（1）ILE：输入锁存允许信号，输入高电平有效。

（2）$\overline{CS}$：片选信号，输入低电平有效。

（3）$\overline{WR_1}$：输入数据选通信号，输入低电平有效。

（4）$\overline{WR_2}$：数据传送选通信号，输入低电平有效。

（5）$\overline{XFER}$：数据传送选通信号，输入低电平有效。

（6）$D_7 \sim D_0$：8 位输入数据信号。

（7）V_{REF}：参考电压输入。一般此端外接一个精确、稳定的电压基准源。V_{REF} 可在-10V 至 +10V 范围内选择。

（8）R_{fb}：反馈电阻（内已含一个反馈电阻）接线端。

（9）I_{OUT1}：DAC 输出电流 1。此输出信号一般作为运算放大器的一个差分输入信号。当 DAC 寄存器中的各位为 1 时，电流最大；为全 0 时，电流为 0。

（10）I_{OUT2}：DAC 输出电流 2。它作为运算放大器的另一个差分输入信号（一般接地）。I_{OUT1} 和 I_{OUT2} 满足如下关系：$I_{OUT1}+I_{OUT2}$=常数。

（11）V_{CC}：电源输入端（+5～+15V，一般取+5V）。

（12）DGND：数字地。

（13）AGND：模拟地。

D/A 转换芯片输入的是数字量，输出的是模拟量。模拟信号很容易受到电源和数字信号等干扰引起波动。为提高输出的稳定性和减少误差，模拟信号部分必须采用高精度基准电源和独立的地线，一般数字地和模拟地分开。

DAC0832 是电流输出型，即它本身输出的模拟量是电流，应用时需外接运算放大器使之成为电压型输出。

2. DAC0832 的工作方式

DAC0832 有三种工作方式：直通方式、单缓冲方式、双缓冲方式。实际应用时，要根据控制系统的要求来选择工作方式。

（1）直通方式

在直通方式下，输入寄存器和 DAC 寄存器处于不锁存（直通）状态。此时，输入数字量可直接送入 D/A 转换器转换并输出。该方式适用于输入数字量变化缓慢的场合。当输入数据变化速度较快，或系统中有多个设备共用数据线时，为保证 D/A 转换器工作正常，需要对输入数据进行锁存。直通工作方式接法如图 6.16(a)所示。

（2）单缓冲方式

单缓冲方式是在输入数字量送入 D/A 转换器进行转换的同时，将该数字量锁存在 8 位输入寄存器中，以保证 D/A 转换级输入稳定，转换正常。这种方式只需执行一次写操作，即可完成 D/A 转换。该方式适用于不需要多个模拟量同时输出。单缓冲工作方式接法如图 6.16(b) 所示。

（3）双缓冲方式

DAC0832 包含两个数字寄存器：输入寄存器和 DAC 寄存器，因此称为双缓冲。这是不同于其他 DAC 的显著特点，即数据在进入倒梯形电阻网络之前，必须经过两个独立控制的寄存器，这对使用者是有利的。首先，在一个系统中，任何一个 DAC 都可以同时保留两组数据；其次，双缓冲允许在系统中使用任何目的 DAC。双缓冲工作方式接法如图 6.16(c) 所示。

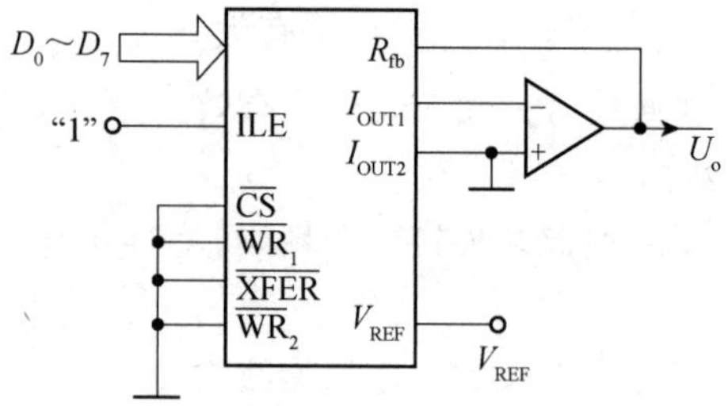

(a) 直通方式

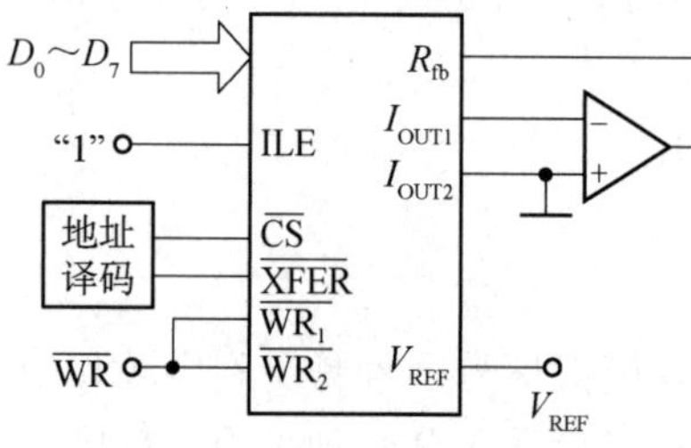

(b) 单缓冲方式

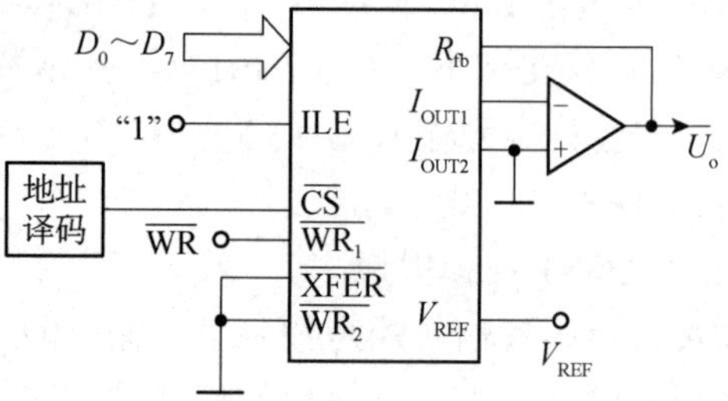

(c) 双缓冲方式

图 6.16　DAC0832 的三种工作方式

3. 集成 D/A 转换芯片 DAC0832 的应用

由于 DAC0832 输出的是电流，所以必须采用运放将模拟电流转换为模拟电压，输出有单极性输出和双极性输出两种形式。

（1）单极性输出应用电路

如图 6.17(a)所示是 DAC0832 用于一路单极性输出电路。由于 $\overline{WR_2}$、$\overline{XFER}$ 同时接地，芯片内的两个寄存器直接接通，数据 $D_7 \sim D_0$ 可直接输入到 DAC 寄存器。由于 ILE 恒为高电平，输入由 $\overline{CS}$ 和 $\overline{WR_1}$ 控制，且其间要满足确定的时序关系，在 $\overline{CS}$ 置低之后，再将 $\overline{WR_1}$ 置低，将输入数据写入 DAC，其时序图如图 6.17(b)所示。

DAC0832 单极性输出时，输出模拟量和输入数字量之间的关系为 $U_O = \pm V_{REF}\left(\dfrac{D_n}{256}\right)$。式中，$D_n = \displaystyle\sum_{i=0}^{n-1} 2^i$。

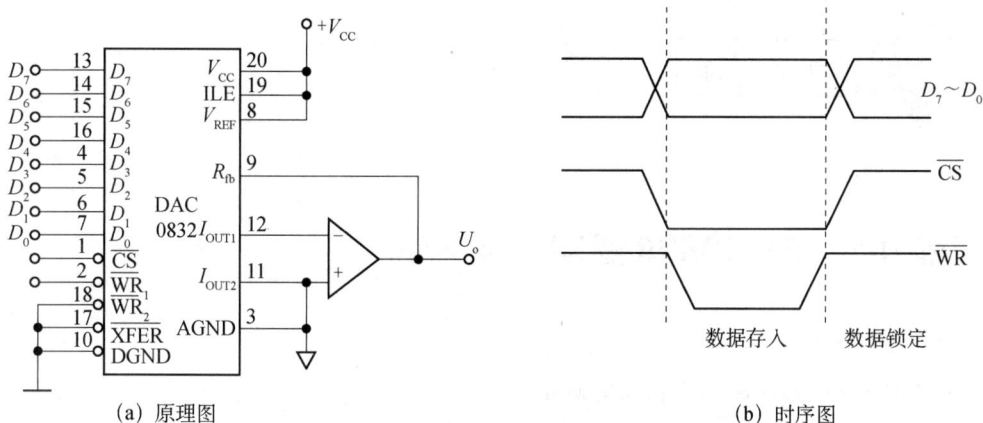

(a) 原理图   (b) 时序图

图 6.17   DAC0832 单极性输出电路

当基准电压为+5V（或-5V）时，输出电压 U_O 的范围是 0～15V（或-15～0V）。

（2）双极性输出应用电路

DAC0832 双极性输出应用电路如图 6.18 所示。

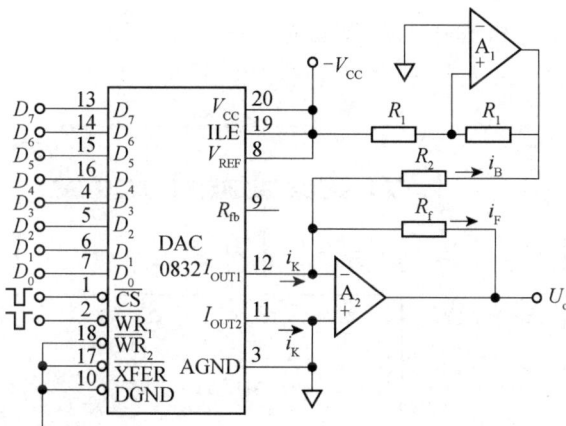

图 6.18   DAC0832 双极性输出应用电路

前述 DAC 转换器是不带符号的数字，若要求将带有符号的数字转换为相应的模拟量则应有正、负极性输出。在二进制算术运算中，通常将带符号的数字用二进制的补码表示，因此希望 DAC 将输入的正、负补码分别转换成具有正、负极性的模拟电压。

输出模拟电压的大小计算如下：

$$U_O = -\frac{V_{REF}R_{fb}}{2^8 R} \cdot D_8$$

式中，D_8 为补码，当最高位为 0 表示正数，直接代入计算即可。当最高位为 1 表示负数，后面各位按位取反最低位加 1，才为数值大小，代入上式才能得到转换结果。

思考题 6-2

（1）倒 T 电阻网络型 D/A 转换器实现 D/A 转换的原理是什么？

（2）D/A 转换器的位数与分辨率和转换精度有什么关系？

任务训练

训练 6-1 ADC0809 逻辑功能测试

1. 训练要求

完成 A/D 转换器 0809 的逻辑功能测试。

2. 测试设备与元器件

设备：数字电路实验箱 1 台，数字万用表 1 只。

元器件：ADC0809 芯片 1 块，连接导线若干。

3. 集成电路外引脚排列图

ADC0809 集成电路外引脚排列图如图 6.19 所示，ADC0809 逻辑功能测试如图 6.20 所示。

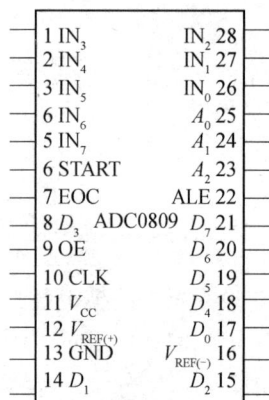

图 6.19 ADC0809 集成电路外
引脚排列图

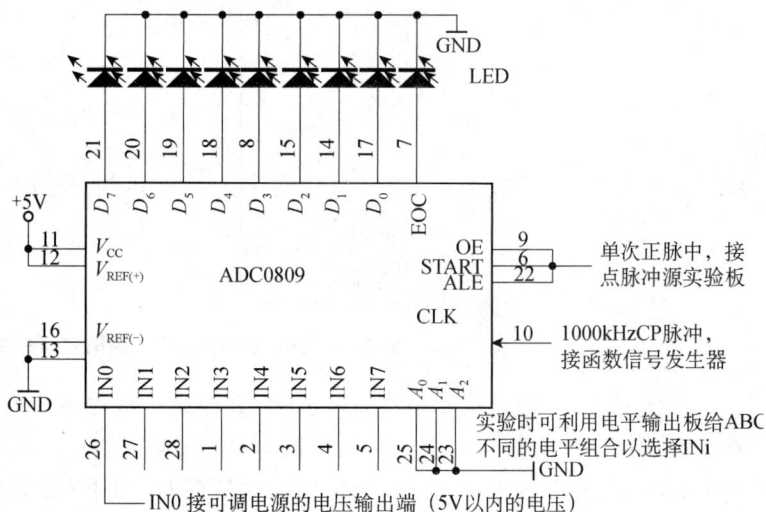

图 6.20 ADC0809 逻辑功能测试

4. 测试内容及步骤

（1）按图 6.20 所示接好电路。

（2）接线完毕，检查无误，调节 CP 脉冲的频率约为 1000kHz，用数字万用表测试 IN0 的数值，按表 6.4 所列的要求调节可调电源的输入电压，按一下点脉冲输出板上的"触发"按钮，给单次正脉冲，观察发光二极管的状态，记录状态数据。

表 6.4　ADC0809 逻辑功能测试表 1

输入模拟量/V	输出数字量							
	D_7	D_6	D_5	D_4	D_3	D_2	D_1	D_0
5								
4.0								
3.0								
2.0								
1.0								
0								

改变 23，24，25 引脚的电平状态，测试被选中模拟输入通道，在表 6.5 中记录数据。

表 6.5　ADC0809 逻辑功能测试表 2

状态	ABC 引脚的状态							
	000	001	010	011	100	101	110	111
被选模拟 输入通道								

思考题 6-3

ADC0809 的引脚可以分为哪几类？在使用时要特别注意的是哪些引脚？

训练 6-2　DAC0832 逻辑功能测试

1. 训练要求

完成 D/A 转换器 0832 逻辑功能的测试。

2. 测试设备与元器件

设备：数字电路实验箱 1 台，数字万用表 1 只。

元器件：LM324 芯片 1 块，DAC0832 芯片 1 块，连接导线若干。

3. 集成电路外引脚排列图

DAC0832 集成电路外引脚排列图如图 6.21 所示，DAC0832 逻辑功能测试如图 6.22 所示。

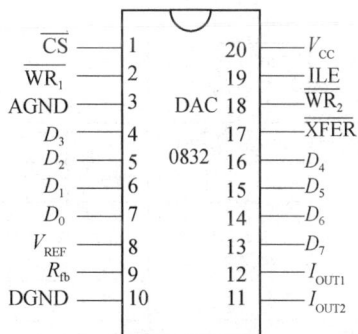

图 6.21　DAC0832 集成电路外引脚排列图

4. 测试内容及步骤

（1）按图 6.22 所示接好电路，$D_0 \sim D_7$ 数字信号由 $S_0 \sim S_7$ 的开关状态给出，U_O 接数字万用表测量转换后的电压值。

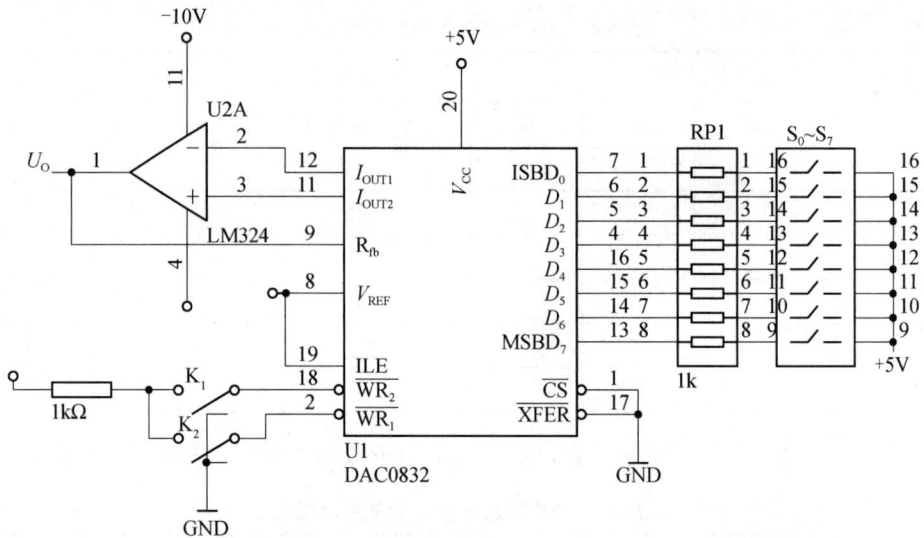

图 6.22　DAC0832 逻辑功能测试

（2）接线完毕，检查无误，接通电源。拨动逻辑开关 K_1 和 K_2，置 $\overline{WR_1} = \overline{WR_2} = 0$，拨动逻辑开关 $S_0 \sim S_7$，分别置 $D_7 \sim D_0$ 为表 6.6 所示的高低电平，用数字万用表测量输出电压的大小，将测量数据填入表 6.6 中。

（3）置 $\overline{WR_1} = \overline{WR_2} = $ "0"、$D_7 \sim D_0$ 为 00010000，改变 K_1 的状态，将 $\overline{WR_1}$ 置为 "1"，再将 $D_7 \sim D_0$ 改为 01000000，观测前后输出电压值有无变化并说明原因。

（4）不改变 $\overline{WR_1}$，改变 K_2，将 $\overline{WR_2}$ 置为 "1"，重复上面的步骤。

在步骤（4）后，再将 $\overline{WR_2}$ 置为 "0"，观测输出电压值有无变化并说明原因。

表 6.6　DAC0832 逻辑功能测试表

输入数字量								输出模拟量/V	
D_7	D_6	D_5	D_4	D_3	D_2	D_1	D_0	测量值	计算值
0	0	0	0	0	0	0	0		
0	0	0	0	0	0	0	1		
0	0	0	0	0	0	1	0		
0	0	0	0	0	1	0	0		
0	0	0	0	1	0	0	0		
0	0	0	1	0	0	0	0		
0	0	1	0	0	0	0	0		
0	1	0	0	0	0	0	0		
1	0	0	0	0	0	0	0		
1	1	1	1	1	1	1	1		

思考题 6-4

DAC0832 的引脚可以分为哪几类？在使用时要特别注意的是哪些引脚？

项目总结

1. A/D 转换器是将模拟量转换成与之成正比的数字量。A/D 转换需经过采样、保持、量化、编码这 4 个过程。采样与保持是在一个微小时间内对模拟信号进行取样，并保持；量化是对脉冲值进行分级；编码是用数字代码表示量化结果的过程。

2. A/D 转换器类型很多，广泛应用的有两种类型：逐次逼近型 A/D 转换器和双积分型 A/D 转换器。逐次逼近型 A/D 转换器属于中速 A/D 转换器，电路简单，成本较低，被广泛使用；双积分型 A/D 转换器工作稳定，抗干扰能力强，但转换速度慢，主要用于数字电压表等低速测试的场合。

3. D/A 转换器是将输入的数字量转换成与之成正比的模拟量。

4. D/A 转换器根据译码网络的不同，分为权电阻网络型 D/A 转换器、倒 T 电阻网络型 D/A 转换器，其中倒 T 电阻网络型 D/A 转换器转换速度快，性能好，适合于集成工艺制造，因此被广泛应用。

5. A/D 和 D/A 转换器都有：分辨率、转换误差、转换速度、电源抑制比等技术指标，在实际使用时，应根据这些技术指标合理选用对应型号的转换器。

练习题

一、选择题

6-1 在 8 位 D/A 转换器中，其分辨率是（   ）。

A. 1/8   B. 1/256   C. 1/255   D. 1/2

6-2 8 位 D/A 转换器当输入数字量只有最低位 1 时，输出电压为 0.02V，若输入数字量只有最高位为 1 时，则输出电压为（   ）V。

A. 0.039   B. 2.56   C. 1.27   D. 都不是

6-3 一个无符号 4 位权电阻 DAC，最低位处的电阻为 40kΩ，则最高位处电阻为（   ）。

A. 4kΩ   B. 5kΩ   C. 10kΩ   D. 20kΩ

6-4 4 位倒 T 电阻网络型 DAC 的电阻网络的电阻取值有（   ）种。

A. 1   B. 2   C. 4   D. 8

6-5 以下 4 种转换器中，（   ）是 A/D 转换器且转换速度最高。

A. 并联比较型   B. 逐次逼近型   C. 双积分型   D. 施密特触发器

6-6 一个无符号 8 位数字量输入的 DAC，其分辨率为（   ）位。

A. 1   B. 3   C. 4   D. 8

6-7 D/A 转换器的主要参数有（   ）、转换精度和转换速度。

A. 分辨率   B. 输入电阻   C. 输出电阻   D. 参考电压

6-8 用二进制码表示指定离散电平的过程称为（　　）。

A. 采样　　　　　　　B. 量化　　　　　　　C. 保持　　　　　　　D. 编码

6-9 将幅值上、时间上离散的阶梯电平统一归并到最邻近的指定电平的过程称为（　　）。

A. 采样　　　　　　　B. 量化　　　　　　　C. 保持　　　　　　　D. 编码

6-10 为使采样输出信号不失真地代表输入模拟信号，采样频率 f_s 和输入模拟信号的最高频率 f_{Imax} 的关系是（　　）。

A. $f_s \geqslant f_{Imax}$　　　B. $f_s \leqslant f_{Imax}$　　　C. $f_s \geqslant 2f_{Imax}$　　　D. $f_s \leqslant 2f_{Imax}$

二、判断题

6-11 采样是将时间上断续变化的模拟量，转换成时间上连续变化的模拟量。（　　）

6-12 分辨率以二进制代码表示，位数越多，分辨率越高。（　　）

6-13 权电阻网络 D/A 转换器的电路简单且便于集成工艺制造，因此被广泛使用。（　　）

6-14 A/D 转换过程中，必然会出现量化误差。（　　）

6-15 D/A 转换器的位数越多，能够分辨的最小输出电压变化量就越小。（　　）

6-16 D/A 转换器的最大输出电压的绝对值可达到基准电压 V_{REF}。（　　）

6-17 A/D 转换器的量化误差是因转换器位数有限而引起的。（　　）

6-18 一个 N 位逐次逼近型 A/D 转换器完成一次转换要进行 N 次比较，需要 $N+2$ 个时钟脉冲。（　　）

6-19 为使 D/A 转换器输出的电压波形平滑，应增加 D/A 转换器的位数。（　　）

6-20 D/A 转换器分辨率相同，则转换精度相同。（　　）

三、填空题

6-21 A/D 转换的一般步骤包括_____、_____、_____和_____。

6-22 A/D 转换器性能的主要指标是_____、_____和_____。

6-23 逐次逼近型 AD 转换器由_____、_____、_____与_____构成。

6-24 D/A 转换器的主要技术指标有_____、_____。

6-25 8 位 D/A 转换器当输入数字量只有最高位为高电平时输出电压为 5V，若只有最低位为高电平，则输出电压为_____。若输入为 10001000，则输出电压为_____。

四、分析题

6-26 试述倒 T 电阻网络型 D/A 转换器的工作原理。

6-27 某 12 为 ADC 电路满值输入电压为 16V，试求其分辨率。

6-28 有一个逐次逼近型 8 位 A/D 转换器，满值为 12V，时钟脉冲频率为 2.5MHz 求：

（1）U_i=4.5V 时，输出数字量是多少？转换误差是多少？

（2）U_i=8.3V 时，输出数字量是多少？转换误差是多少？

6-29 在 8 位倒 T 电阻网络型 DAC 中，已知 V_{REF}=10V，试分别求输入数字为 10011010 和 01110110 时的输出模拟电压 U_o。

项目7 流水灯控制电路设计与制作

数字信息在运算或处理过程中，通常需要较长时间的存储。正是因为有了存储器，计算机的硬盘才能够存储信息，计算机的内存条、U 盘、智能卡等都可以存储信息。存储器的种类很多，前面介绍的寄存器是一种保存少量数值的存储器，本项目主要介绍存储量比较大的半导体存储器，其具有品种多、容量大、速度快、耗电省、体积小、操作方便、维护容易等特点，在数字设备中得到广泛应用。

工作任务

流水灯控制电路的制作

1. 工作任务单

（1）认识流水灯控制电路原理图，明确由半导体存储器构成的流水灯控制电路的工作原理及元器件连接、电路连线。

（2）画出布线图。

（3）完成电路所需元器件的购买和检测。

（4）根据布线图完成流水灯控制电路制作。

（5）完成流水灯控制电路功能检测和故障排除。

（6）编写项目实训报告。

2. 电路制作

由半导体存储器构成的流水灯控制电路如图 7.1 所示。

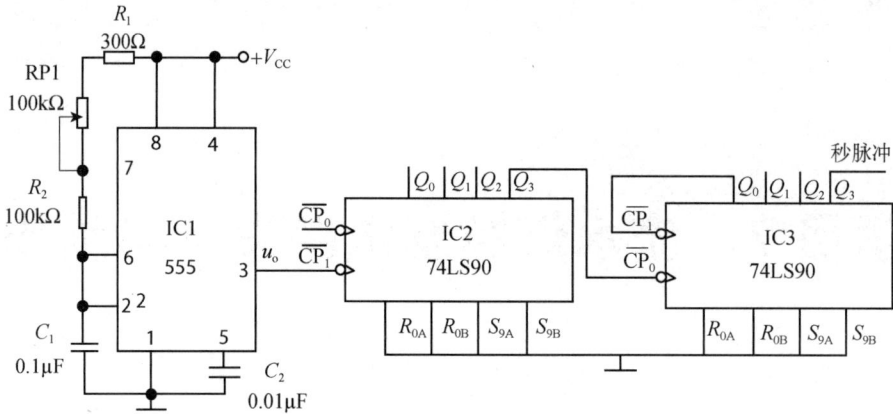

（a）流水灯控制电路的时钟电路

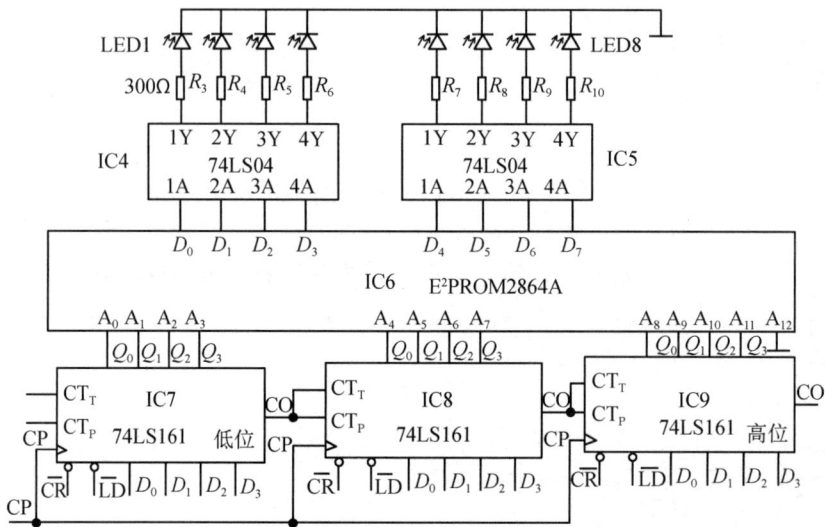

（b）流水灯控制电路的输出显示电路

图 7.1　流水灯控制电路的时钟电路和输出显示电路

（1）实训目的

① 熟悉 555 定时器、74LS90、74LS161、74LS04、$E^2PROM2864A$ 芯片的引脚排列和芯片功能。

② 熟悉由与导体存储器构成的流水灯控制电路的工作原理和特点。

③ 掌握 E^2PROM 芯片的正确使用。

（2）实训设备与元器件

实训设备：直流稳压电源、万用表、示波器等。

实训元器件：如表7.1所示。

表 7.1　元器件明细表

序　号	代　号	名　称	规格和型号	数　量
1	IC1	IC 芯片	555	1
2	IC2、IC3	IC 芯片	74LS90	2
3	IC4、IC5	IC 芯片	74LS04	2

序　号	代　号	名　称	规格和型号	数　量
4	IC6	IC 芯片	2864A	1
5	IC7～IC9	IC 芯片	74LS161	3
6	R_1、R_3～R_{10}	电阻	300Ω	9
7	R_2	电阻	100kΩ	1
8	RP1	电位器	100kΩ	1
9	C_1	电容	0.1μF	1
10	C_2	电容	0.01μF	1
11	LED1～LED8	LED	LED	8
12		导线		若干

（3）实训电路与说明

① 电路组成。实训电路如图7.1所示，该电路由555定时器、74LS90、74LS161、74LS04、E²PROM2864A 芯片及阻容元件组成。

② 电路工作过程。

由555定时器构成50Hz多谐振荡器，用74LS90构成50Hz分频电路，产生秒脉冲信号，作为流水灯控制电路的时钟信号。IC7～IC9 是 3 片 74LS161 构成 12 位二进制计数器，为 E²PROM2864A 提供地址。将使 LED 灯亮、灭的数据固化入 E²PROM2864A。E²PROM2864A 的数据输出，经 2 片 74LS04 倒相后驱动 8 个 LED 灯显示。

（4）实训电路的安装与功能验证

① 安装步骤。

第1步：检测与查阅元器件。用万用表等设备检测元器件。通过查阅集成电路手册，标出电路图中集成电路输入、输出的引脚编号。

第2步：根据图7.1所示的流水灯控制电路原理图，画出安装布线图。

第3步：根据安装布线图完成电路的安装。

② 功能验证。

通电后，观察 8 个 LED 的显示情况。

（5）完成电路的详细分析及编写项目实训报告

整理相关资料，完成电路的详细分析及编写项目实训报告。

（6）实训考核（见表7.2）

表 7.2　实训考核表

项　目	内　容	配　分	得　分
工作态度	1. 工作的主动性、积极性 2. 操作的安全性、规范性 3. 遵守纪律情况	20分	
电路安装	1. 安装图的绘制情况 2. 电路图的搭接情况	40分	
功能测试	1. 电路功能验证 2. 设计表格，正确记录测试结果	30分	
5S规范	整理工作台，离场	10分	
合计		100分	

知识链接

7.1 半导体存储器概述

存储器是数字系统中用于存储大量二进制信息的部件，具有存储容量大、体积小、功耗低、存取速度快、使用寿命长等特点。根据用途不同，存储器分为两大类。一类是只读存储器 ROM，用于存放永久性的、不变的数据，如常数、表格、程序等，这种存储器在断电后数据不会丢失。像计算机中的初始化程序便是固化在 ROM 中的，在计算机接通电源后，首先运行它，对计算机硬件系统进行初始化后，装入操作系统，计算机才能正常工作。另一类是随机存取存储器 RAM，用于存放一些临时性的数据或中间结果，需要经常改变存储内容。这种存储器断电后，数据将全部丢失。如计算机中的内存，就是这一类存储器。

ROM 和 RAM 同是存储器，但性能不同，两者结构也完全不同。ROM 主要由与阵列、或阵列和输入、输出缓冲级等电路构成，它是一种大规模的组合逻辑电路，而 RAM 由译码器、存储矩阵和读/写控制电路组成，它属于大规模时序逻辑电路。

思考题 7-1

（1）半导体存储器分为哪两类？
（2）ROM 电路主要由什么构成？
（3）RAM 电路主要由什么构成？

只读存储器
讲解视频

7.2 只读存储器

只读存储器 ROM（Read-Only Memory），其内容一般是固定不变的，它预先将信息写入存储器中，在正常工作状态下只能读出数据，不能写入数据。ROM 的优点是电路结构简单，而且在断电后数据不会丢失，常用来存放固定的资料及程序。

ROM 的电路结构主要包括 4 部分：输入缓冲器、地址译码器、ROM 矩阵和输出缓冲器，如图 7.2 所示。

地址译码器是一个最小项译码器，它有 n 个输入，N（$N=2^n$）个输出，输出称为字线。字线是 ROM 矩阵的输入，ROM 矩阵有 M 条

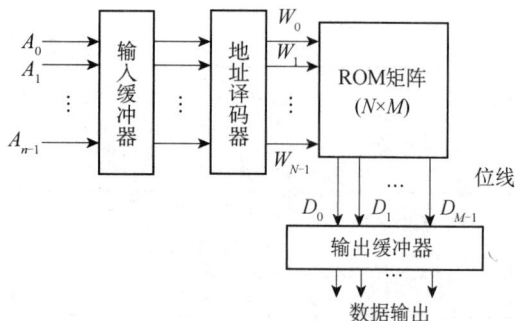

图 7.2 ROM 框图

输出线，称为位线。字线与位线的交点，即是 ROM 矩阵的存储单元，存储单元个数代表了 ROM 矩阵的容量，所以 ROM 矩阵的容量等于 $M \times N$。输出缓冲器的作用有 3 个：一是能提高存储器的带负载能力；二是通过使能端实现对输出的三态控制，以便与系统的总线连接；三是规范逻辑电平，将输出的高、低电平变换为标准的逻辑电平。

7.2.1　固定 ROM 的结构和工作原理

根据逻辑电路的特点，只读存储器（ROM）属于组合逻辑电路，即给一组输入（地址），存储器相应地给出一种输出（存储的字）。因此要实现这种功能，可以采用一些简单的逻辑门。ROM 器件按存储内容和存入方式的不同，可分为掩模 ROM、可编程 ROM（PROM）和可改写 ROM（EPROM、E^2PROM、Flash Memory）等。

1. 掩模 ROM

掩模 ROM 又称固定 ROM，这种 ROM 在制造时生产厂家利用掩模技术把信息写入存储器中。按使用的器件可分为二极管 ROM、双极型三极管 ROM 和 MOS 管 ROM 三种类型。这里主要介绍二极管掩模 ROM。

图 7.3 所示的是 4×4 的二极管掩模 ROM，它具有 2 位地址输入 A_1A_0。共 4 条字线 W_0、W_1、W_2、W_3，每一条字线可存放一个 4 位二进制数码（信息），又称一个字，故 4 条字线可存放 4 个字。4 条纵线代表每个字的位，故称位线，4 条位线 D_0、D_1、D_2、D_3，即表示 4 位，作为字的输出。字线与位线相交处为一位二进制数的存储单元，共 16 个存储单元，相交处有二极管者存 1，无二极管者存 0。

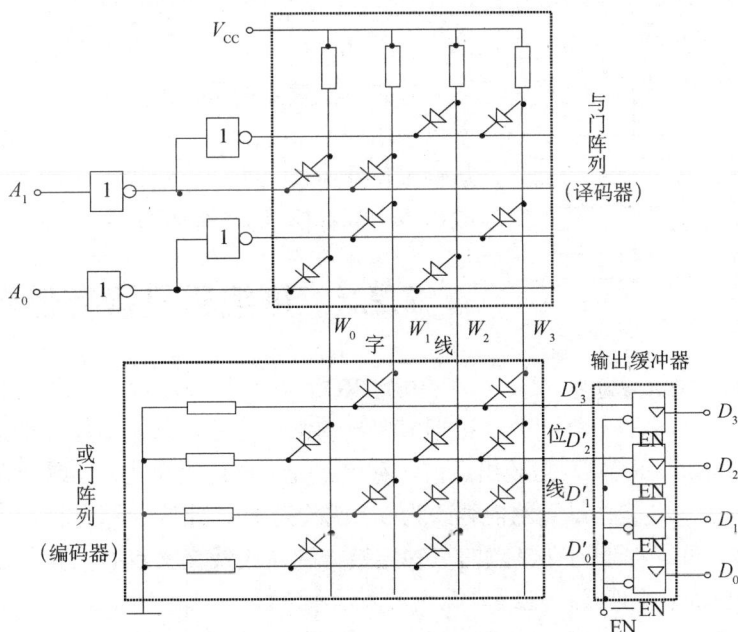

图 7.3　二极管掩模 ROM 存储单元结构图

从图中可得出如下输出信号表达式。

（1）与门阵列输出表达式

$$W_0 = \overline{A_1 A_0} \quad W_1 = \overline{A_1} A_0 \quad W_2 = A_1 \overline{A_0} \quad W_3 = A_1 A_0$$

（2）或门阵列输出表达式

$$D_0 = W_0 + W_2 \qquad D_1 = W_1 + W_2 + W_3$$
$$D_2 = W_0 + W_2 + W_3 \qquad D_3 = W_1 + W_3$$

（3）ROM 输出信号的真值表见表 7.3

从存储器角度看，$A_1 A_0$ 是地址码，$D_3 D_2 D_1 D_0$ 是数据。表 7.3 说明：在 00 地址中存放的数据是 0101，01 地址中存放的数据是 1010，10 地址中存放的数据是 0111，11 地址中存放的数据是 1110。从译码编码角度看，与门阵列先对输入的二进制代码 $A_1 A_0$ 进行译码，得到 4 个输出信号 W_0、W_1、W_2、W_3，再由或门阵列对 $W_0 \sim W_3$ 4 个信号进行编码。表 7.3 说明，W_0 的编码是 0101，W_1 的编码是 1010，W_2 的编码是 0111；W_3 的编码是 1110。

表 7.3　ROM 输出信号真值表

A_1	A_0	D_3	D_2	D_1	D_0
0	0	0	1	0	1
0	1	1	0	1	0
1	0	0	1	1	1
1	1	1	1	1	0

在上面的分析中我们知道，位线与相连的各字线的关系为或逻辑，而字线是地址码的最小项，所以 W 实际上是一个"与"项，从输出位线和地址输入关系看，D 是一个最小项的与或式。在组合逻辑电路中任何一个逻辑函数都可以变换为若干个最小项之和的形式，因此可以用 ROM 实现组合逻辑电路。

例 7-1　用 ROM 构成一位二进制全加器。

解：全加器的最小项表达式为：

$$S_i(A,B,C_{i-1}) = \overline{A}\,\overline{B}C_{i-1} + \overline{A}B\overline{C_{i-1}} + A\overline{B}\,\overline{C_{i-1}} + ABC_{i-1} = m_1 + m_2 + m_4 + m_7$$
$$C_i(A,B,C_{i-1}) = \overline{A}BC_{i-1} + A\overline{B}C_{i-1} + AB\overline{C_{i-1}} + ABC_{i-1} = m_3 + m_5 + m_6 + m_7$$

它有三个输入变量，加数 A、B 及低位的进位 C_{i-1}，所以选用一个 ROM，三个地址线分别代表 A、B 和 C_{i-1}。从输出位线中选二个，分别代表 S_i 和 C_i。于是可以确定或矩阵中的存储单元，全加器 ROM 阵列图如图 7.4 所示。

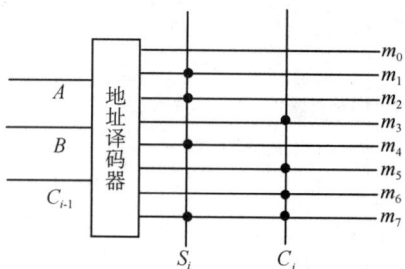

图 7.4　全加器 ROM 阵列图

7.2.2　可编程只读存储器（PROM）

固定 ROM 在出厂前已经写好了内容，使用时只能根据需要选用某一电路，限制了用户的灵活性，可编程 PROM（Programmable ROM）封装出厂前，存储单元中的内容全为 1（或全为 0）。用户在使用时可以根据需要，将某些单元的内容改为 0（或改为 1），此过程称为编码。

图 7.5 给出了可编程阵列交叉点的三种连接方式。连线交叉点有实点的表示固定连接；有符号"×"的表示编程连接；连线单纯交叉表示不连接。

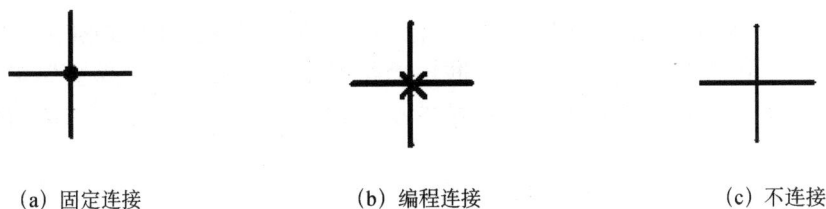

(a) 固定连接　　　　　　(b) 编程连接　　　　　　(c) 不连接

图 7.5　PLD 电路的表示方法

可编程存储单元如图 7.6 所示，图中的二极管位于字线与位线之间，二极管前端串有熔断丝，在没有编程前，存储矩阵中的全部存储单元的熔断丝都是连通的，即每个单元存储的内容都是 1。用户使用时，只需按自己的需要，借助一定的编程工具，将某些存储单元上的熔断丝用大电流烧断，该存储单元的内容就变为 0。熔断丝烧断后不能接上，故 PROM 只能进行一次编程。

PROM 是由固定的"与"阵列和可编程的"或"阵列组成的，如图 7.7 所示。与阵列为全译码方式，输出为 n 个输入变量可能组合的全部最小项，即 2^n 个最小项。或阵列是可编程的，如果 PROM 有 m 个输出，则包含有 m 个可编程的或门，每个或门有 2^n 个输入可供选用，由用户编程来选定。所以，在 PROM 的输出端，输出表达式是最小项之和的标准与或式。

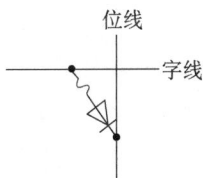

图 7.6　PROM 的可编程存储单元

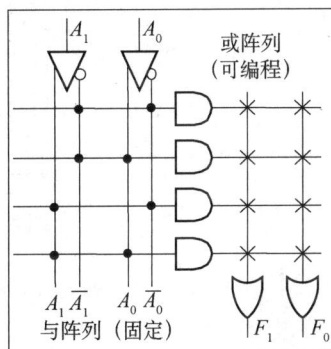

图 7.7　PROM 结构图

7.2.3　可擦除可编程只读存储器

1. 光可擦除可编程 ROM（EPROM）

EPROM（Erasable Programmable ROM）是另外一种广泛使用的存储器。PROM 虽然可以编程，但只能编程一次，EPROM 克服了 PROM 的缺点，可以根据用户要求写入信息，当不需要原有信息时，可以擦除后重写，从而可以长期使用。擦除已写入的内容，可用 EPROM 擦除器产生的强紫外线，对 EPROM 照射 20min 左右，使全部存储单元恢复"1"，以便用户重新编写。

2. 电擦除可编程 ROM（E^2PROM）

E^2PROM（（Electrically Erasable Programmable ROM）是近年来被广泛使用的一种

只读存储器，被称为电擦除可编程只读存储器，有时也写成 EEPROM。其主要特点是能在应用系统中进行在线改写，并能在断电的情况下保存数据而不需要保护电源。特别是+5V 电擦除 E^2PROM，通常不需要单独的擦除操作，可在写入过程中自动擦除，使用非常方便。

下面列举一款常用的 E^2PROM 芯片 2864A，其容量是 8K×8 位，即 8K 字节。它有 13 根地址线（$2^{13}=8\times2^{10}$），8 根输出线，如图 7.8 所示为 2864A 引脚图。

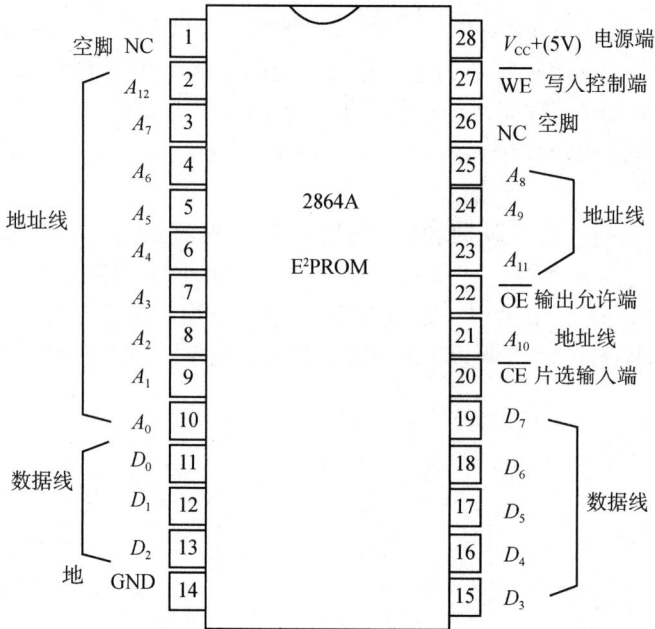

图 7.8　E^2PROM 2864A 引脚图

E^2PROM 2864A 的工作电源为 5V，工作方式有 4 种，具体如下。

（1）待机方式

当 $\overline{CE}$ 为高电平时，2864A 进入低功耗的待机状态。此时，数据输出线呈高阻态，工作电流不到正常工作电流的一半。

（2）读出方式

当片选输入端 $\overline{CE}$、输出允许端 $\overline{OE}$ 为低电平、写入控制端 $\overline{WE}$ 为高电平，并输入地址码时，可从 $D_7\sim D_0$ 读出该地址单元的数据。

（3）编程方式

写入时使片选输入端 $\overline{CE}$ 为低电平、输出允许端 $\overline{OE}$ 为高电平，写入控制端 $\overline{WE}$ 为低电平，送入地址码，数据即从 $D_7\sim D_0$ 送入并固化在相应存储单元中。

（4）数据查询方式

在写入数据时，若片选输入端 $\overline{CE}$、输出允许端 $\overline{OE}$ 为低电平、写入控制端 $\overline{WE}$ 为高电平，则输出最高位 D_7 的数据是取反的，若写完毕，此时将输出原始数据。将此数据与写入数据的最后一个字节的最高位相比较，当两者相同时，说明写周期结束。

3.　快闪存储器（Flash Memory）

快闪存储器（Flash Memory）又称快速擦写存储器或闪速存储器，是由 Intel 公司首先发明的，近年来较为流行的一种新型半导体存储器。它在断电的情况下信息可以保留，在不加电的情况下，信息可以保存 10 年，可以在线进行擦除和改写。Flash Memory 是在 E^2PROM 上发展起来的，属于 E^2PROM 类型，其编程方法和 E^2PROM 类似，但 Flash Memory 不能按字节擦除。Flash Memory 既具有 ROM 非易失性的优点，又具有存取速度快、可读可写、集成度高、价格低、耗电省得优点，目前已被广泛使用。

思考题 7-2

（1）只读存储器 ROM 的英文全称是什么？
（2）可擦除可编程只读存储器有哪几种？各有哪些优点？

7.3　随机存取存储器

随机存取存储器 RAM（Random Access Memory），也叫作读/写存储器，既能方便地读出所存数据，又能随时写入新的数据。RAM 的缺点是数据的易失性，一旦掉电，所存的数据全部丢失。

7.3.1　RAM 的基本结构和工作原理

RAM 电路由地址译码器、存储矩阵（单元）和读/写控制电路组成，如图 7.9 所示。RAM 中的核心是存储单元，其结构有双极型和 MOS 型两种。RAM 的存储容量为字线×位线。

地址译码器分为行地址译码器和列地址译码器。在给定地址码后，行地址译码器输出线（称为行选线用 X 表示，又称字线）中有一条为有效电平，它选中一行存储单元，同时列地址译码器的输出线（称为列选线用 Y 表示，又称位线）中

图 7.9　RAM 的结构框图

也有一条为有效电平，它选中一列（或几列）存储单元，这两条输出线（行与列）交叉点处的存储单元便被选中（可以是一位，或几位），这些被选中的存储单元由读/写控制电路控制，与输入/输出端接通，实现对这些单元的读或写操作。图 7.10 给出了 RAM 存储单元与输入输出原理结构图。

图 7.11 所示的是读写控制电路。当 $\overline{CS}=0$，$R/\overline{W}=1$ 时，进行读出数据操作；当 $\overline{CS}=0$，$R/\overline{W}=0$ 时，进行写入数据操作。

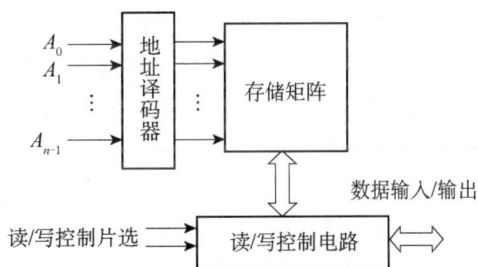

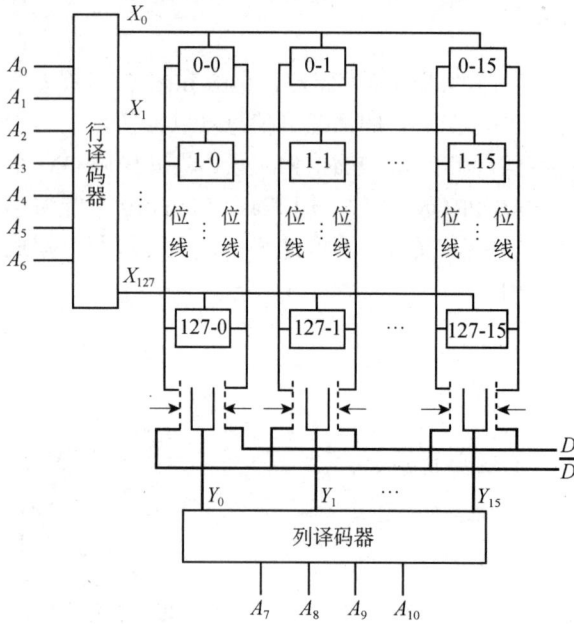

图 7.10 RAM 存储单元与输入输出原理结构图

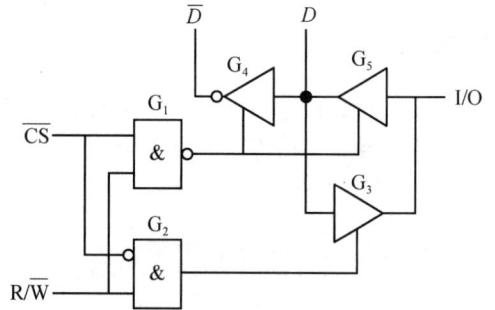

图 7.11 RAM 的读写控制电路

7.3.2 静态随机存储器和动态随机存储器

1. 静态随机存储器（SRAM）

静态随机存储器（Static Random Access Memory，SRAM）是有自保持功能的 RAM，其存储单元是靠内部触发器的自保持功能存储数据的。这种存储单元被读出后仍能保持原来的状态，它的读出是非破坏性的，只要电源不中断，其保存信息便能长期保存。因为每一单元都有触发器、门控电路等，所以结构比较复杂。图 7.12 所示是典型的 6 管静态存储单元。它的特点是存储单元有自保持功能，功耗大，成本高。

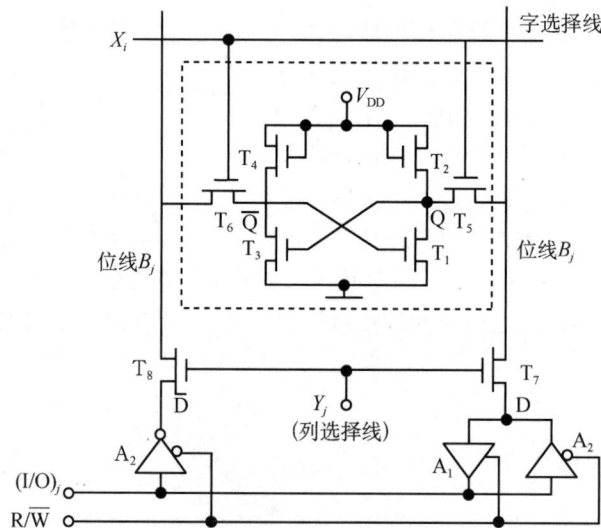

图 7.12 6 管静态存储单元

2.动态随机存储器（DRAM）

动态随机存储器（Dynamic Random Access Memory，DRAM）是需要刷新的存储器。单管动态存储器是最典型的动态随机存储器，其存储单元结构如图 7.13(a)所示，构成的内存条的形状如图 7.13(b)所示。它利用电容的电荷存储效应来存储信息。当电容上存有电荷，则表示存储信息"1"，否则表示存储信息"0"。由于电容存在漏电流，电容上存储的电荷（信息）不能保持很久，所以，必须经常地、周期性地进行刷新。刷新是在电容电荷消失以前加以恢复补充，刷新将增加外围电路的复杂性，但由于单管动态存储单元的结构简单，功耗低，便于大规模集成，常用来生产大容量的存储器，其特点是功耗小、成本低，但需要刷新。

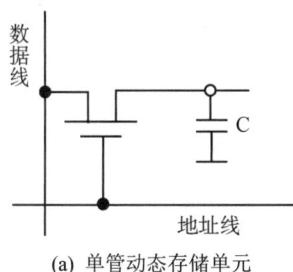

(a) 单管动态存储单元　　　　　　　　　　(b) 内存条

图 7.13　动态随机存储器

7.3.3　RAM 的扩展

在实际应用中，经常需要大容量的 RAM。在单片 RAM 芯片容量不能满足要求时，就需要进行扩展，将多片 RAM 组合起来，构成存储器系统（也称存储体）。

（1）位扩展

如图 7.14 所示为用 8 片 1024（1K）×1 位 RAM 构成的 1024×8 位 RAM。

（2）字扩展

如图 7.15 所示为用 8 片 1K×8 位 RAM 构成的 8K×8 位 RAM。

图中输入/输出线、读/写线和地址线 $A_0 \sim A_9$ 是并联起来的，高位地址码 A_{10}、A_{11} 和 A_{12} 经 74LS138 译码器 8 个输出端分别控制 8 片 1K×8 位 RAM 的片选端，以实现字扩展。

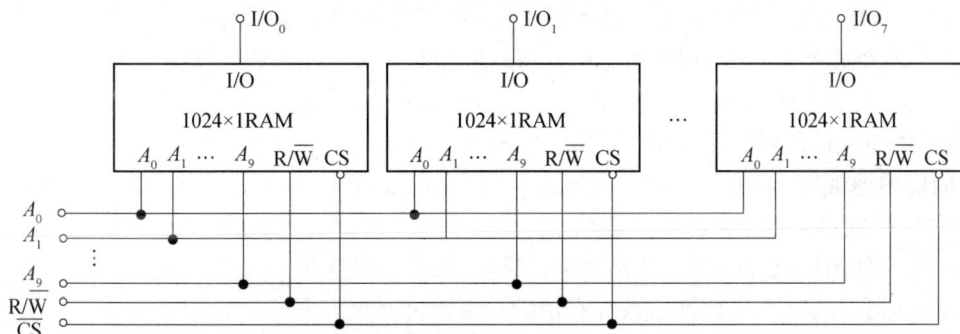

图 7.14　1K×1 位 RAM 扩展成 1K×8 位 RAM

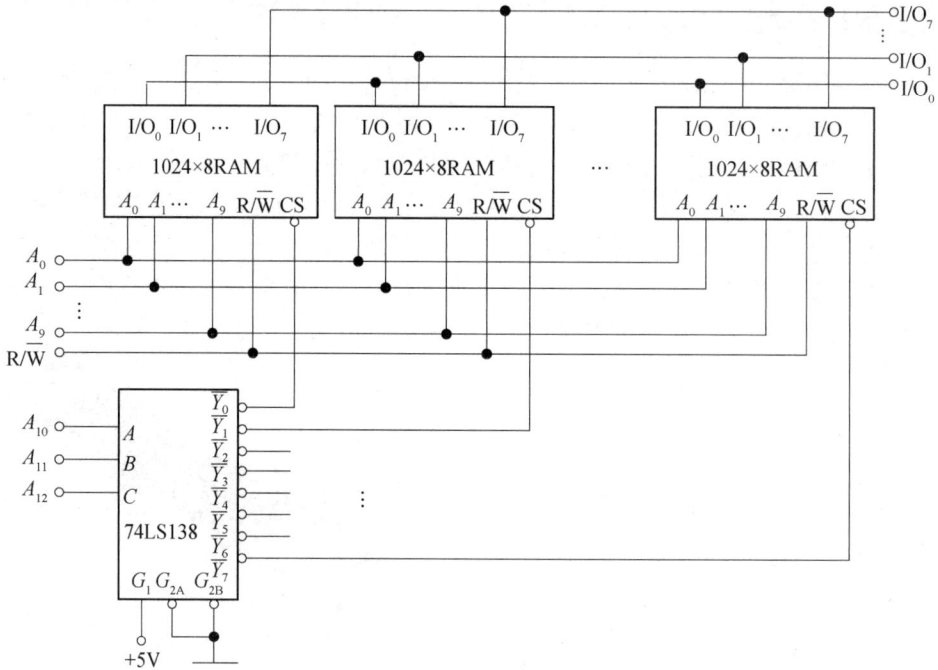

图 7.15　1K×8 位 RAM 扩展成 8K×8 位 RAM

思考题 7-3

（1）随机存取存储器 RAM 的英文全称是什么？

（2）随机存取存储器主要分哪两类？各有什么特点？

（3）RAM 的字扩展和位扩展都是基于什么原理的？

项目总结

1．存储器是数字系统中用于存储大量二进制信息的部件，可以存放各种程序、数据和资料。半导体存储器有只读存储器（ROM）和随机存取存储器（RAM）两大类。

2．只读存储器 ROM 用于存放永久的、不变的数据。这种存储器在断电后数据不会丢失。ROM 主要由地址译码器、存储矩阵、输出缓冲器等部分组成，是大规模组合逻辑电路。工作时，只能根据地址读出数据。ROM 可分为 4 种：掩膜 ROM、PROM、EPROM、E^2PROM。

3．随机存取存储器 RAM 用于存放一些临时性的数据或中间结果，这种存储器断电后数据丢失。它主要由地址译码器、存储矩阵、读/写控制电路等部分组成，是大规模的时序逻辑电路。RAM 可以随时读出数据或改写存储的数据，并且读、写周期很短。

4．RAM 分为静态 RAM、动态 RAM。静态 RAM 工作时不需要刷新，但存储容量不大。动态 RAM 工作时需要定时进行刷新。动态 RAM 电路简单、功耗小、集成度高、存储容量大。

练习题

一、填空题

7-1　半导体存储器按功能分有_____和_____两种。

7-2　断电后，RAM 中存储的数据_____、ROM 中的数据_____。

7-3　ROM 主要由_____、_____、_____和_____四部分组成。

7-4　ROM 器件按存储内容和存入方式的不同，可分为_____、_____和_____。

7-5　RAM 扩展有两种方式：一种是_____扩展，另一种是_____扩展。

二、选择题

7-6　随机存储器 RAM 是指_____。

A. 存储单元中所存数据是随机的

B. 存储单元的地址是随机的

C. 数据可以随机地存放在任何存储单元中

D. 存储器的读/写操作是随机的

7-7　对 RAM 进行写操作时，其控制信号是_____。

A. $\overline{CS}$=0，R/$\overline{W}$=0　　　　　　　B. $\overline{CS}$=0，R/$\overline{W}$=1

C. $\overline{CS}$=1，R/$\overline{W}$=0　　　　　　　D. $\overline{CS}$=1，R/$\overline{W}$=1

7-8　一个 ROM 共有 10 根地址线，8 根位线（数据输出线），则其存储容量为_____。

A. 10×8　　　　　B. 10^2×8　　　　　C. 10×8^2　　　　　D. 2^{10}×8

7-9　为了构成 4096×8 的 RAM，需要_____片 1024×2 的 RAM。

A. 8　　　　　　　B. 16　　　　　　　C. 2　　　　　　　D. 4

7-10　下列 ROM 中，目前应用最广泛的是_____。

A. 掩膜 ROM　　　　B. UVEPROM　　　　C. E^2PROM　　　　D. Flash Memories

三、判断题（正确的打√，错误的打×）

7-11　n 位地址编码可区分 $2n-1$ 个存储单元。（　　　）

7-12　动态随机存取存储器需要不断地刷新，以防止电容上存储的信息丢失。（　　　）

7-13　所有半导体存储器在运行时都具有读和写的功能。（　　　）

7-14　ROM 和 RAM 中存入的信息在电源断掉后都不会丢失。（　　　）

7-15　快闪存储器已达到可在线随机读写应用状态，甚至有逐步取代硬盘的趋势。（　　　）

四、分析题

7-16　ROM 和 RAM 的区别是什么？它们各适用于什么场合？

7-17　ROM 的基本结构是怎样的？通常可以用什么表示 ROM 的容量？

7-18　静态 RAM 和动态 RAM 有哪些区别？

7-19　用 ROM 实现三变量逻辑函数：$F=AB+BC+CA$

项目 8　课程设计

项目综述

课程设计是"数字电子技术"课程的一个重要教学环节，它通过应用所学的组合逻辑电路和时序逻辑电路的知识设计一个实用的数字电子产品，将理论和实践相结合，提高学生综合运用数字电子技术知识和工程实践的能力。本项目介绍课程设计的步骤、方法、总结报告要求、数字电路的调试、数字系统一般故障的检查和排除，以及设计数字电子钟、数字抢答器电路、交通灯控制电路。

知识链接

8.1　概述

"数字电子技术"课程设计是理论与实践相结合的过程，它包括选择课题、电子电路设计、组装、调试和编写总结报告等内容。

8.1.1　课程设计的步骤和方法

设计一个电子电路系统时，首先必须明确系统的设计任务，对系统的设计任务进行具体分析，充分了解系统的性能、指标及要求，根据任务进行方案选择，然后对方案中的各部分进行单元电路的设计、参数计算和元器件选择，最后将各部分连接在一起，画出一个符合设计要求的完整系统电路图，完成系统的功能设计。

1. 方案选择

这一步的工作要求是把系统的任务分配给若干个单元电路，并画出一个能表示各单元功能的整机原理框图。

方案选择的重要任务是根据掌握的知识和资料，针对系统提出的任务、要求，完成系统的功能设计。设计力争做到方案合理、可靠、经济、功能齐全等，并且对方案要不断进行可行性和优缺点分析，最后设计出一个完整框图。

这一阶段要进行广泛的调查研究，查阅文献和资料，反复进行比较和可行性论证。

2. 方案实现

（1）单元电路设计

单元电路是整机的一部分，只有设计好各单元电路才能提高整体设计水平。每个单元电路设计前都需明确本单元电路的任务，详细拟定单元电路的性能指标，与前后级之间的关系等。具体设计时，可以模仿成熟的先进电路，也可以进行创新或改进，但需满足性能要求。不仅单元电路本身要设计合理，各单元电路间也要相互配合，注意各部分的输入信号、输出信号和控制信号的关系。

（2）参数计算

为保证单元电路达到功能指标要求，就需要用电子技术知识对参数进行计算。例如，电路中各阻值、电容量等参数的计算。只有很好地理解电路的工作原理，正确利用计算公式，计算的参数才能满足设计要求。

参数计算时，同一个电路可能有几组数据，注意选择一组能完成电路设计功能、在实践中能真正可行的参数。

计算电路参数时应注意下列问题：

① 元器件的工作电流、电压、频率和功耗等参数应能满足电路指标的要求。

② 元器件的极限必须留有足够的余量，一般应大于额定值的 1.5 倍。

③ 电阻和电容的参数应选计算值附近的标称值。

（3）元器件选择

① 阻容元件的选择：电阻和电容种类很多，不同的电路对电阻和电容性能要求也不同，有些电路对电容的漏电要求很严，还有些电路对电阻、电容的性能和容量要求很高。设计时要根据电路的要求选择性能和参数合适的阻容元件，并要注意功耗、容量、频率和耐压范围是否满足要求。

② 分立器件的选择：要根据用途分别进行选择。选择的器件种类不同，注意事项也不同。例如选择晶体三极管时，首先注意是选择 NPN 型还是 PNP 型管，是高频管还是低频管，是大功率管还是小功率管，并注意管子的参数是否满足电路设计指标的要求。

③ 集成电路的选择：集成电路的型号、功能等可查阅有关手册。选择的集成电路不仅要在功能和特性上实现设计方案，而且要满足功耗、电压、速度、价格等多方面的要求。

（4）电路的模拟与仿真

元器件选择、电路设计完成后，应用相关分析软件对电路进行模拟和仿真，对设计的电路进行分析，通过分析，修改参数，使电路设计优化。

（5）绘出总体电路图

① 使用 Protel 软件绘制电路原理图。

总电路可能由几个部分组成，绘图时尽量把总电路画在一张图纸上，如果电路比较复杂，需绘制几张图，则应把主电路画在同一张图纸上，而把一些比较独立或次要的部分画在另外的图纸上，并在图与图之间的连线上做上标记，标出信号从一张图到另一张图的引出点和引入点，以此说明各图纸在电路连接之间的关系。

② 注意信号的流向。

一般从输入端或信号源画起，由左至右或由上至下，按信号的流向依次画出各单元电路，而反馈通路的信号流向则与此相反。

③ 连接线。

连接线尽量为直线，交叉和折弯应尽可能少。相互连通的交叉线，应在交叉处用圆点表示。

（6）安装调试

① 安装。

安装应按照先局部后整机的原则。在安装电路时要注意集成块不要插错或方向插反，连线不要错接或漏接并保证接触良好，电源和地线不要短路，避免人为故障。

② 调试。

调试过程应按照先局部后整机的原则，根据信号的流向逐单元调试，使各功能单元都达到各自技术指标的要求，然后把它们连接起来进行统调。

单元电路安装好后，应先进行通电前的检查。通电后，检查每片集成电路的工作电压是否正常（TTL 型电源电压为 $5\pm0.25V$），调试电路直至正常工作。调试可分为静态调试和动态调试，一般组合电路应静态调试，时序逻辑电路应动态调试。

统调主电路是将已调试好的若干单元电路连接起来，然后跟踪信号流向，由输入到输出，由简单到复杂，依次测试，直至正常工作。因为此时控制电路尚未安装，故需人为地给受控电路加特定信号使其正常工作。

调试控制电路一般分两步：第一步单独调试控制电路本身，施加于控制电路的各个信号可以设定为某种状态，直至正常工作。第二步将控制电路与系统主电路中各个功能部件连接起来，进行电路统调。

（7）故障排除

实训中常见的故障一般有：接触不良、接线错误（错接或漏接）、元器件损坏、多余的输入端未处理、设计上有缺陷等。

要及时地排除电路的故障必须建立在对故障的准确检测和判断的基础上，用到的方法主要有直接观察法、分割测试法和元器件替换法等。

① 直接观察法。

直接观察法是通过人的触觉、嗅觉、听觉、视觉等多种感官对电路出现的故障进行判断分析，进而定位故障发生位置，然后采取相应的维修措施，使电子元件恢复到正常的工作状态。观察包括通电前与通电后观察，其中通电前主要观察电子电路中使用的元件是否正确，接线有无错接、接反现象等。通电后观察指观察判断元件有无出现烧焦异味、电路中有无冒烟现象、颜色有无变得焦黄或焦黑等。这种方法操作简单、方便，而且判断比较准确。

② 分割测试法。

在确保电源正常工作的情况下，可以将整个电路按电路结构或实现的功能分割成若干相对独立的电路，分别通电检测，找出故障点。

③ 元件替换法。

元件替换法能够对故障位置进行准确的定位，即利用正常的元件逐一替换可能发生故障的电子元件，元件更换后如果电子电路恢复到正常的工作状态，则说明正是被替换元件发生了损坏并导致了故障的发生。这种方法比较适合在已初步判定故障发生范围的情况下使用。

电路故障判定的方法还有补偿法、对比法、参数测试法等多种方法，实际应用中需要灵活运用各种方法判断故障部位，高效快捷地处理故障。

（8）撰写总结报告

学生对课程设计全过程进行系统的总结，按规定格式撰写设计总结报告。

8.1.2　课程设计总结报告要求

编写课程设计总结报告是训练学生撰写科学论文和科研总结报告的能力。通过撰写课程设计总结报告，不仅将设计、组装、调试的内容进行全面总结，而且可以将实践内容上升到理论高度。一份完整的课程设计总结报告应包括如下内容。

（1）封面：包括设计课题名称，学生姓名、学号、指导教师等。

（2）摘要：摘要是设计总结报告内容的高度概括，应涉及设计的目的、意义、研究方法、成果和结论。文字要简练，300 字左右。为了便于文献检索，论文摘要后要注明本论文的关键词 3~6 个。

（3）目录：目录是设计总结报告的提纲，应将论文的主要章节按顺序列出，并标出页码，页码居页面右侧并对齐。目录应自动生成。

（4）正文：正文是总结报告的核心。

正文一般应包括下面内容：

① 绪论：应说明本设计的目的、意义、范围及应达到的技术要求；简述本课题在国内（外）发展概况及存在的问题；本设计的指导思想；阐述本设计应解决的主要问题。

② 系统方案设计：应说明设计原理并进行方案选择。应说明为什么要选择这个方案（包括各种方案的分析、比较）；还应阐述所采用方案的特点（如采用了何种新技术、新措施、提高了什么性能等）；分析比较各种方案的优缺点，画出系统框图。

③ 单元电路设计：画出完整的电路图，进行参数计算和元器件选择，并说明电路的工作原理。实体设计中包括必要的硬件连接、软件说明、程序设计、必要的计算、图表等。

④ 软硬件调试及结果分析：说明使用的主要仪器，调试电路的方法和技巧，测试的数据和波形，并与计算结果比较分析，调试中出现的故障、原因及排除方法。

⑤ 结论：概括说明本设计的情况和价值，分析其优点、特色有何创新，性能达到何水平，并应指出其中存在的问题和今后的改进方向，特别是对设计中遇到的重要问题要重点指出并加以研究。

（5）谢辞

简述自己通过本设计的体会，并应对指导教师和协助完成设计的有关人员表示谢意。

（6）参考文献

参考文献按正文标注序号的顺序列出。只列出作者直接阅读过、在正文中被引用过的文献，一般为正式发表的文献资料或出版的书籍等。

（7）附录部分

附录可包括重要的原始数据、源程序清单、数学推导、计算程序、框图、结构图、注释、统计表、计算机打印输出等。附录作为设计（论文）主体的补充项目，并不是必需的。

附录的序号编排按附录 A、附录 B、…编排，附录（例如附录 B）内的顺序可按 B.1、B.1.1、B.1.1.1 规律编排。图表按图 B.1、图 B.2、表 B.1、表 B.2 的规律编排。附录的页码与正文连续编码。

设计总结报告的字数一般应不低于 5000 字（其中不包括程序清单、图纸）；以产品开发为主的工程类课题应有实物成果及实物的性能测试报告；软件工程文档应包括有效程序光盘和源程序清单、软件设计及使用说明书、软件测试分析报告、项目总结等。

思考题 8-1

1. 在设计电路时，如何选择合适的元器件？
2. 课程设计总结报告要求有哪几个方面？

8.2　数字电路的调试

电路的测试和调整是数字电子电路实践中的一个重要和关键的环节。通过调试，可以发现和纠正数字电子电路设计方案的不足和安装的不合理，然后采取措施加以改进，使数字电子电路或装置达到预定的电路设计指标，从而确保电路正常工作。

8.2.1　调试前的直观检查和准备

1. 调试前的直观检查

在通电调试之前，必须认真检查电路连线是否有错误。调试前要检查元器件的好坏及其性能指标，检查被调试设备的功能选择开关、量程挡位和其他面板元器件是否安装在正确的位置；检查被调试电路是否按电路设计要求正确安装连接，有无虚焊、脱焊、漏焊等现象。经检查无误后方可按调试操作程序进行通电调试。

对被调试电路的直观检查分为以下几点。

（1）连线是否正确

检查电路连线是否正确，包括错线、少线和多线。可以对照原理图进行查线。以元器件为中心，把每个元器件引脚的连线对照原理图一次查清，检查每个引脚的去处在电路图上是否存在，这种方法不但可以查出错线和少线，还容易查出多线。为了防止出错，对于已查过的线通常应在电路图上做出标记。

（2）元器件安装是否正确

检查元器件引脚之间有无短路，连接处有无接触不良，二极管方向和电解电容的极性是否接反，集成电路和晶体管的引脚是否接错，轻轻拨一拨元器件，观察焊点是否牢固等。可以用指针式万用表"Ω×1"挡，或数字式万用表"Ω挡"的蜂鸣器来测量，而且直接测量元器件引脚，这样可以同时发现接触不良的地方。

（3）电源、信号源检查

检查供电电压与实际电路是否相符，电源直流极性是否正确，从电源引出的信号线是否连接正确。

（4）电源端对地是否存在短路

在通电前断开一根电源线，用万用表检查电源端对地（⊥）是否存在短路。检查直流稳压电源对地是否短路。可以用指针式万用表欧姆挡，或数字式万用表"Ω挡"的蜂鸣器来测量，若万用表读数为零，说明电源对地短路。

2. 调试前的准备工作

（1）技术文件准备

电路原理图、方框图、印制电路板图、调试工艺（参数表和程序）、元器件手册或说明书等文件的准备。要求掌握上述各技术文件的内容，了解电路的基本工作原理、主要技术性能指标、各参数的调试方法和步骤等。明确电路调试的目的和要求达到的技术性能指标。

（2）仪器设备准备

要准备好测量仪器和测试设备，检查是否处于良好的工作状态，检查测量仪器和测试设备的功能选择开关、量程挡位是否处于正确的位置，尤其要注意测量仪器和测试设备的精度是否符合技术文件规定的要求，能否满足测试精度的需要。调试常用的仪器有万用表、稳压电源、示波器、信号发生器等，需要掌握仪器设备的正确使用方法和测试方法，熟练使用测量仪器和测试设备。

8.2.2　调试步骤

若电路经过上述检查，并确认无误后，就可通电调试。

调试方法通常采用先分调后联调。我们知道，任何复杂电路都是由一些基本单元电路组成的，因此，调试时可以循着信号的流程，逐级调整各单元电路，使其参数基本符合设计指标。这种调试方法的核心是，把组成电路的各功能块（或基本单元电路）先调试好，并在此基础上逐步扩大调试范围，最后完成整机调试。采用先分调后联调的优点是能及时发现问题和解决问题。新设计的电路一般采用此方法。对于包括模拟电路、数字电路和微机系统的电子装置，更应采用这种方法进行调试。因为只有把三部分分开调试后，分别达到设计指标，并经过信号及电平转换电路后才能实现整机联调，否则，由于各电路要求的输入、输出电压和波形不符合要求，盲目进行联调，就可能造成大量的元器件损坏。

除了上述方法，对于已定型的产品和需要相互配合才能运行的产品也可采用一次性调试。按照上述调试电路原则，具体调试步骤如下。

1. 通电观察

观察是否有异常现象，如冒烟、异常气味、放电的声光、元器件发烫等。如果有，不要惊慌失措，而应立即关断电源，待排除故障后方可重新接通电源。

一定要调试好所需要的电源电压数值，然后才能给电路接通电源。电源一经接通，不要急于用仪器观测波形和数据，而是要观察有无异常现象，包括有无冒烟，是否有异常气味，手摸元器件是否发烫，电源是否有短路现象等。如果出现异常，应立即切断电源，待排除故障后才能再通电。然后测量各路总电源电压和每个集成块的电源引脚电压是否正常，以确信集成电路是否已通电工作。通过通电观察，认为电路初步工作正常，就可转入正常调试。

另外，应注意一般电源在开与关的瞬间往往会出现瞬态电压上冲的现象，集成电路最怕过电压的冲击，所以一定要养成先开启电源，后接电路的习惯，在实验中途也不要随意将电源关掉。

2. 静态调试

用万用表测量各集成芯片电源引脚与地线引脚间的电压，若电压为零或为异常值，说明集成芯片电源引脚或地线引脚存在连线接触不良或接线错误现象，应及时排除。

对数字电路，在静态时，测量输入与输出的高、低电平值及逻辑关系，可加入固定电平，再根据器件的逻辑功能测试电路各点电位，以判断电路的工作是否正常。通过测量，可以及时发现已经损坏的元器件，判断电路工作情况，并及时调整电路参数，使电路工作状态符合设计要求。

3. 动态调试

动态调试是在静态调试的基础上进行的。调试的方法是在电路的输入端接入适当频率和幅值的脉冲信号，观测电路的输入信号波形、输出信号波形，幅值、脉冲宽度、相位及动态逻辑关系是否符合要求。若发现电路中存在问题和异常现象，应采取不同的方法缩小故障范围，最后设法排除故障。

4. 指标测试

电路经静态和动态调试正常之后，即可对课题要求的技术指标进行测试。应认真测量和记录测试数据，并对测试数据进行分析，最后做出测试结论，确定电路的技术指标是否符合设计要求。如有不符，则应仔细检查问题所在，一般是对某些元器件参数加以调整和改变，若仍达不到要求，则应对某部分电路进行修改，甚至要对整个电路加以修改，或推倒重来。当然，我们并不希望大返工，因此，要求在设计的全过程中，要认真、细致，考虑问题要更周全。

8.2.3　调试注意事项

● 正确使用测量仪器的接地端，仪器的接地端与电路的接地端要可靠连接。

● 调试前应熟悉所使用仪器的使用方法，调试时应注意仪器的地线与被测试电路的地线是否接好，以避免因为仪器使用不当而做出错误的判断。

● 调试过程中，不论是更换元器件，或是更改连线，一定要先关断电源，待更换完毕经检查无误后方可再通电。

● 调试过程中，要认真观察记录实验过程，包括条件、现象、数据、波形、相位等，另外还要勤于做记录，要对那些不符合设计的参数进行说明。只有通过记录的数据，才能将实际观察的效果和预计的结果加以比较，这样才能发现其中的问题，改正参数，进一步完善电路，从而达到设计规定的要求。

● 在调试过程中始终要有严谨的科学作风。出现故障时，不可以一遇到故障解决不了就拆掉线路重新安装，因为故障原因可能是电路原理问题，这不是重新安装就能解决的，所以要认真查找产生故障的原因，仔细判断故障原因。

● 对于工作频率高的电路，应减小电源内阻，加粗电源输出线和地线，尽量缩短连线长度。输出线不要和输入线靠得太近，输入输出线也不要和时钟脉冲线靠得太近。

● 在调试的过程中，要注意安全，保持小心慢行的方式进行调试，一定要在断电的情况下进行仪器的连接，保证人身安全。

思考题 8-2

1. 电路调试前应做哪些准备工作？
2. 电路调试过程中要注意什么？

8.3　数字系统一般故障的检查和排除

电路故障是电路的异常工作状态。因为所有的电子元器件都有一个可靠性及工作寿命问题，所以出现故障的情况是难免的。在对数字系统的故障诊断之前，应该做好两方面的准备工作。首先是知识的准备，必须对数字电路的常用电路类型及相应的工作原理有充分的了解，对其常用的元器件的工作原理及外观、性能等要熟悉，并要掌握数字电路故障诊断的方法和步骤；其次是工具的准备，各种常用的工具和仪器仪表如万用表、逻辑表、示波器、电烙铁、吸锡器等，并掌握其性能及使用方法。

8.3.1　产生故障的主要原因

故障产生的原因有很多，情况也很复杂，有的是一种原因引起的简单故障，有的是多种原因相互作用引起的复杂故障，因此，引起故障的原因很难简单分类，需要运用电子电路的基础理论分析处理测试数据和排除调试中的故障。常见的故障原因有以下几种。

1. 设计电路时未考虑集成电路的参数和工作条件

（1）集成的数字电路负载能力有限。比如一个普通的与非门的输出低电压最多可以带 10 个同类门电路，但是事实上所带的同类门的个数远远超出这个数值，这样就会造成电路输出的低电压急速升高破坏电路的原有功能，致使系统不能正常的工作。同样输出高电平时也会面临这样的问题。按理这些在电路中是禁止的，此时我们就只能选择那些负载能力强的集成电路。

（2）集成电路的工作速度慢。当一组信号输入　个集成的电路时，通过电路内部的延时到输出端稳定后才能输入第二组信号。由于内部延时的原因，导致了电路工作速度较慢。在输入脉冲较高时，则会在输出端产生不稳定故障。这些故障在查找时是很困难的，随意的。在逻辑设计时，应该选用那些工作速度高的集成电路。

2. 安装布线不当，接触不良

如布线和集成电路芯片安置不合理时容易引起干扰。在安装中断线、桥接、漏线、插错电子元器件、闲置输入端处理不当、使能端信号加错或未加等都会造成故障。

3. 工作环境恶劣

许多数字设备对工作环境都有一定的要求，如温度过高或过低、湿度过大等因素都难以保证设备正常工作。使用环境的电磁干扰超过设备的允许范围也会使设备不能正常工作。

4. 超期使用

任何数字设备都有一定的使用期限，如果超过期限，很多电子元器件都会进入衰老期，故障会增加，技术性能会下降，但只要注意维护、及时更换零部件和电子元器件等，可以减少故障，延长设备的使用期限。

此外还有实验电路与设计的原理图不符、元器件使用不当或损坏、焊点虚焊、电源电压性能差、相互干扰引起的故障等故障原因。

8.3.2 常见逻辑故障

逻辑故障，也就是数字电路中一些逻辑值由于故障发生变化，与规定的逻辑值之间出现偏差，甚至相反的现象。数字系统中常见的逻辑故障有以下几个。

1. 固定电平故障

所谓电平故障就是指某处的逻辑电平值保持为固定电平值。当在同一时间只考虑一个电平故障时，就成为固定电平故障。在数字电路的内部故障中，都可以归为输入端和输出端的固定电平故障。

2. 桥接故障

桥接故障是信号线的接插短路和电路工艺的不完善、松动，或者是有过长的裸线等造成的故障，主要包括两种类型：第一种是由于输入信号之间，或者是门电路输入信号之间的桥接造成的故障。另一种则是由反馈桥接造成的故障，主要表现为输入信号和输出信号之间的桥接造成的故障。

3. 固定开路故障

这类故障是发生在 CMOS 电路中的。例如，当 CMOS 电路或非门正常工作时，电路应该能够完成或非门的功能。当电路出现既不接电源，也不接地的高阻状态时就成为固定开路故障。

4. 信号延迟故障

有时即使电路结构没有任何的故障，电路也不会正常地工作，这时就要考虑这可能是由信号延迟引发的故障。而由信号延迟所引起的故障我们通常称为延迟故障。所谓的延迟故障，就是指电路中由于各个元器件的延迟变化、脉冲信号参数的变化等所产生的各种故障。

5. 软故障

所谓的软故障就是指由电子元器件、器件的参数，或者性能的不稳定，以及电路某一方面的原因等，使电路产生不稳定的现象。产生这类故障的原因有很多，例如，元器件的老化、参数的改变、性能的不稳定等。这类故障有较强的随机性和偶然性，造成这类故障的因素也有很多。例如，环境的潮湿、较强的电磁环境、电源的干扰等。由于这类故障产生的原因很多，因此在排查的过程中也是非常的困难的。

8.3.3　查找故障的常用方法

检查故障的一般方法有：直接观察法、顺序检查法、比较法、元器件替换法、短路法、断路法、加速暴露法等，下面主要介绍以下几种。

1. 直接观察法

直接观察法是通过人的触觉、嗅觉、听觉、视觉等多种感官对电路出现的故障进行判断分析，进而定位故障发生位置，然后采取相应的维修措施，使电子元器件恢复到正常的工作状态。观察包括通电前与通电后观察，其中通电前主要观察电子电路中使用的元器件是否正确，接线有无错接、接反现象等。通电后观察指观察判断元器件有无出现烧焦异味、电路中有无冒烟现象、颜色有无变得焦黄或焦黑等。这种方法操作简单、方便，而且判断比较准确。

2. 顺序检查法

在输入端直接输入一定幅值、频率的信号，由输入级向输出级逐级检查，如哪一级出现异常，则故障就在该级；对于各种复杂的电路，也可将各单元电路前后级断开，分别在各单元输入端加入适当信号，检查输出端的输出是否满足设计要求。

3. 比较法

将故障电路主要关键点测试参数与正常工作的同类型电路对应测试点测试值（或理论分析和仿真分析的电流、电压、波形等参数）相比较，从而判断故障点，找出原因。

4. 元器件替换法

元器件替换法能够对故障位置进行准确的定位，即利用正常的元器件逐一替换可能发生故障的电子元器件，元器件更换后如果电子电路恢复到正常的工作状态，则说明正是被替换元器件发生了损坏并导致了故障的发生。这种方法比较适合在已初步判定故障发生范围的情况下使用。

5. 加速暴露法

有时故障不明显，或时有时无，或要较长时间才能出现，可采用加速暴露法，如敲击元器件或电路板检查接触不良、虚焊等，用加热的方法检查热稳定性等。

8.3.4　故障的排除

在检修数字电路之前应尽可能熟悉系统的结构原理和电路，然后分析故障的表征特性，尽可能地缩小故障产生的范围。

1. 检查电源

数字电路较常采用±5V、±15V、±12V 电源。当电源对地短路或电源稳定性差都可能导致系统故障，表现为系统无反应、系统程序紊乱等。一般来说，电源对地短路是因为电容短路产生的，找到故障电容最好的办法是采用电流跟踪仪跟踪短路电流，没有电流跟踪仪的就只好将电路分单元查找替换。

2. 检查时钟

时钟电路一般由石英晶体电路或 RC 振荡电路组成。石英晶体较易损坏，可用示波器测试时钟信号的频率、振幅、相位，或简单地用逻辑探针检测时钟脉冲的有无。对各个单元电路的时钟均应检测，以防断线、松脱、干扰等引起时钟脉冲的不正确。

3. 检查总线

用逻辑探针检查总线上是否有脉冲活动。若总线上没有脉冲活动，可继续检查总线驱动器输入端有无脉冲信号、驱动器是否在允许状态、驱动器是否响应激励等，来确定故障是否是由于总线驱动器引起的，然后轮流检查每一个总线接收者。另外，可以关掉电源，用万用表检查总线各线的对地电阻，如果所有线的阻值都一样，那么估计总线正常；如果一条或多条线的阻值与其余的不同，那么该线值得怀疑；如果有两根线的阻值相同，而又高于或低于其他线的，那么这两条线可能相互短路了。

4. 检查接口

接口卡、印刷板与插座插接时可能松脱或偏离中心导致接触不良而引发故障，实际上很多故障的确是由此产生的，对此可用无水酒精擦拭接口后再重新插接固定。另外，数字系统还常常通过外部通信线路（RS-232、MODEM、IEEE-488 等）与其他系统连接，而连接线通常很长，还可能暴露于电子干扰源下，例如，继电器、电机、变压器、大型 X 线机、阴雨天闪电等，接口接触不良和电子干扰源的电磁干扰均可能会产生错误的数据传送，甚至损坏相关的元器件。对电磁干扰最好找出干扰源后排除它，其次可改善工作环境，如湿度和温度等，加强屏蔽，或改用屏蔽性能好的连接线。

5. 检查关键的脉冲信号

用逻辑探针、示波器或逻辑分析仪观察复位、使能、选通、读写、中断、读内存等控制信号，可以较好地判断集成电路 IC 是否工作正常。当复位信号有效时，IC 输出应被清零或置位，程序应回到初始状态运行；当使能信号有效而时钟脉冲正常时，IC 数据线上应有脉冲活动；当逻辑探针连到读内存线上，而指示灯没有闪烁显示（即读内存线上没有脉冲活动），说明微处理器可能在程序的某处卡住了，因为每一条指令读地址处存储器时，读内存线上通常是应有脉冲信号的；对于中断信号，可用逻辑探针来观察是否发生中断线路粘附，也可通过外加直流电压或低电平来控制（允许或禁止）被测试的中断。

思考题 8-3

1. 简述数字系统故障产生的原因。
2. 替换集成电路能否在带电情况下进行？为什么？
3. 举 1～2 个例子，说说你在电子产品调试过程中遇到哪些故障，又是如何排除的。

任务训练

训练 8-1 数字电子钟设计

数字电子钟是采用数字电路实现"时""分""秒"数字显示的计时装置。钟表的数字化在提高报时精度的同时，也大大扩展了它的功能，诸如定时自动报警、按时自动打铃、时间程序自动控制、定时广播、定时启闭路灯等。因此，研究数字电子钟及扩大其应用，有着现实的意义。

1. 设计目的

（1）熟悉数字电子钟的结构及各部分的工作原理。
（2）掌握数字电子钟电路设计和制作方法。
（3）熟悉中规模集成电路及显示器件的使用方法。
（4）掌握使用中小规模集成电路，设计能显示时、分、秒的数字电子钟。

2. 设计任务与要求

（1）时钟显示功能，能够以十进制显示"时""分""秒"。
（2）具有校准时、分的功能。
（3）整点自动报时，在整点时，便自动发出鸣叫声，时长 1s。
（4）闹钟功能，可按设定的时间闹时。
（5）日历显示功能。将时间的显示增加"年""月""日"。

3. 数字钟原理说明

（1）电路组成
图 8.1 提供了一种供参考用的数字电子钟原理图。如图 8.2 所示是数字钟组成框图，由图 8.1 可见，该数字钟由秒脉冲发生器，六十进制"秒""分"计时计数器和二十四进制"时"计时计数器，时、分、秒译码显示器，校时电路和报时电路等电路组成。

（2）电路工作原理
① 计数器电路。
"秒""分""时"计数器电路都采用双 BCD 同步加法计数器 CD4518。如图 8.3 所示，"秒""分"计数器是六十进制计数器，为了便于 8421BCD 码显示译码器工作，"秒""分"个位采用十进制计数器，十位采用六进制计数器。"时"计数器是二十四进制计数器，如图 8.4 所示。

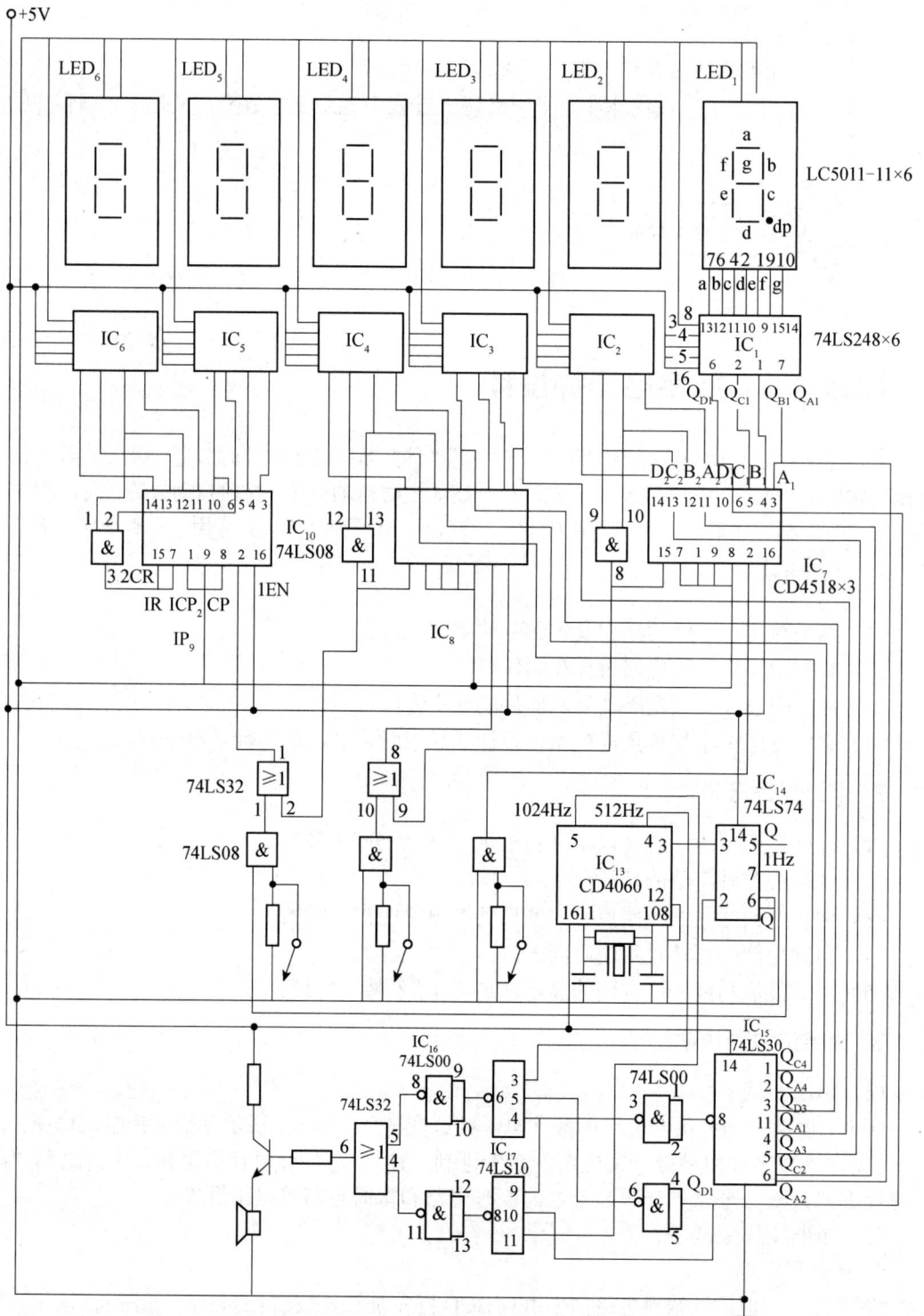

图 8.1 数字电子钟原理图

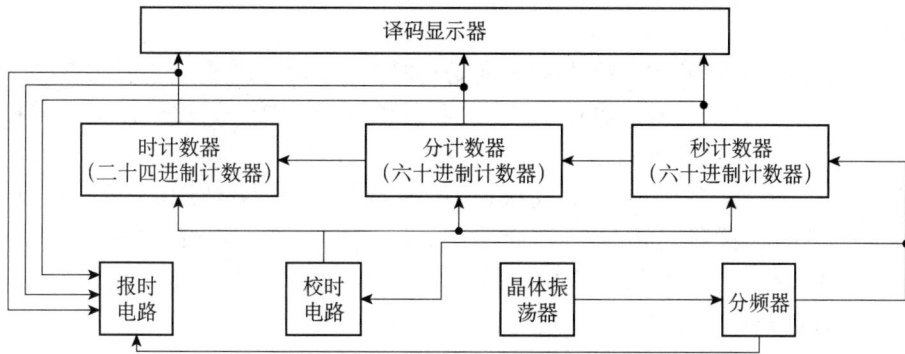

图 8.2　数字钟组成框图

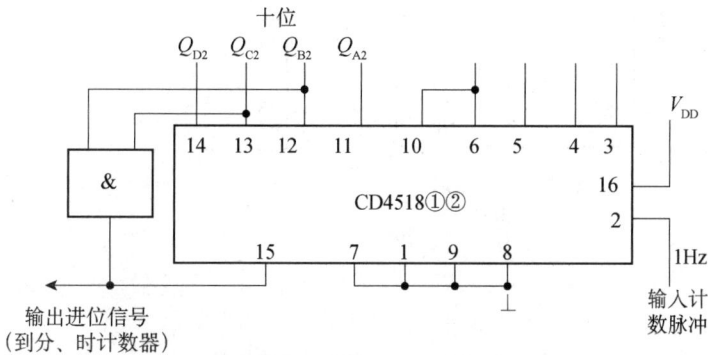

图 8.3　"秒""分"计数器

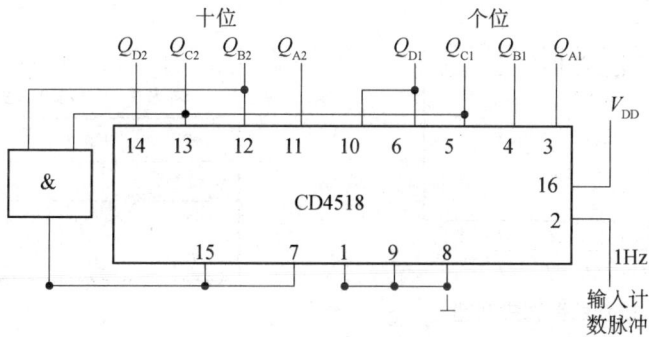

图 8.4　"时"计数器

② 秒信号发生电路。

秒信号发生电路产生频率为 1Hz 的时间基准信号。采用 32768（2^{15}）Hz 石英晶体振荡器，经过 15 级二分频，获得 1Hz 的秒脉冲，秒脉冲信号发生电路如图 8.5 所示。电路中 CD4060 是 14 级二进制计数器/分频器/振荡器，它与外接电阻、电容、石英晶体共同组成 32768Hz 振荡器，并进行 14 级二分频，再外加一级 D 触发器（74LS74）二分频，输出 1Hz 的时基秒信号。CD4060 的外引脚排列如图 8.6 所示，如表 8.1 所示为 CD4060 的功能表，如图 8.7 所示为 CD4060 的内部逻辑图。

③ 译码、显示电路。

"时""分""秒"的译码显示电路均使用七段显示译码器 74LS248 直接驱动 LED 数码管 LC5011-11。如图 8.8 所示为秒译码显示电路。74LS248 和 LC5011-11 引脚排列如图 8.9 所示。

④ 校时电路。

图 8.10 所示为校时电路，"秒"校时采用等待时法。正常工作时，将开关 S_1 拨向 V_{DD}，不影响与门 G_1 传送秒计数信号。进行校对时，将开关 S_1 拨向接地，封闭 G_1，暂停秒计时。标准时间一到，立即将 S_1 拨回 V_{DD}，开放与门 G_1。"分"和"时"校时采用加速校时法。正常工作时，S_2 或 S_3 接地，封闭与门 G_3 或 G_5，不影响或门 G_2 或 G_4 传送秒、分进位计数脉冲。进行校对时，将 S_2、S_3 拨向 V_{DD}，秒脉冲通过 G_2、G_3 或 G_4、G_5 直接引入"分""时"计数器，让"分""时"计数器以秒节奏快速计数。待标准分、时一到，立即将 S_2、S_3 拨回地，封锁秒脉冲信号，开放或门 G_4、G_2 对秒、分进位计数脉冲的传递。

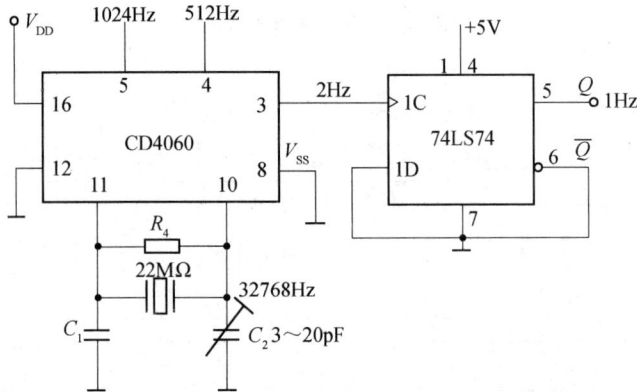

图 8.5 秒脉冲信号发生电路

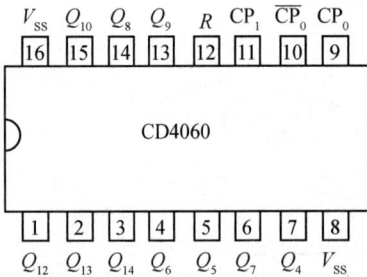

图 8.6 CD4060 的引脚排列图

表 8.1 CD4060 的功能表

R	CP	功能
1	×	清零
0	↑	不变
0	↓	计数

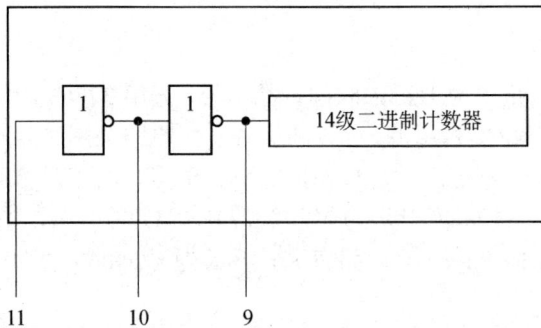

图 8.7 CD4060 的内部逻辑框图

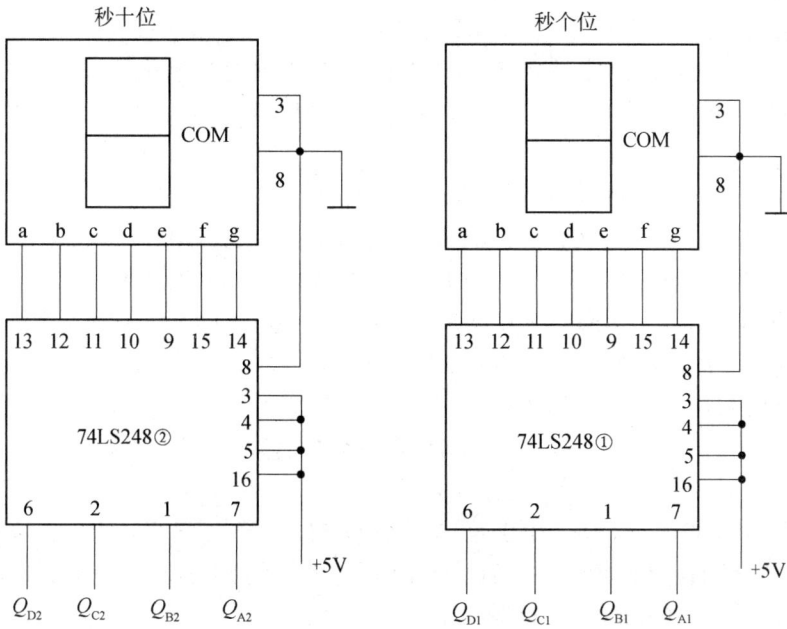

图 8.8　秒译码显示电路

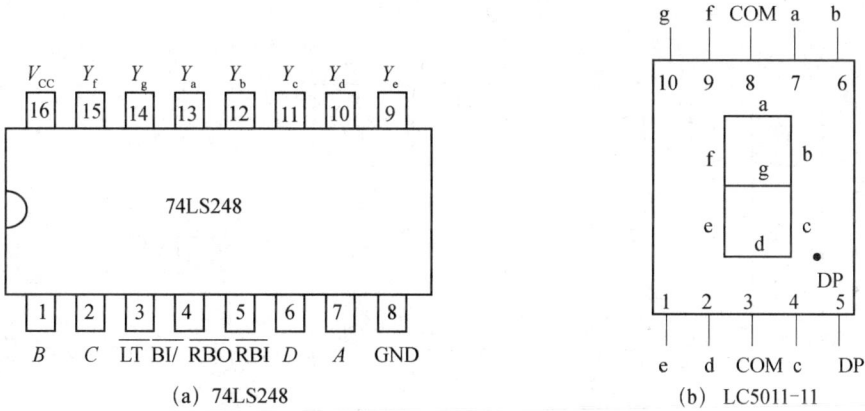

(a)　74LS248　　　　　　　　(b)　LC5011-11

图 8.9　74LS248 和 LC5011-11 引脚排列图

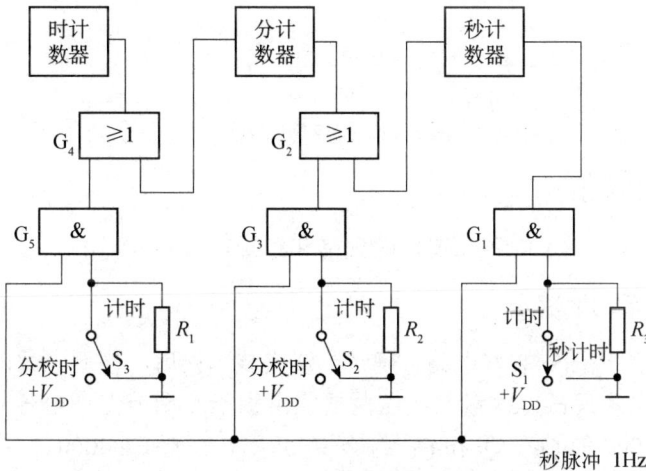

图 8.10　校时电路

⑤ 整点报时电路。图 8.11 所示为整点报时电路，它包括控制电路和音响电路两部分。当"分"和"秒"计数器计到 59 分 51 秒，自动驱动音响电路发出 5 次持续 1s 的鸣叫，前 4 次音调低，最后一次音调高。最后一次鸣叫结束，计数器正好为整点（"00"分"00"秒）。

● 控制电路。当分、秒计数器计到 59 分 51 秒，即

$$Q_{D4}Q_{C4}Q_{B4}Q_{A4}=0101 \qquad Q_{D3}Q_{C3}Q_{B3}Q_{A3}=1001$$
$$Q_{D2}Q_{C2}Q_{B2}Q_{A2}=0101 \qquad Q_{D1}Q_{C1}Q_{B1}Q_{A1}=0001$$

时，开始鸣叫报时。此间，只有秒个位计数，所以 $Q_{C4}=Q_{A4}=Q_{D3}=Q_{A3}=Q_{C2}=Q_{A2}=1$。

另外时钟到达 51、53、55、57 和 59 秒（即 $Q_{A1}=1$）时就鸣叫。为此，将 Q_{C4}、Q_{A4}、Q_{D3}、Q_{A3}、Q_{C2}、Q_{A2} 和 Q_{A1} 逻辑相与作为控制信号 C。

$$C=Q_{C4}Q_{A4}Q_{D3}Q_{A3}Q_{C2}Q_{A2}Q_{A1}$$
$$Y=C\overline{Q_{D1}}A+CQ_{D1}B$$

在 51、53、55 和 57 秒时，$Q_{D1}=0$、$Y=A$，扬声器以 512Hz 音频鸣叫 4 次。在 59 秒时 $Q_{D1}=1$、$Y=B$，扬声器以 1024kHz 高音频鸣叫最后一响。报时电路中的 512Hz 低音频信号 A 和 1024kHz 高音频信号 B 分别取自 CD4060 的 Q_6 和 Q_5。

● 音响电路。音响电路采用射极输出器 V 驱动扬声器，R_6、R_5 用来限流。

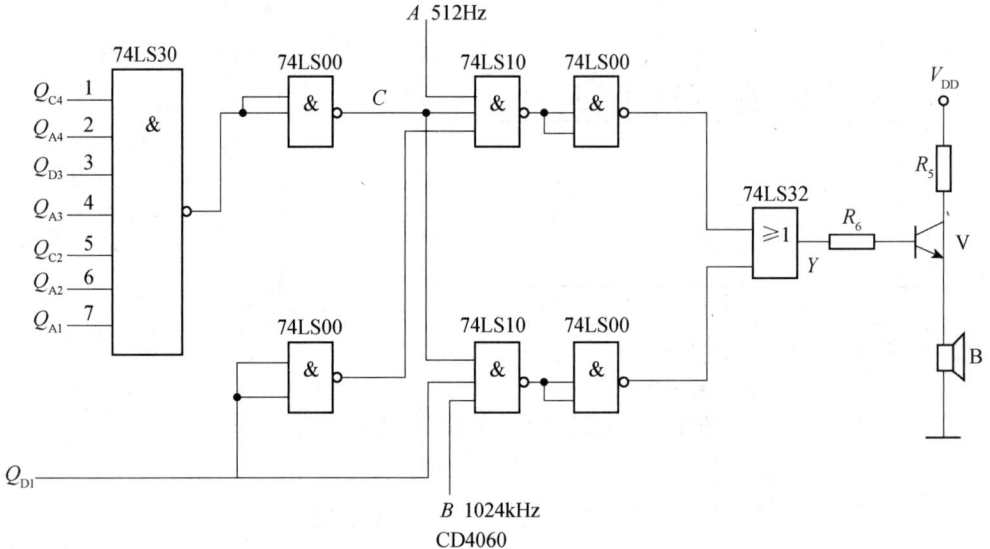

图 8.11　整点报时电路

4. 电路元器件的选择

根据设计要求确定图 8.1 中各元器件的规格和型号，选择合适的元器件，并进行检测。

5. 电路的安装与功能验证

按照图 8.1 所示原理图安装好电路。确认电路安装无误后，接通电源，逐级调试。

① 秒信号发生电路调试。测量晶体振荡器输出频率，调节微调电容 C_2，使振荡频率为 32768Hz。测量 CD4060 的 Q_4、Q_5 和 Q_6 等脚输出频率，检查 CD4060 工作是否正常。

② 计数器的调试。将秒脉冲送入秒计数器，检查秒个位、十位是否按 10 秒、60 秒进位。

采用同样方法检测分计数器和时计数器。

③ 译码显示电路的调试。观察在 1Hz 的秒脉冲信号作用下数码管的显示情况。

④ 校时电路的调试。调试好时、分、秒计数器后，通过校时开关依次校准秒、分、时，使数字电子钟正常走时。

⑤ 整点报时电路的调试。利用校时开关加快数字钟走时，调试整点报时电路，使其分别在 59 分 51 秒、53 秒、55 秒、57 秒时鸣叫 4 声低音，在 59 分 59 秒时鸣叫一声高音。

6. 完成电路的详细分析及编写课程设计总结报告

整理相关资料完成电路的详细分析及编写课程设计总结报告。

训练 8-2 数字抢答器电路设计

数字抢答器由主体电路与扩展电路组成。优先编码电路、锁存器、译码电路将电路的输入信号在显示器上输出；用控制电路和主持人开关启动报警电路，通过定时电路和译码电路将秒脉冲产生的信号在显示器上输出实现计时功能，构成扩展电路。研究抢答器及扩大其应用，有着现实的意义。

1. 设计目的

（1）掌握 4 人或 4 组智力竞赛抢答器电路的设计、组装与调试方法。

（2）熟悉数字集成电路的设计和使用方法。

2. 设计任务与要求

（1）设计一个供 4 人或 4 组参赛的抢答器，能准确分辨、记录第一个有效按下抢答键者，并用声、光指示。

（2）主持人没有宣布抢答开始时，抢答不起作用。主持人宣布抢答开始时，按"开始"键，抢答开始，同时启动计时器计时。

（3）计时器计时采用倒计数的方式。若预定时间内无人抢答，自动给出信号停止抢答。倒计数定时器的时间可以随意预置。

（4）每组有一个计分器。从预置的 100 分开始，由主持人控制。答对者加 10 分，答错则扣 10 分。

3. 设计提示

（1）关键是要存住第一抢答者的信息，并阻断以后抢答者的信号。可用集成的多组触发器或锁存器辅以逻辑门实现（例如用 TTL 电路的 74373，74273，CMOS 电路的 14599 等）。

（2）加减计分可以用十进制可逆计数器完成，个位不变，仅十位以上参与加减运算。

（3）倒计时可用减法计数器完成（例如用 TTL 电路的可逆计数器 74192，CMOS 的 CD4029、4510 等构成减法计数器）。

（4）各单元电路分别设计、调试，最后合成。

（5）四人抢答器参考框图如图 8.12 所示。

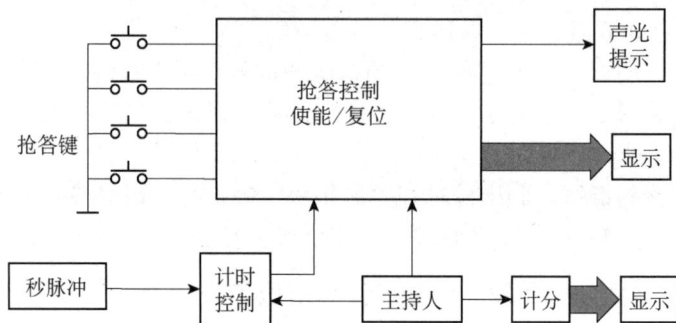

图 8.12　四人抢答器框图

训练 8-3　交通灯控制电路设计

由一条主干道和一条支干道的汇合点形成十字交叉路口，为确保车辆安全、迅速地通行，在交叉路口的每个入口处设置了红、绿、黄三色信号灯。红灯亮禁止通行，绿灯亮允许通行；黄灯亮则给行驶中的车辆有时间停靠在禁行线内。实现红、绿灯的自动指挥对城市交通管理现代化有着重要的意义。

1. 设计目的

（1）掌握交通灯控制电路的设计、组装与调试方法。
（2）熟悉数字集成电路的设计和使用方法。

2. 设计任务与要求

（1）用红、绿、黄三色发光二极管作信号灯。
（2）当主干道允许通行亮绿灯时，支干道亮红灯，而支干道允许亮绿灯时，主干道亮红灯。
（3）主支干道交替允许通行，主干道每次放行 30s、支干道 20s。设计 30s 和 20s 计时显示电路。
（4）在每次由亮绿灯变成亮红灯的转换过程中间，要亮 5s 的黄灯作为过渡，设置 5s 计时显示电路。

3. 设计提示

（1）交通灯控制器参考框图如图 8.13 所示。
（2）主控电路主要产生 30s、20s、5s 三个定时信号，它的输出一方面经译码后分别控制主干道和支干道的 3 个信号灯，另一方面控制定时电路启动。
（3）计时器除需要秒脉冲作时钟信号外，还应受主控器的状态的控制。例如 30s 计时器应在主控器进入 S_0 状态（主干道通行）时开始计数，同样 20s 计时器必须在主控器进入 S_2 状态时开始计数，而 5s 计时器则要在进入 S_1 或 S_3 状态时开始计数，待到规定时间分别使计数器复零。设计

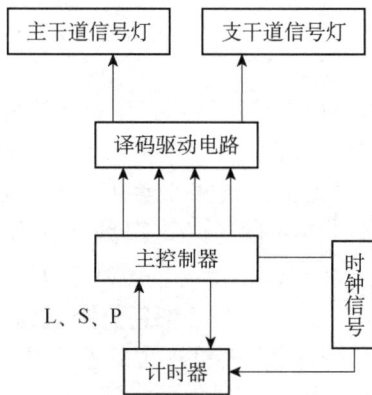

图 8.13　交通灯控制器框图

中 30s 计数器可以采用两个十进制计数器级连成三十进制计数器。

（4）计时显示译码电路是一个定时控制电路，当 30s、20s、5s 任一计数器计数时，在主支干道各自可通过数码管显示出当前的计数值。计数器输出的七段数码显示可用 BCD 码七段译码器驱动。

（5）时钟信号发生器电路产生稳定的"秒"脉冲信号，确保整个电路同步工作和实现定时控制。此电路可采用晶体振荡电路、分频电路设计。

项目总结

1. 课程设计是一个综合性的训练，在进行课程设计前，应在分析设计任务的基础上，根据任务进行方案选择，方案确定后，再进行单元电路设计、参数计算、元器件选择、电路的模拟与仿真、总体电路图绘制、安装调试、故障排除，最后撰写课程设计总结报告。课程设计总结报告是对设计任务的全面总结，一份完整的设计报告包括封面、摘要、目录、正文、谢辞、参考文献和附录。

2. 在对数字电子电路或装置设计及安装完成后，应对电路进行调试，才能使电路达到预定的设计指标。在对电路通电调试前可以先对电路进行直观检查，检查连线是否正确、元器件安装是否正确、电源极性是否正确、电源端对地是否存在短路等方面，检查无误后再通电调试，进行静态、动态及指标等方面的调试。

3. 调试过程中若电路出现故障，应对电路进行故障检查和排除，可利用直接观察法、顺序检查法、比较法、元器件替换法等方法进行故障查找，在分析故障特征的基础上，进行故障的排除。

附录 A 常见集成芯片引脚排列图

一、74 系列 TTL 集成电路

1. 四 2 输入与非门

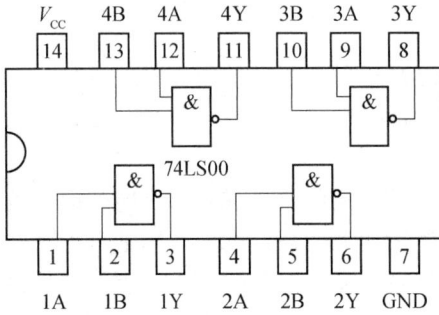

74LS00

2. 四 2 输入或非门

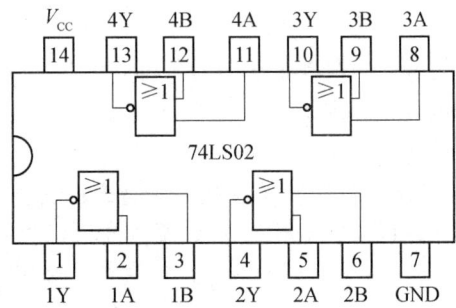

74LS02

3. 六反相器

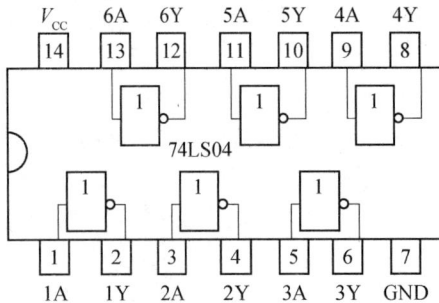

74LS04

4. 四 2 输入与门

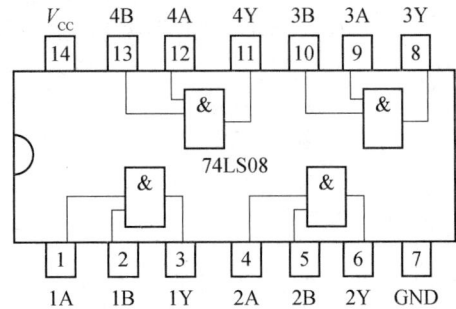

74LS08

5. 二 4 输入与门

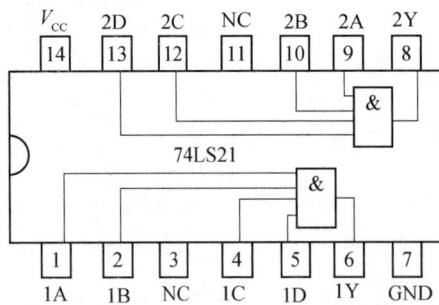

74LS21

6. 三 3 输入与非门

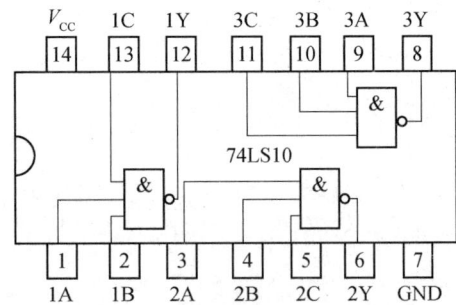

74LS10

7. 二 4 输入与非门

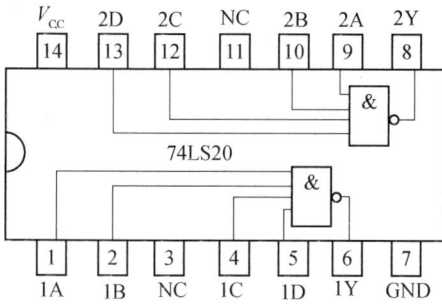

74LS20

引脚：V_{CC} 14, 2D 13, 2C 12, NC 11, 2B 10, 2A 9, 2Y 8; 1A 1, 1B 2, NC 3, 1C 4, 1D 5, 1Y 6, GND 7

8. 三 3 输入或非门

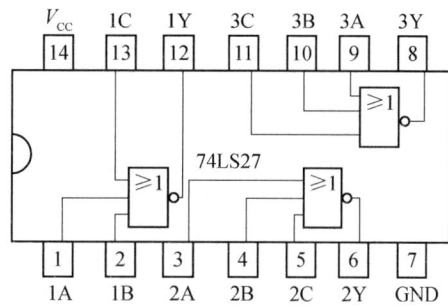

74LS27

引脚：V_{CC} 14, 1C 13, 1Y 12, 3C 11, 3B 10, 3A 9, 3Y 8; 1A 1, 1B 2, 2A 3, 2B 4, 2C 5, 2Y 6, GND 7

9. 四 2 输入或门

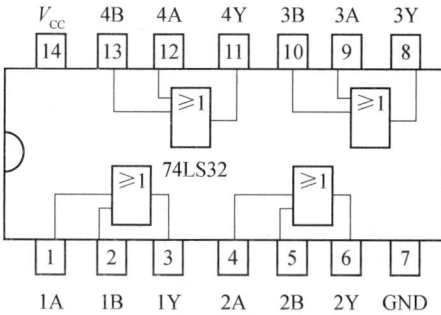

74LS32

引脚：V_{CC} 14, 4B 13, 4A 12, 4Y 11, 3B 10, 3A 9, 3Y 8; 1A 1, 1B 2, 1Y 3, 2A 4, 2B 5, 2Y 6, GND 7

10. 四异或门

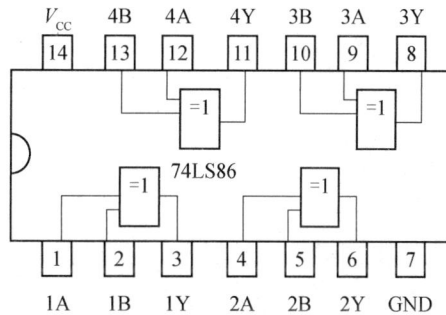

74LS86

引脚：V_{CC} 14, 4B 13, 4A 12, 4Y 11, 3B 10, 3A 9, 3Y 8; 1A 1, 1B 2, 1Y 3, 2A 4, 2B 5, 2Y 6, GND 7

11. 双进位保留全加器

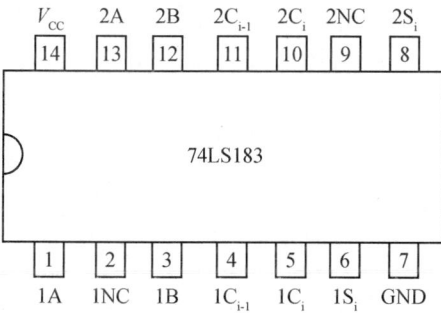

74LS183

引脚：V_{CC} 14, 2A 13, 2B 12, $2C_{i-1}$ 11, $2C_i$ 10, 2NC 9, $2S_i$ 8; 1A 1, 1NC 2, 1B 3, $1C_{i-1}$ 4, $1C_i$ 5, $1S_i$ 6, GND 7

12. 四位二进制超前进位全加器

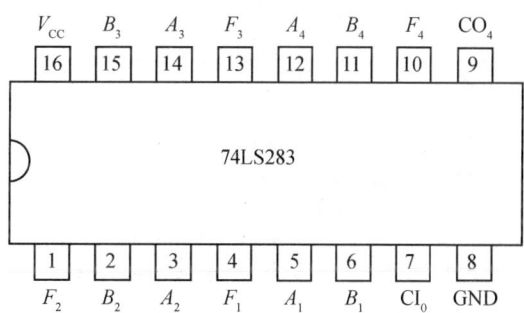

74LS283

引脚：V_{CC} 16, B_3 15, A_3 14, F_3 13, A_4 12, B_4 11, F_4 10, CO_4 9; F_2 1, B_2 2, A_2 3, F_1 4, A_1 5, B_1 6, CI_0 7, GND 8

13. 8 线-3 线优先编码器

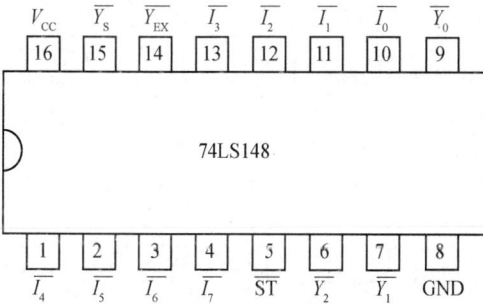

74LS148

引脚：V_{CC} 16, $\overline{Y_S}$ 15, $\overline{Y_{EX}}$ 14, $\overline{I_3}$ 13, $\overline{I_2}$ 12, $\overline{I_1}$ 11, $\overline{I_0}$ 10, $\overline{Y_0}$ 9; $\overline{I_4}$ 1, $\overline{I_5}$ 2, $\overline{I_6}$ 3, $\overline{I_7}$ 4, $\overline{ST}$ 5, $\overline{Y_2}$ 6, $\overline{Y_1}$ 7, GND 8

14. 10 线-4 线优先编码器

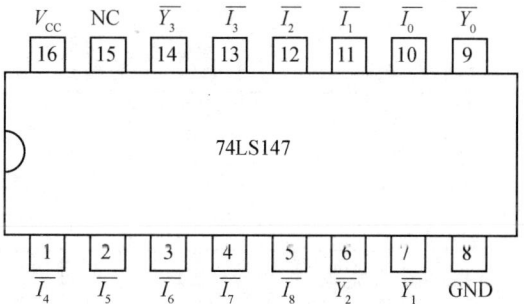

74LS147

引脚：V_{CC} 16, NC 15, $\overline{Y_3}$ 14, $\overline{I_3}$ 13, $\overline{I_2}$ 12, $\overline{I_1}$ 11, $\overline{I_0}$ 10, $\overline{Y_0}$ 9; $\overline{I_4}$ 1, $\overline{I_5}$ 2, $\overline{I_6}$ 3, $\overline{I_7}$ 4, $\overline{I_8}$ 5, $\overline{Y_2}$ 6, $\overline{Y_1}$ 7, GND 8

15. 4 线–10 线译码器

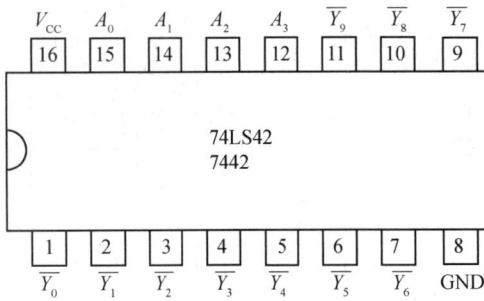

V_{CC}	A_0	A_1	A_2	A_3	$\overline{Y_9}$	$\overline{Y_8}$	$\overline{Y_7}$
16	15	14	13	12	11	10	9

74LS42
7442

1	2	3	4	5	6	7	8
$\overline{Y_0}$	$\overline{Y_1}$	$\overline{Y_2}$	$\overline{Y_3}$	$\overline{Y_4}$	$\overline{Y_5}$	$\overline{Y_6}$	GND

16. 4 线–10 线译码器

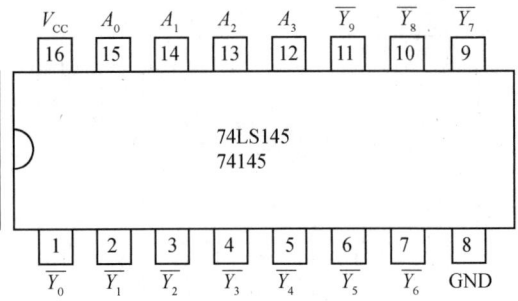

V_{CC}	A_0	A_1	A_2	A_3	$\overline{Y_9}$	$\overline{Y_8}$	$\overline{Y_7}$
16	15	14	13	12	11	10	9

74LS145
74145

1	2	3	4	5	6	7	8
$\overline{Y_0}$	$\overline{Y_1}$	$\overline{Y_2}$	$\overline{Y_3}$	$\overline{Y_4}$	$\overline{Y_5}$	$\overline{Y_6}$	GND

17. 4 线-7 段译码器/驱动器

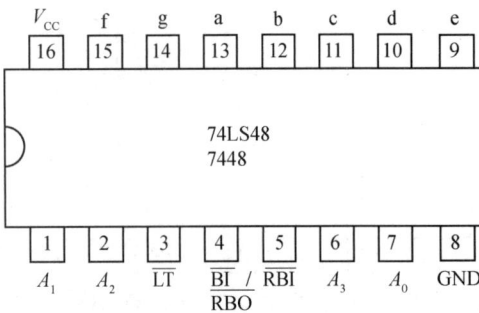

V_{CC}	f	g	a	b	c	d	e
16	15	14	13	12	11	10	9

74LS48
7448

1	2	3	4	5	6	7	8
A_1	A_2	$\overline{LT}$	$\overline{BI}$ / $\overline{RBO}$	$\overline{RBI}$	A_3	A_0	GND

18. 4 线-7 段译码器/驱动器

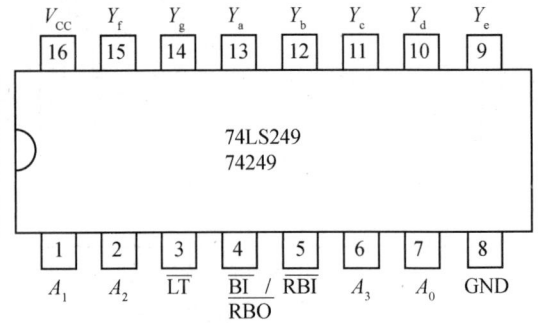

V_{CC}	Y_f	Y_g	Y_a	Y_b	Y_c	Y_d	Y_e
16	15	14	13	12	11	10	9

74LS249
74249

1	2	3	4	5	6	7	8
A_1	A_2	$\overline{LT}$	$\overline{BI}$ / $\overline{RBO}$	$\overline{RBI}$	A_3	A_0	GND

19. 4 线-7 段译码器/驱动器

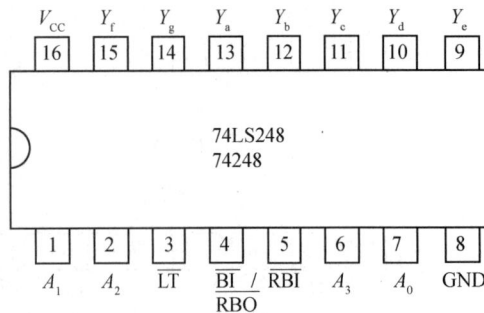

V_{CC}	Y_f	Y_g	Y_a	Y_b	Y_c	Y_d	Y_e
16	15	14	13	12	11	10	9

74LS248
74248

1	2	3	4	5	6	7	8
A_1	A_2	$\overline{LT}$	$\overline{BI}$ / $\overline{RBO}$	$\overline{RBI}$	A_3	A_0	GND

20. 4 线-7 段译码器/驱动器

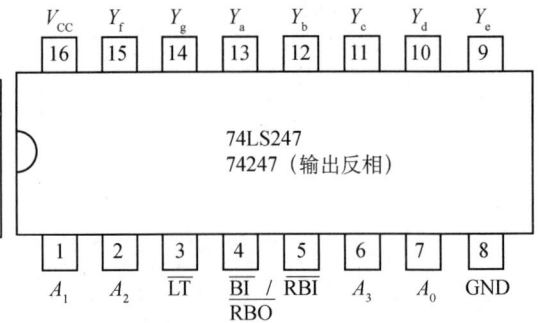

V_{CC}	Y_f	Y_g	Y_a	Y_b	Y_c	Y_d	Y_e
16	15	14	13	12	11	10	9

74LS247
74247（输出反相）

1	2	3	4	5	6	7	8
A_1	A_2	$\overline{LT}$	$\overline{BI}$ / $\overline{RBO}$	$\overline{RBI}$	A_3	A_0	GND

21. 双 2 线–4 线译码器

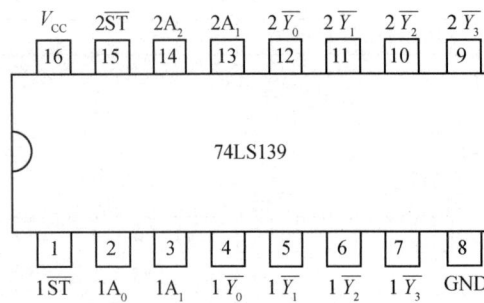

V_{CC}	$2\overline{ST}$	$2A_2$	$2A_1$	$2\overline{Y_0}$	$2\overline{Y_1}$	$2\overline{Y_2}$	$2\overline{Y_3}$
16	15	14	13	12	11	10	9

74LS139

1	2	3	4	5	6	7	8
$1\overline{ST}$	$1A_0$	$1A_1$	$1\overline{Y_0}$	$1\overline{Y_1}$	$1\overline{Y_2}$	$1\overline{Y_3}$	GND

22. 3 线–8 线译码器

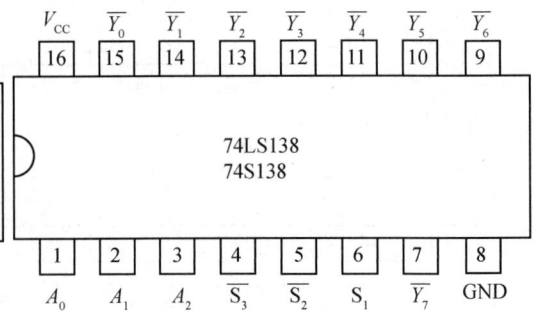

V_{CC}	$\overline{Y_0}$	$\overline{Y_1}$	$\overline{Y_2}$	$\overline{Y_3}$	$\overline{Y_4}$	$\overline{Y_5}$	$\overline{Y_6}$
16	15	14	13	12	11	10	9

74LS138
74S138

1	2	3	4	5	6	7	8
A_0	A_1	A_2	$\overline{S_3}$	$\overline{S_2}$	S_1	$\overline{Y_7}$	GND

23. 十进制同步计数器

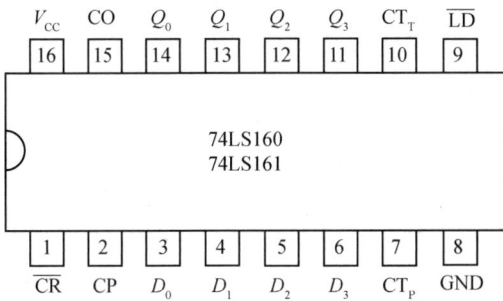

V_{CC}	CO	Q_0	Q_1	Q_2	Q_3	CT_T	$\overline{LD}$
16	15	14	13	12	11	10	9

74LS160
74LS161

1	2	3	4	5	6	7	8
$\overline{CR}$	CP	D_0	D_1	D_2	D_3	CT_P	GND

24. 同步加/减计数器

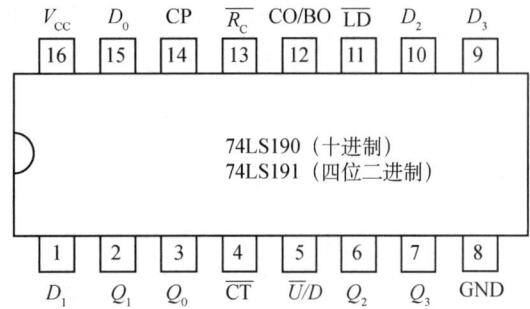

V_{CC}	D_0	CP	$\overline{R_C}$	CO/BO	$\overline{LD}$	D_2	D_3
16	15	14	13	12	11	10	9

74LS190（十进制）
74LS191（四位二进制）

1	2	3	4	5	6	7	8
D_1	Q_1	Q_0	$\overline{CT}$	$\overline{U}/D$	Q_2	Q_3	GND

25. 同步加／减计数器

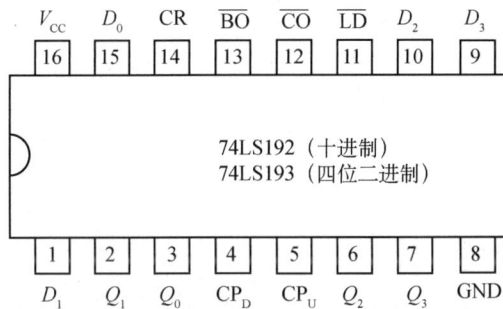

V_{CC}	D_0	CR	$\overline{BO}$	$\overline{CO}$	$\overline{LD}$	D_2	D_3
16	15	14	13	12	11	10	9

74LS192（十进制）
74LS193（四位二进制）

1	2	3	4	5	6	7	8
D_1	Q_1	Q_0	CP_D	CP_U	Q_2	Q_3	GND

26. 十进制异步计数器

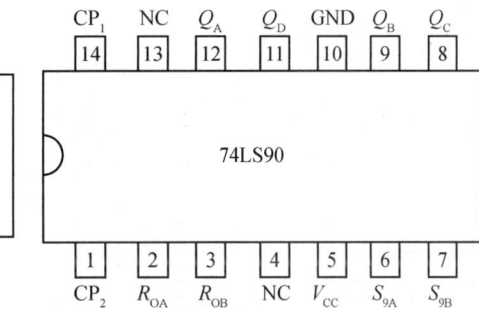

CP_1	NC	Q_A	Q_D	GND	Q_B	Q_C
14	13	12	11	10	9	8

74LS90

1	2	3	4	5	6	7
CP_2	R_{OA}	R_{OB}	NC	V_{CC}	S_{9A}	S_{9B}

27. 4 位双向移位寄存器

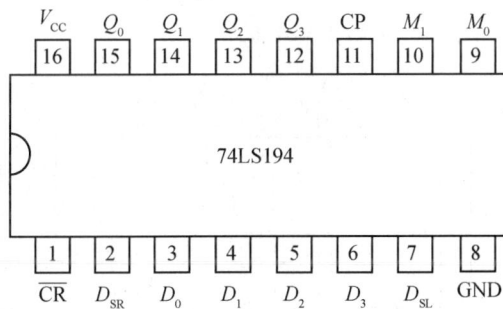

V_{CC}	Q_0	Q_1	Q_2	Q_3	CP	M_1	M_0
16	15	14	13	12	11	10	9

74LS194

1	2	3	4	5	6	7	8
$\overline{CR}$	D_{SR}	D_0	D_1	D_2	D_3	D_{SL}	GND

28. 双主从 JK 触发器

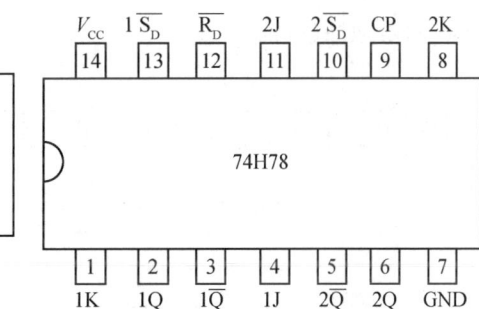

V_{CC}	$1\overline{S_D}$	$\overline{R_D}$	2J	$2\overline{S_D}$	CP	2K
14	13	12	11	10	9	8

74H78

1	2	3	4	5	6	7
1K	1Q	$1\overline{Q}$	1J	$2\overline{Q}$	2Q	GND

29. 双下降沿 JK 触发器

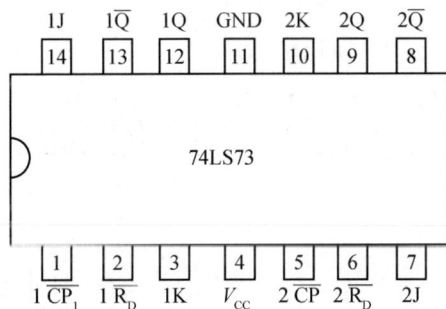

1J	$1\overline{Q}$	1Q	GND	2K	2Q	$2\overline{Q}$
14	13	12	11	10	9	8

74LS73

1	2	3	4	5	6	7
$1\overline{CP_1}$	$1\overline{R_D}$	1K	V_{CC}	$2\overline{CP}$	$2\overline{R_D}$	2J

30. 双上升沿 D 触发器

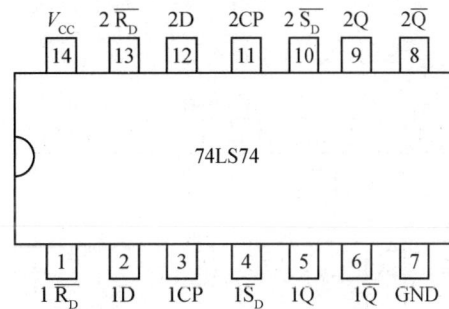

V_{CC}	$2\overline{R_D}$	2D	2CP	$2\overline{S_D}$	2Q	$2\overline{Q}$
14	13	12	11	10	9	8

74LS74

1	2	3	4	5	6	7
$1\overline{R_D}$	1D	1CP	$1\overline{S_D}$	1Q	$1\overline{Q}$	GND

31. 双 JK 触发器

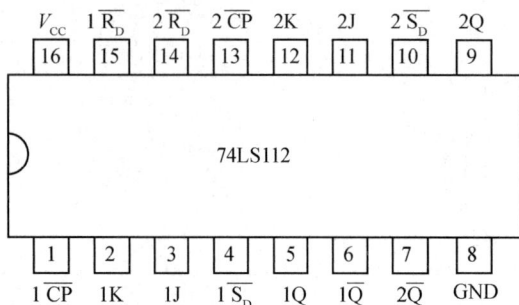

74LS112

32. 单 JK 触发器

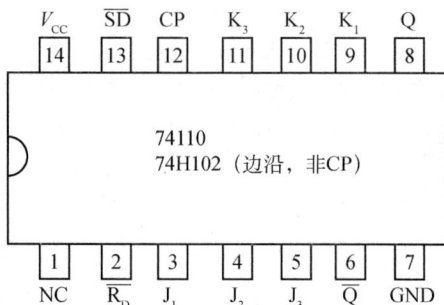

74110
74H102（边沿，非CP）

二、CMOS 集成电路

33. 四 2 输入或非门

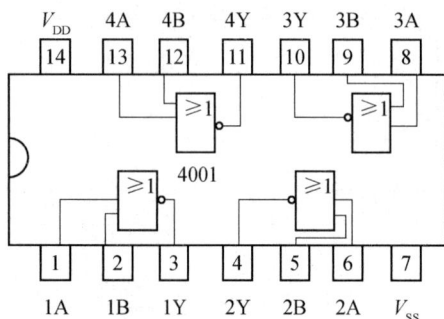

4001

34. 双 4 输入或非门

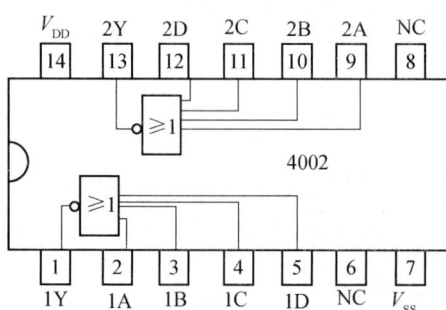

4002

35. 四位超前进位全加器

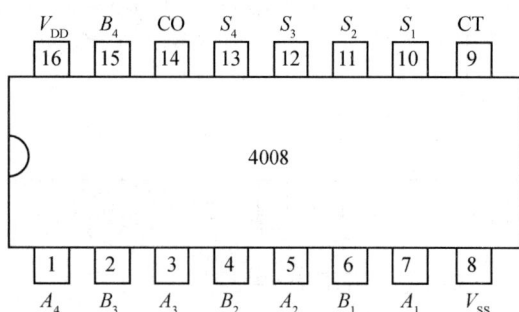

4008

36. 四 2 输入与非门

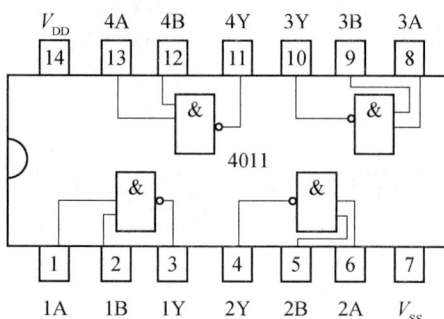

4011

37. 二 4 输入与非门

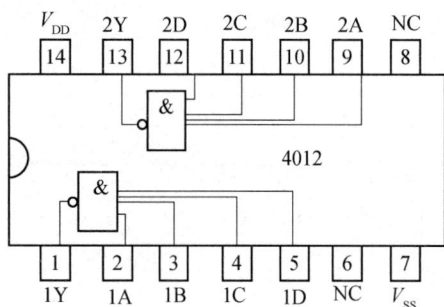

4012

38. 双主从 D 触发器

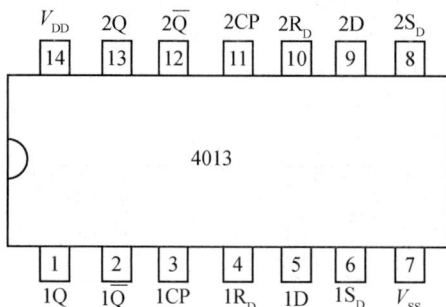

4013

39. 十进制计数/脉冲分配器

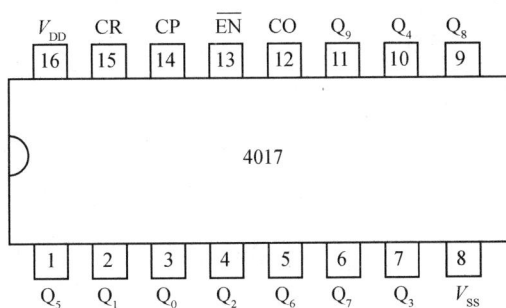

40. 八进制计数/脉冲分配器

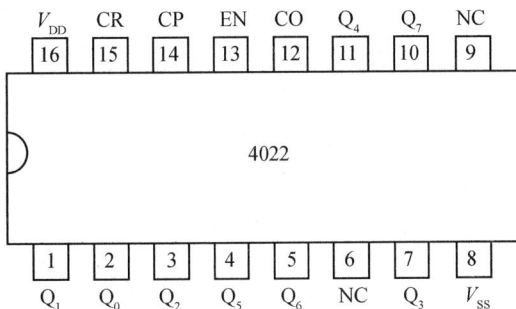

41. 三 3 输入与非门

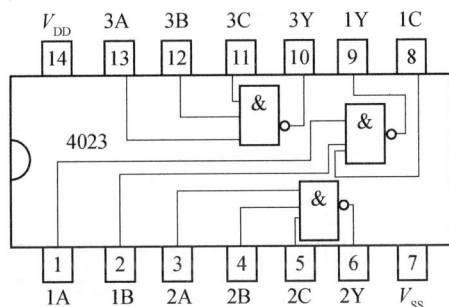

42. 三 3 输入或非门

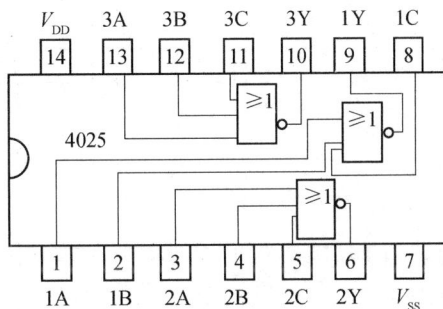

43. 双 JK 触发器

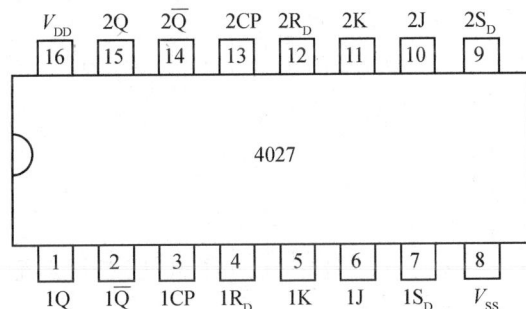

44. 六反相器

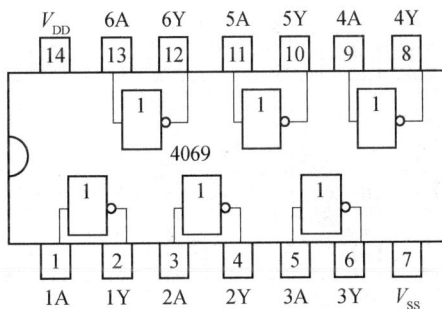

45. 四异或门

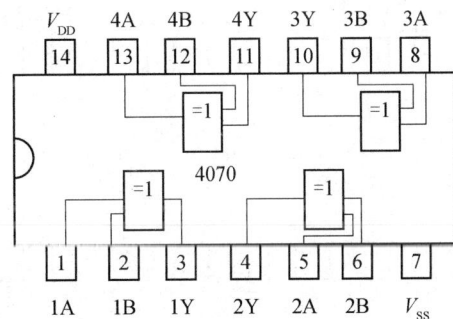

46. 四输入或门

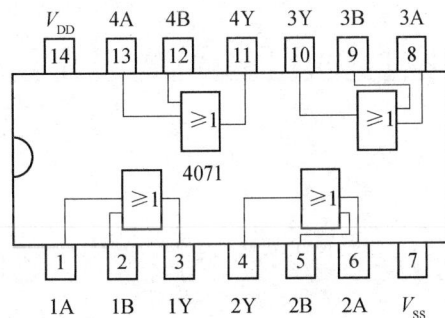

47. 二 4 输入与门

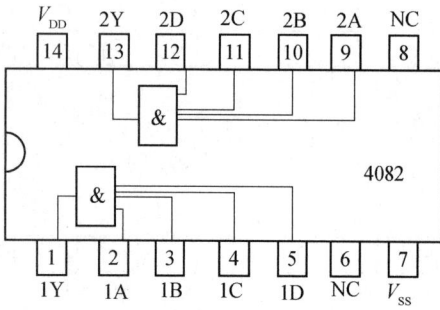

V_{DD}	2Y	2D	2C	2B	2A	NC
14	13	12	11	10	9	8

4082

1	2	3	4	5	6	7
1Y	1A	1B	1C	1D	NC	V_{SS}

48. 双四路数据选择器

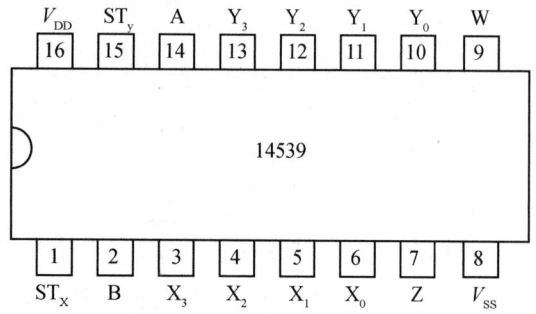

V_{DD}	ST_y	A	Y_3	Y_2	Y_1	Y_0	W
16	15	14	13	12	11	10	9

14539

1	2	3	4	5	6	7	8
ST_x	B	X_3	X_2	X_1	X_0	Z	V_{SS}

49. 计数 / 锁存 /七段译码 / 驱动器

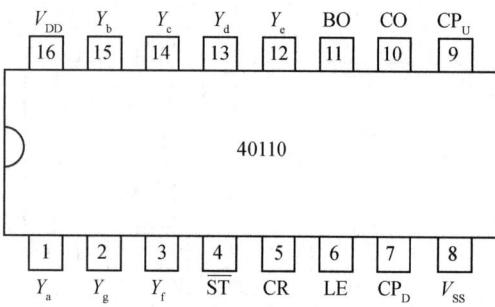

V_{DD}	Y_b	Y_c	Y_d	Y_e	BO	CO	CP_U
16	15	14	13	12	11	10	9

40110

1	2	3	4	5	6	7	8
Y_a	Y_g	Y_f	$\overline{ST}$	CR	LE	CP_D	V_{SS}

50. 十进制同步计数器

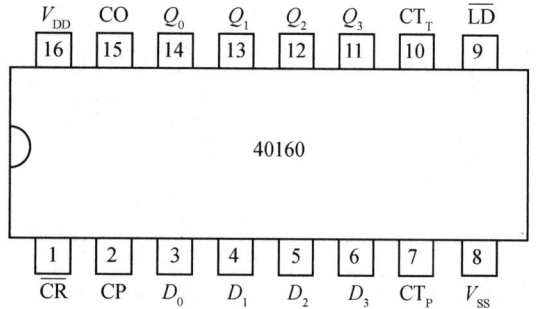

V_{DD}	CO	Q_0	Q_1	Q_2	Q_3	CT_T	$\overline{LD}$
16	15	14	13	12	11	10	9

40160

1	2	3	4	5	6	7	8
$\overline{CR}$	CP	D_0	D_1	D_2	D_3	CT_P	V_{SS}

51. 十进制同步加/ 减计数器

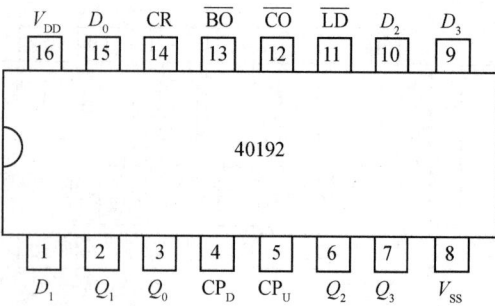

V_{DD}	D_0	CR	$\overline{BO}$	$\overline{CO}$	$\overline{LD}$	D_2	D_3
16	15	14	13	12	11	10	9

40192

1	2	3	4	5	6	7	8
D_1	Q_1	Q_0	CP_D	CP_U	Q_2	Q_3	V_{SS}

52. 双向移位寄存器

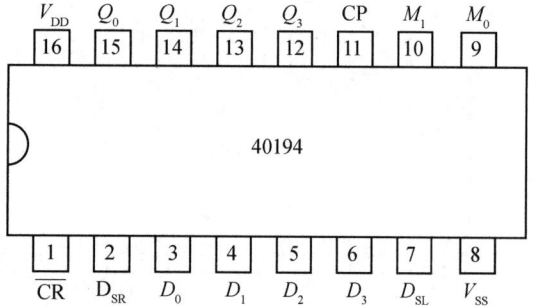

V_{DD}	Q_0	Q_1	Q_2	Q_3	CP	M_1	M_0
16	15	14	13	12	11	10	9

40194

1	2	3	4	5	6	7	8
$\overline{CR}$	D_{SR}	D_0	D_1	D_2	D_3	D_{SL}	V_{SS}

53. 二进制七段译码器

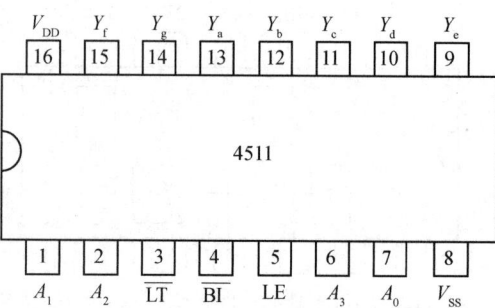

V_{DD}	Y_f	Y_g	Y_a	Y_b	Y_c	Y_d	Y_e
16	15	14	13	12	11	10	9

4511

1	2	3	4	5	6	7	8
A_1	A_2	$\overline{LT}$	$\overline{BI}$	LE	A_3	A_0	V_{SS}

54. 8 选 1 数据选择器

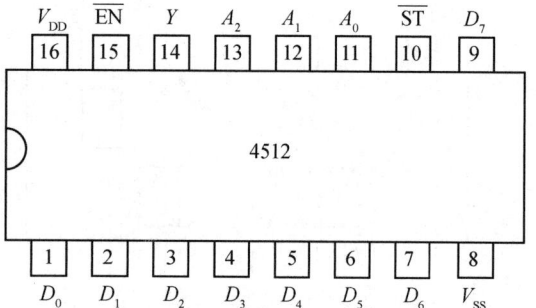

V_{DD}	$\overline{EN}$	Y	A_2	A_1	A_0	$\overline{ST}$	D_7
16	15	14	13	12	11	10	9

4512

1	2	3	4	5	6	7	8
D_0	D_1	D_2	D_3	D_4	D_5	D_6	V_{SS}

三、555 时基电路

55. 双时基电路

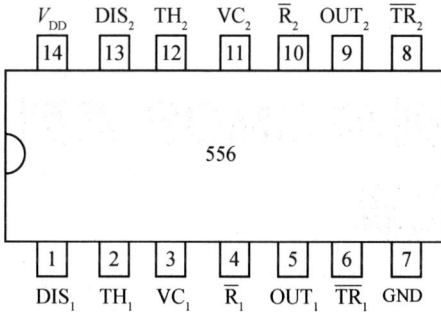

56. 时基电路

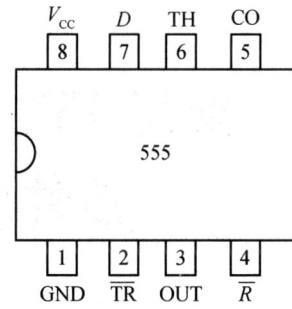

附录 B　常用 TTL 系列与 CMOS 系列器件对比表

类型	TTL 系列	备注	CMOS 系列	备注
同相器（缓冲器）	74LS07 74LS17	六集电极开路输出 六集电极开路输出	4010 4050	六驱动门 六驱动门
反相器	74LS04 74LS05 74LS06 74LS16	六反相器 六集电极开路输出 六集电极开路输出 六集电极开路输出	4009 4049	六非门 六非门
与门	74LS08 74LS09 74LS11 74LS15 74LS21	四 2 输入 四集电极开路输出 2 输入 三 3 输入 三 3 输入（OC） 双 4 输入	4073 4081 4082	三 3 输入 四 2 输入 双 4 输入
或门	74LS32	四 2 输入	4071 4072 4075	四 2 输入 双 4 输入 三 3 输入
与非门	74LS00 74LS01 74LS03 74LS10 74LS12 74LS18 74LS20 74LS30	四 2 输入 四集电极开路输出 2 输入 四 2 输入（OC） 三 3 输入 三 3 输入（OC） 双 4 四集电极开路输出 2 输入 双 4 输入 8 输入	4011 4012	四 2 输入 双 4 输入
或非门	74LS02	四 2 输入	4000 4001 4002	双 3 输入 四 2 输入 双 4 输入
与或非门	74LS54 74LS55	4 路 2-3-3-2 输入 2 路 4-4 输入	4086 4085	4 路 2 输入 双 2 路 2 输入
异或门	74LS86 74LS135 74LS136	四 2 输入 四 2 输入（带异或非门） 四 2 输入	4030 4070	四 2 输入 四 2 输入
同或门	74LS135	四 2 输入（带异或门）		
RS 触发器	74LS279	四 RS 触发器（非门）	4033 4044	四 RS 触发器（或非） 四 RS 触发器（与门）

续表

类型	TTL 系列	备注	CMOS 系列	备注
JK 触发器	74LS72 74LS107 74LS108 74LS109 74LS111 74LS276 74LS376	主从 JK 触发器 双 JK 触发器（带清除、负触发器） 双 JK 触发器（带预置、共清除和时钟） 双边沿 JK 触发器（带置位、清除、正触发） 双主从 JK 触发器 四边沿 JK 触发器 四边沿 JK 触发器	4027 4095	双 JK 触发器（主从） 选通 JK 触发器（主从）
D 触发器	74LS74	双 D 触发器	4013 40174 40175	双 D 触发器 六 D 触发器 四 D 触发器
译码器	74LS138 74LS139 74LS248 74LS249	3 线/8 线 双 2 线/4 线 BCD/七段译码器 BCD/七段译码器	4514 4515 4511 4513	4 线/16 线译码器（输出高有效） 4 线/16 线译码器（输出低有效） BCD/七段译码器 BCD/七段译码器
数据比较器	74LS85	双 4 位数据比较器		
数据选择器	74LS253 74LS257	双 4 选 1 双 4 选 1（三态）		
计数器	74LS90 74LS92 74LS193 74LS196	十进制计数器 12 分频计数器 4 位二进制（可预置、可逆） （十进制、二进制）可预置	4022 4033	八进制计数/分配器 十进制计数器/七段显示
移位寄存器	74LS164 74LS165 74LS194 74LS195	8 位串入/并出 8 位并入/串出 4 位双向通用 4 位通用	40104 40194	4 位双向 4 位双向（并行存取）
锁存器	74LS273 74LS373	8D 触发器组成的锁存器（带时钟和复位） 8D 触发器组成的锁存器（带时钟、复位、三态输入、输出）	4042 4040	4D 锁存器 4RS 锁存器

附录 C 部分练习题参考答案

项目一：

一、填空题

1. 模拟、数字

2. 0、1，2，除 2 取余倒读法，乘 2 取整顺读法

3. 与逻辑、或逻辑和非逻辑

4. 高电平

5. 低电平、高电平和高阻

6. 代入、反演和对偶

7. 组合逻辑，时序逻辑

8.

（1）9

（2）85.375

（3）10001000

（4）11111111

（5）111000011、1C3

（6）11101010110110、35266

（7）10100011.01、A3.4

（8）001001110101

（9）01110011.01000110

（10）4234

（11）67.275

二、选择题

9. D　　10. C　　11. D　　12. ABD　　13. A　　14. D

项目二：

一、填空题

1. 低位的进位

2. n

3. 高、低

4. 8421BCD

5. 编码、译码器、变量译码器、显示译码器

6. 2^n

7. 阴、阳

8. 数据选择器

二、选择题

9. A   10. C   11. B   12. C   13. A   14. D   15. B   16. D

三、判断题

17. ×   18. ×   19. √   20. ×   21. √   22. √   23. ×   24. √

项目三：

一、填空题

1. 2，0、1

2. 1，0，不定

3. 置0、置1、保持，0、0

4. 置0、置1、保持、取反，1、1

5. 空翻，边沿触发

6. 置0、置1，$Q^{n+1}=D$，取反

7. J 和 K 端相连作为 T 输入端，保持、取反

8. T，翻转

二、选择题

9. C   10. C   11. A   12. B   13. B   14. D   15. C   16. C   17. A
18. D   19. B   20. D

三、判断题

21. ×   22. √   23. √   24. √   25. ×   26. ×   27. ×   28. ×
29. ×   30. ×

项目四：

一、填空题

1. 组合逻辑电路、触发器，触发器

2. 二、十、任意

3. 3,6,2

4. 1001

5. 16

6. 同步、异步

7. 同步清零、异步清零

8. 同步计数器

二、选择题

9. C   10. A   11. C   12. A   13. B   14. A   15. D   16. D   17. B

18. A　　19. A　　20. D

三、判断题

21. √　　22. ×　　23. ×　　24. √　　25. ×　　26. √　　27. ×　　28. ×

29. ×　　30. √　　31. √

项目五：

一、填空题

1. TTL，CMOS

2. 边沿很陡的矩形脉冲，波形变换、脉冲整形、脉冲鉴幅

3. 施密特触发器、单稳态触发器，多谐振荡器

4. $\dfrac{1}{3}V_{CC}$，矩形

5. 1.1RC，脉冲定时、脉冲延时

6. 定时元件 R 和 C

7. $0.7(R_1+2R_2)C$，$\dfrac{R_1+R_2}{R_1+2R_2}$

8. 高电平，低电平

9. 单稳态，施密特，多谐

二、选择题

10. A　　11. D　　12. B　　13. C　　14. B　　15. B　　16. A　　17. C　　18. B

19. B　　20. A　　21. A　　22. B　　23. D

三、判断题

24. ×　　25. ×　　26. ×　　27. ×　　28. √　　29. √　　30. ×

项目六：

一、选择题

1. C　　2. B　　3. B　　4. B　　5. A　　6. D　　7. A　　8. D　　9. B　　10. C

二、判断题

11. ×　　12. √　　13. ×　　14. √　　15. √　　16. ×　　17. √　　18. √

19. √　　20. ×

三、填空题

21. 取样、保持、量化和编码

22. 分辨率、转换精度和转换速度

23. 比较器、DAC、逐次逼近寄存器与控制逻辑

24. 分辨率、转换误差、建立时间

25. 0.039V，5.3125V

项目七：

一、填空题

1. ROM、RAM

2. 丢失、保留

3. 输入缓冲器、地址译码器、存储矩阵、输出缓冲器

4. ROM、可编程ROM、可改写ROM

5. 位、字

二、选择题

6. D　　7. A　　8. D　　9. B　　10. D

三、判断题

11. ×　　12. √　　13. ×　　14. ×　　15. √

参考文献

1. 杨志忠. 数字电子技术【M】. 4 版. 北京：高等教育出版社，2013
2. 徐献灵 李婧. 数字电子技术项目教程【M】. 北京：电子工业出版社，2016
3. 谢兰清 黎艺华. 数字电子技术项目教程【M】. 2 版. 北京：电子工业出版社，2013
4. 王小娟. 数字电子技术实践【M】. 北京：电子工业出版社，2015
5. 杨志忠. 数字电子技术及应用【M】. 北京：高等教育出版社，2012
6. 徐丽香. 数字电子技术实践【M】. 2 版. 北京：电子工业出版社，2011
7. 沈璐 曾贵苓. 数字电子技术及应用【M】. 2 版. 北京：电子工业出版社，2015
8. 邵利群 杭海梅. 数字电子技术项目教程【M】. 北京：电子工业出版社，2017
9. 王连英. 基于 Multisim 11 的电子线路仿真设计与实验【M】. 北京：高等教育出版社，2013
10. 康华光. 电子技术基础（数字部分）【M】. 4 版. 北京：高等教育出版社，2000